长江经济带重要湖泊保护和治理长效机制研究

马回　姚瑶　王露瑶／著

 吉林大学出版社

·长春·

图书在版编目（CIP）数据

长江经济带重要湖泊保护和治理长效机制研究/马回，姚瑶，王露瑶著.——
长春：吉林大学出版社,2023.1
ISBN 978-7-5768-1659-4

Ⅰ.①长… Ⅱ.①马…②姚…③王… Ⅲ.①长江经济带－湖泊－环境保护
－研究②长江经济带－湖泊－治理－研究Ⅳ.①X524.082.5②TV882.95

中国国家版本馆 CIP 数据核字（2023）第 079495 号

书　　名　　长江经济带重要湖泊保护和治理长效机制研究
　　　　　　CHANGJIANGJINGJIDAI ZHONGYAO HUPO BAOHU HE ZHILI CHANGXIAO JIZHI YANJIU

作　　者　　马　回　姚　瑶　王露瑶
策划编辑　　矫　正
责任编辑　　甄志忠
责任校对　　田茂生
装帧设计　　久利图文
出版发行　　吉林大学出版社
社　　址　　长春市人民大街 4059 号
邮政编码　　130021
发行电话　　0431-89580036/58
网　　址　　http://www.jlup.com.cn
电子邮箱　　jldxcbs@sina.com
印　　刷　　天津鑫恒彩印刷有限公司
开　　本　　787mm×1092mm　　　　1/16
印　　张　　12.5
字　　数　　300 千字
版　　次　　2025 年 1 月　　第 1 版
印　　次　　2025 年 1 月　　第 1 次
书　　号　　ISBN 978-7-5768-1659-4
定　　价　　88.00 元

前　言

生态兴则文明兴，生态衰则文明衰。"生态文明建设是中国特色社会主义事业的重要内容，关系人民福祉，关乎民族未来，事关'两个一百年'奋斗目标和中华民族伟大复兴中国梦的实现。"[①] 社会各界已开始意识到保护生态环境的重要性。

2014 年年初，习近平提出了关于"金山银山"与"绿水青山"的重要论断，不仅生动地阐明了经济发展与环境保护的辩证关系，而且也表达了党和国家推进生态文明建设的鲜明态度和坚定决心。

2016 年 1 月，习近平在推动长江经济带发展座谈会上再次强调："当前和今后相当长一个时期，要把修复长江生态环境摆在压倒性位置，共抓大保护，不搞大开发。"[②] 长江经济带拥有得天独厚的水资源优势，有数千公里的长江干流，还有数以千计的大小支流和诸多湖泊。长江经济带重要湖泊独特的区位优势和生态基础决定了其生态价值功能的重要性，包括为生态大系统提供有效支持，调节水流、水文和气候；保护湖区生物多样性，丰富和修复湖泊湿地生态景观；调蓄滞洪和行泄功能，保障湖区及下游地区的防洪安全；实现水资源的可持续利用，为环湖和下游提供水资源保障；等等，并且已经成为长江流域生态保护和经济社会发展的重要因素。然而，随着当前工业化发展和城市化进程的加快，长江经济带重要湖泊面临着严重的生态压力和生态危机，生态环境破坏较为严重，影响了湖区生态经济的可持续发展。

推动长江经济带发展是党中央做出的重大决策，是关系国家发展全局的重大战略。2021 年 11 月 24 日，国家发展和改革委员会发布了《关于加强长江经济带重要湖泊保护和治理的指导意见》，在新的形势下，长江经济带重要湖泊的保护和治理再次成为世人广泛关注的焦点。如何抓住机遇，充分利用自然环境与资源优势，兴利除害、综合整治、合理开发，实现湖区可持续发展，已经成为一项刻不容缓的战略任务。因此，加强对长江经济带重要湖泊保护和生态治理机制的研究，对于强化长江经济带重要湖泊环境保护和生态治理，以及推进环湖经济区建设乃至长江经济带的建设，从而推进国家生态文明建设，都具有非常重要的理论价值和现实意义。本书的理论价值和现实意义具体如下。

第一，研究长江经济带重要湖泊生态治理的相关问题，构建湖泊生态治理机制基本

[①]　中共中央国务院关于加快推进生态文明建设的意见 [M]. 北京：人民出版社，2015：1.

[②]　中共中央文献研究室编. 习近平关于全面建成小康社会论述摘编 [M]. 北京：中央文献出版社，2016：181.

框架体系，有利于为实施湖泊生态治理提供理论准备和实践指导，提高长江经济带重要湖泊生态治理的科学性和有效性，推进长江经济带发展。长江经济带重要湖泊流域是我国十分重要的生态区域，在我国生态系统中具有重要地位，近年来也面临着严重的生态挑战，亟须强化湖泊流域生态保护和生态治理。本书以湖泊的功能和作用为切入点，分析了长江经济带湖泊类型与重要湖泊，阐述了长江经济带重要湖泊保护和治理的意义；以湖泊流域生态破坏造成的损害变化为观察对象，总结了长江经济带湖泊保护和治理的基本现状，分析了长江经济带湖泊保护和治理的主要举措和制约因素，并对国内外湖泊生态治理的典型的成功案例进行了分析，提出了长江经济带重要湖泊保护和治理的对策建议，初步构建了长江经济带重要湖泊保护和治理机制的理论框架，能为地方政府科学应对湖泊流域环境破坏和生态治理提供实践指导，推进环湖区国家级生态经济区建设进程。

第二，掌握长江经济带重要湖泊生态治理的主要困境，并深入剖析湖泊流域生态治理机制失范的主客观原因，有利于帮助地方政府反思和总结生态治理中的经验与教训，并为科学、有效地应对湖泊流域生态破坏和完善生态治理机制提供决策支持。长江经济带重要湖泊保护和治理工作取得了瞩目的成绩，但也存在着一些不容忽视的问题，尤其是在生态文明建设的大背景下，探索如何使政府在生态治理中更加客观、准确地找出差距，明确生态治理的目标和要求；如何避免湖泊流域地方政府在生态治理中存在的"各自为政""相互推责"等弊端，实现生态治理的协同与合作的可持续发展；如何科学治理环境污染，降低或消除生态破坏的负面影响，是非常必要的。这能为地方政府应对湖泊流域生态灾害提供决策支持。

第三，梳理国内外湖泊流域生态治理的典型案例，分析和总结其湖泊流域生态治理的成功做法和主要措施，有利于为地方政府治理湖泊流域生态提供有效的经验借鉴，完善生态治理机制，提高生态治理能力。先前我国在经济发展和环境保护中也走着"先污染、后治理"或"边污染、边治理"的道路，在生态治理和环境保护方面较为被动，思想观念、治理机制、技术手段等较为落后。国外北美五大湖、莱茵河流域、美国佛罗里达大沼泽、美国田纳西河、澳大利亚墨累—达令河等，以及国内珠江流域等湖泊的生态治理是有经验可资借鉴的，在此基础上，本书以太湖、巢湖、洞庭湖、鄱阳湖、洱海、滇池为样本，系统分析湖泊流域生态概况和治理困境与制约因素，提出了生态治理的理念转变、区域协同、责任建设、保障机制等具体措施，能为我国湖泊流域环境保护和生态治理机制建设提供有益的参考。

第四，本书以习近平生态文明思想，以及府际理论、公众参与理论、协同治理理论作为研究的理论基础，有利于增强对走中国特色社会主义道路的自信心；有利于牢固树立人与自然和谐统一的全局观；有利于反思在长江经济带重要湖泊保护和治理中存在的历史问题与现实挑战，总结经验教训，并将上述思想和理论有效运用到长江经济带重要湖泊保护和治理中。对于今后的长江经济带重要湖泊保护和治理而言，本书可以向人们提供某种认识问题和解决问题的基本思路，从而为人们走出湖泊流域污染困境、摆脱生态危机提供某种参考。

虽然本书已经发现了一些长江经济带重要湖泊保护和治理机制存在的缺陷，同时针对这些缺陷制定了一些完善措施，构建了相对完善的长效机制，但是由于实地考察的条件有限，对于长江经济带重要湖泊流域保护和存在的问题挖掘得还不够深刻，完善方案也未能解决长江经济带重要湖泊保护和治理机制存在的所有问题，只能大致解决最为突出、矛盾最为深刻的问题。即便如此，本书还是创造性地构建了长江经济带重要湖泊保护和治理长效机制，积极体现了习近平"共抓大保护"的理念，使长江经济带未来能实现更高质量的发展。笔者坚信，经过多方面的协同，一定能构建一个健康、稳定、完整的长江经济带湖泊生态系统。

目　录

第一章　湖泊与长江经济带重要湖泊 ·· 1

　第一节 湖泊的功能与作用 ··· 1

　第二节 长江经济带湖泊类型与重要湖泊 ····································· 6

　第三节 长江经济带重要湖泊保护和治理的意义 ························ 10

第二章　长江经济带湖泊生态系统构建探索 ··································· 12

　第一节 长江经济带湖泊保护和治理的基本现状 ························ 12

　第二节 长江经济带湖泊保护和治理的主要举措 ························ 15

　第三节 长江经济带湖泊保护和治理的主要制约因素 ·················· 19

　第四节 长江经济带重要湖泊保护和治理的长效机制构建 ·········· 22

第三章　国内外湖泊保护和治理的经验借鉴 ··································· 24

　第一节 国外湖泊保护和治理的经验借鉴 ·································· 24

　第二节 国内湖泊保护和治理的经验借鉴 ·································· 43

　第三节 国内外湖泊保护和治理的基本启示 ······························ 46

第四章　太湖保护和治理的长效机制构建 ······································ 53

　第一节 太湖基本概况与基本现状 ··· 53

　第二节 太湖保护和治理的困境与制约因素 ······························ 66

　第三节 太湖保护和治理的长效机制 ··· 73

第五章　巢湖保护和治理的长效机制构建 ······································ 82

　第一节 巢湖基本概况与基本现状 ··· 82

第二节　巢湖保护和治理的困境与制约因素 ································ 88

第三节　巢湖保护和治理的长效机制 ······································· 91

第六章　洞庭湖保护和治理的长效机制构建 ·························· 99

第一节　洞庭湖基本概况与基本现状 ······································· 99

第二节　洞庭湖保护和治理的困境与制约因素 ·························· 104

第三节　洞庭湖保护和治理的长效机制 ···································· 109

第七章　鄱阳湖保护和治理的长效机制构建 ························ 123

第一节　鄱阳湖基本概况与基本现状 ······································ 124

第二节　鄱阳湖保护和治理的困境与制约因素 ·························· 130

第三节　鄱阳湖保护和治理的长效机制 ···································· 138

第八章　洱海保护和治理的长效机制构建 ·························· 147

第一节　洱海基本概况与基本现状 ··· 148

第二节　洱海保护和治理的困境与制约因素 ····························· 152

第三节　洱海保护和治理的长效机制 ······································ 156

第九章　滇池保护和治理的长效机制构建 ·························· 170

第一节　滇池基本概况与基本现状 ··· 171

第二节　滇池保护和治理的困境与制约因素 ····························· 174

第三节　滇池保护和治理的长效机制 ······································ 178

第十章　展望：构建完整、稳定、健康的长江经济带湖泊生态系统 ······· 188

参 考 文 献 ·· 193

第一章　湖泊与长江经济带重要湖泊

　　湖泊是水资源最重要的形态之一。它是地球表层系统各圈层的联结点，与生物圈、岩石圈、大气圈等关系密切，是自然生态系统的重要组成部分。湖泊在防洪减灾、农业生产、旅游休闲、生态系统调节等方面发挥着至关重要的作用。长江经济带覆盖我国西南至东部沿海9省2市，自然条件分异明显。区域内湖泊众多，成因类型多样，多集中分布于我国西南横断山区、长江中下游和淮河流域。长期以来，这些湖泊在保障供水、流域经济发展、蓄洪防灾、旅游休闲等方面发挥着重要的服务功能。近几十年来，区域内湖泊生态环境出现了不同程度的退化，尤其是受人类活动干扰强烈的一些大型湖泊和中小型城市湖泊退化尤为严重。这些退化湖泊的共同特点是生物群落结构趋于简单化，生态系统完整性遭破坏，生物多样性减少，生态服务功能退化。[①]湖泊退化问题已威胁到流域甚至区域的生态安全和可持续发展。因此，长江经济带湖泊治理和水体环境保护已经刻不容缓，并成为各级政府施政不可回避的重要难题之一。在这一严峻形势下，丞须构建长江经济带重要湖泊保护和治理长效机制，具体应选择有效的治理方式、建立健全湖泊治理法律法规体系、健全市场协调机制、优化管理机制、完善社会公众参与机制，全面推行河湖长制、生态补偿机制等。切实推进长江经济带重要湖泊治理和生态环境保护是贯彻中国共产党第十九次全国代表大会精神、加强生态文明建设的必要举措，是实现湖泊功能永续利用的重要保障。

　　本章以湖泊的功能与作用为开端，阐述湖泊的提供水源、调节水文、净化水质、产品供给、调节小气候、社会服务等功能；介绍长江经济带的湖泊类型和重要湖泊；论述长江经济带重要湖泊保护和治理的意义，为全书的研究奠定理论基础。

第一节　湖泊的功能与作用

　　湖泊是重要的国土资源，具有调节河川径流、发展灌溉、提供工业和饮用的水源、繁衍水生生物、沟通航运、改善区域生态环境以及开发矿产等多种功能。在国民经济的

---

① 杨桂山，马荣华，张路，等. 中国湖泊现状及面临的重大问题与保护策略 [J]. 湖泊科学，2010（6）：799–810.

发展中发挥着重要作用，同时湖泊及其流域是人类赖以生存的重要场所，湖泊本身对全球变化反应敏感，在人与自然共同组成的"复合生态系统"中，湖泊是地球表层系统各圈层相互作用的联结点，是陆地水圈的重要组成部分，与生物圈、大气圈、岩石圈等关系密切，具有调节区域气候、记录区域环境变化、维持区域生态系统平衡和繁衍生物多样性的特殊功能。

湖泊生态系统具有维持整个大气化学组分的平衡与稳定；调节区域气候；合成有机质；形成与保护土壤；维持水及营养物质的循环；吸收与降解污染物；保存生物进化所需要的丰富的物种与遗传资源；创造物种赖以生存与繁育的条件；为人类提供生产生活原料等功能。并且由于丰富的生物多样性所形成的自然景观，因而也具有文化、教育、科学和游憩功能等。归纳起来，湖泊生态系统提供的服务主要有如下三方面：（1）为人类提供生产生活原料；（2）各种调节生态服务；（3）提供教育、文化、游憩、就业等社会服务。这三种服务表现形式界限清楚、相互独立；也对应我们常用的"经济效益、生态效益和社会效益"三种表述；也能与直接利用价值（提供生产生活原料）和间接利用价值（各种调节生态服务和社会服务）相衔接。

一、为人类提供生产生活原料

生产物质产品（包括生物产品和生态产品）是湖泊生态系统的供给功能。人类利用的淡水资源，很大一部分来源于江河、湖泊和沼泽等内陆湿地。人类还可从湖泊生态系统中获取纤维、木材、水产品和食物等各种产品，而且通过湖泊绿色植物的光合作用可以向大气释放氧气。

（一）植物产品生产

湖泊湿地植被类型可分为水生植物、沼泽化洲滩草甸和洲滩木本植物三大类。

（二）水产品

湖泊能够为人类提供丰富的水产品。为了保护水生生物的正常生长或繁殖，保证鱼类资源得以不断恢复和发展，2015 年 12 月发布的《农业部关于调整长江流域禁渔期制度的通告》，长江流域首次实行 4 个月禁渔期制度。从 2020 年 1 月 1 日起，国家开始实施长江十年禁渔计划。

二、各种调节生态服务

（一）调节水文

以洞庭湖为例，洞庭湖是全国水量最大的淡水湖泊，是长江最重要的调蓄湖泊。洞庭湖因位于长江中游，吞吐长江，接纳湘、资、沅、澧四水径流，具有很强的蓄水功能。尤其在汛期，它的调蓄作用对洞庭湖周边地区和长江中下游地区的防洪起着十分重要的作用。在不同时期和不同水位高程时，洞庭湖调蓄水量功能的服务对象不同。汛期（尤其是当水位高于洪水警戒线时）的服务对象是调蓄洪水；平水期（中水位）的服务对象是为生产、生活提供用水；枯水期（低水位）的服务对象是维护生物多样性和为一些动、植物的生存提供用水。

目前，洞庭湖面积仍在不断萎缩，蓄水容积仍在不断减少，削弱了洞庭湖调蓄水量的功能，导致江河来洪无地可蓄或难以蓄纳。1980 年以来，洪水水位不断抬高，区域的洪涝灾害发生频率增大，对湖区周边的经济发展产生了不利影响，并对其下游地区人们的生命财产安全造成了严重威胁。

（二）维持生物多样性

生物多样性是生命有机体及其本质以生存的生态复合体的多样性和变异性，包括所有的植物、动物和微生物物种以及所有的生态系统及其形成的动态过程。湖泊处于陆生生态系统与水生生态系统的交汇过渡带，受两种系统的影响而又区别于这两个系统，具有其自身特性。独特的湖泊生态环境，形成与之相适应的生物多样性，对湖泊环境的保护与维持湖泊生物多样性提供了必要条件。

例如，洞庭湖位于长江中游，属于亚热带湿润季风气候区，是我国南方最大的、保存最完整的湖泊。其吞吐"四水""三口"径流，形成了与其他湖泊不同的生态特性，生境十分复杂。其优越多样的湖泊生态系统和水、热、光条件，孕育了极为丰富的生物多样性。它适宜于软体动物、鱼类、两栖类、爬行类、兽类及水生、湿生植物在这里繁衍，为各种野生动、植物提供了良好的生长、繁殖、栖息场所。洞庭湖是我国乃至全球一块重要的冬候鸟越冬和迁徙鸟类的停息地，而且被誉为"拯救世界濒危珍稀鸟类的主要希望地"，载入"国际湿地重要名录"。

（三）净化水质

湖泊系统本身具有特有的生物、化学、物理的三重协调作用，通过沉淀、吸附、过滤、微生物降解、植物吸收来实现对污染物质的高效净化。另外，湖泊系统中水生植物的收割和基质的定期更换，也有助于将污染物从系统中排出。因此，湖泊在廉价降解污染方面起着非常重要的作用。

（四）养分循环

营养物质在生态系统中循环流动是生态系统的基本功能。有一部分营养物质参与了生命有机体的构建（合成各种有机质）。在洞庭湖生态系统中，主要表现为木本、草本及水生植物每年从土壤中吸收养分，保存于植物体内不易被雨水淋溶而流失。植物通过枝、叶的凋落或枯死，把保存在植物体内的部分营养物质归还给土壤，完成养分生物地球化学循环。

（五）土壤保持（滞淤造地）

泥沙被滞淤造地，能为动植物生长、繁殖、栖息提供场所，也能为农作物种植提供土地，而且泥沙滞留于洞庭湖区域内，减少了下游河道的淤积，从这个意义看，维护了下游河道径流运行安全。但要看到，泥沙淤积在湖区内部，能减少湖泊蓄水容积，这样相对削弱了湖泊的蓄水能力。

（六）调节小气候

从物理学的角度来看，水体热容量很大且导热性能差，热能不易传递，易控制温度的变化。洞庭湖水域面积大，巨大的水体能使区域的气温变化的幅度变小，起到调节与改善当地小气候的作用。此外，一般而言，湖泊的潜水位较高，在土壤毛管力的作用下，土壤中大量的水分被不断地输送到地表，湖泊的地热学性质使湖泊源源不断地为大气提供充沛的水分，调节空气湿度。因此，洞庭湖湿地具有较强的调节气候功能。

在城市化过程中，人类的活动将原来自然生态环境的下垫面改变成水泥、沥青等性质坚硬的下垫面，也就改变了下垫面的吸热性能和导热性能。城区下垫面反射率低、导热率快、热容量大，能吸收大量的太阳辐射，储存的热量比周边区域多，这种增温和蓄热能力，为城市"热岛"的形成奠定了能量基础。城市社会经济的高速运转，需要大量的矿物燃料，燃料燃烧放出大量的热量，从而改变了城市区域的热量平衡，形成了城市"热岛"。城市气候的恶化打破了环境带给人类的自然舒适度。

例如，洞庭湖水域面积大，湖区绿色植物繁茂。绿色植物强有力的蒸腾作用将土壤中的水分提升到冠层，通过叶面气孔向周围散发水汽，此外洞庭湖巨大水面的自然蒸发也向周围散发大量水汽，这些大大增加了周围空气的湿润度。众所周知，无论是林木的蒸腾还是水分的蒸发，都有一个水的液态形式转变为气态形式的过程，这种过程是要消耗能量的。因此，蒸腾和蒸发过程中必须吸收周围空间的许多能量（热量）来维持，这样用于增加空气温度的能量就大大减少了，降低了大气温度，减缓了"热岛"效应。

三、提供教育、文化、游憩、就业等社会服务

湖泊的社会服务功能是指以共同的物质生产活动为基础而相互联系的人们的总体，在消费河湖湿地物质、劳务或服务时所得到的满足。目前，学术界对湖泊社会服务功能的研究不多。这里只对水运服务、游憩服务、文化教育、促进科学进步、拉动产业发展和提供就业岗位进行初步分析。

（一）水运服务

湖泊区域经济社会发展的过程中，航运物流业具有极大的促进作用。湖泊水运服务具有投资不多、占地少、节约能源、污染小、成本低、面广、线长、安全性能高的特点。

湖泊水运，既是最为环保的一种运输方式，也是一种价格低廉的运输方式。湖泊水运符合资源消耗低、人力资源得到充分发挥、环境污染少等经济社会可持续发展的基本要求。

（二）游憩服务

人们生活水平的提高，导致人们社会意识和行为的改变，其中变化较大的，首推为回归自然的理念，人们产生了对户外休憩活动的迫切需求，以借户外游乐、休憩调节身心，消除社会生活的紧张感来修身养性、陶冶情操。由于湖泊生态效应和作用的存在，而且湖泊区域周围有较多城市，方便的交通和优越的服务条件为游憩创造了良好的外部环境，加上湖泊对气候的调节作用，使湖泊区域气候宜人，湖泊成为人们生态旅游、观光旅游的好场所。

例如，洞庭湖区域湖水高涨时，全湖为一片汪洋的明水地貌景观，冬季水落洲滩出露，既有明水，又有湖沼、草甸和林地；洞庭湖区域既有烟波荡漾、气象万千的湖光水色，又有形态各异、景色迷人的孤岛、奇花异草和古树名木，还有绿油油的苔草草甸和渔舟隐现的芦苇荡，洞庭湖的自然和人文景观十分丰富。

（三）文化教育

文化教育是湖泊生态系统社会服务功能之一。湖泊生态系统中包含许多传统文化因素，如湖泊区域的乡村风貌、庙宇园林、名胜古迹等。几乎每一处名胜都有一个典故，每一处古迹都有一个传说，含有丰富的文化内涵。

由于湖泊有着丰富的文化底蕴，人们在湖泊区域游憩、休闲的过程中，都能从湖泊中得到文化的启迪。人们通过湖泊认识动物、植物，了解生物与人类的关系，从中吸取自然科学的"营养"，获得大量知识，以增强保护生态环境意识。同时，湖泊又是湖泊学、水文学、生物学、生态学、环境科学、水产等许多学科的教学实验基地。因此，湖泊具有很大的文化教育功能。

（四）促进科技进步

长江经济带湿地"江"（长江）、"湖"（重要湖泊）的关系极为复杂。如何应对江湖关系新变化，改善江湖关系，构建河湖健康体系，全面提升湖泊的防洪减灾能力；如何建立可持续的和谐人水关系，保护和修复湖泊生态系统，保障长江流域水安全和生态安全；三峡运行后对湿地生态环境的影响，外来物种对湿地的影响；等等，这些许多的未知领域，需要人们去研究、探讨。

例如，长江经济带湖泊特定的生态环境和丰富的生物资源，已成为环境科学、生物学有关学科的研究对象。湖泊生态系统具有丰富的生物多样性，有些物种还没有被人们认识，更需要去挖掘和发现它们。这些又成为微生物、动物、植物分类与系统发育研究的重要课题。由于人为或自然因素，长江经济带湖泊一些动植物的栖息地遭到了严重破坏，一些珍贵、稀有物种处于濒危状态。栖息地的保护与恢复、珍稀濒危动植物的保护与扩繁是保护生物学重要的研究内容。长江经济带湖泊所具有的蓄水调洪，维持大气碳氧平衡，净化有毒、有害物质，改善小气候降低热岛强度等功能，又成为当前众多学者研究的热点。

（五）拉动产业发展

例如，洞庭湖丰富的物质资源为洞庭湖工业发展提供了很好的物质资源。大量的芦苇等草本植物及种植的速生林木为化工、造纸、酿造和纺织业发展提供了良好的保障。丰富的水产为水产品加工业提供了充足原料，进而推动水产品贸易业的发展。湖泊旅游资源较为丰富，种类多、存量大、资源品位高。例如，可以在湖泊区域开展洲水风光游、生态环境游、文物古迹游、民俗风情游等旅游活动，湖泊丰富的旅游资源可以促进湖泊旅游业的发展。在丰富的湖泊资源中，对于一些经济价值高的珍贵稀有动植物可通过建立养殖场和培育基地，驯化饲养、栽培，进而扩大生产，这也是湖泊区域经济新的增长点。

（六）提供就业岗位

湖泊区域提供的就业岗位通常包括如下几种。

（1）管理岗位。该岗位的职能为对湖泊提供的各项服务进行管理，以落实执行湖泊湿地法规、政策；协调生产者与消费者之间的关系；制定和落实保育与发展规划。

（2）保护岗位。该岗位的职责是保持湖泊生态系统的稳定，保护和修复湖泊生态系统，建立可持续的和谐人水关系。

（3）旅游业岗位。近年来，环湖区域旅游业发展迅速，提供了不少的就业岗位，如旅行社工作人员。

前面提到的是湖泊提供的直接就业岗位。这些直接就业人员通过工作获得湖泊经济产品、生态产品和生态服务以后，还要涉及其他服务岗位，如水产品加工和销售岗位。旅游业的发展也会带动餐饮业的发展，又能提供餐饮服务业的就业岗位。

第二节　长江经济带湖泊类型与重要湖泊

长江是中国第一大河流，是中国重要的生态绿色廊道。长期以来，长江两岸以水为纽带，推动航道建设、水力发电、贸易往来，有力地促进了长江沿线城市经济社会的发展。长江经济带贯穿我国东中西三大板块，横亘我国的空间腹地；人口规模和经济总量占据全国的"半壁江山"，生态地位突出，发展潜力巨大；长三角地区以及长江中上游的重点城市都有着很强的产业基础，国际竞争力强，影响力大。长江经济带以全国1/5的土地面积，贡献了全国2/5以上的经济总量。在构建新发展格局的过程中，长江经济带担负着责无旁贷的使命。

长江流域生态环境保护涉及上海、江苏、浙江、安徽、江西、湖北、湖南、重庆、四川、云南、贵州11省市。近几年，长江沿线11个省市在维护长江生态环境方面所做的努力有目共睹，但整体成效并不明显。如何跳出"上游污染、下游治理""先污染、后治理""边污染、边治理"的生态治理怪圈，是亟须解决的问题。更进一步的是如何构建长江经济带重要湖泊保护和治理长效机制，如何在已有的体系上有所创新和突破值得我们去深入研究。我们需要首先了解长江经济带与长江流域的概念，知晓长江经济带的湖泊类型以及长江经济带的重要湖泊。

一、长江经济带与长江流域的概念

（一）长江经济带

长江经济带是指以整个长江流域为中心向沿岸辐散的经济发展区域。长江经济带横跨中国东中西三大区域，囊括上海、江苏、浙江、安徽、江西、湖北、湖南、重庆、四川、云南、贵州 11 个省市。2016 年 9 月，中共中央正式印发的《长江经济带发展规划纲要》（以下简称《纲要》）中以"一轴、两翼、三极、多点"生动形象地描述了长江经济带的辐射格局。《纲要》指出，"一轴"是以长江黄金水道为依托，发挥上海、武汉、重庆的核心作用，以沿江主要城镇为节点，构建沿江绿色发展轴。"两翼"是指发挥长江主轴线的辐射带动作用，向南北两翼腹地延伸拓展，南翼以沪瑞运输通道为依托，北翼以沪蓉运输通道为依托。"三极"是指长江经济带的三大增长极：长江三角洲城市群、长江中游城市群、成渝城市群，充分发挥三大城市群的辐射带动作用。"多点"是发挥三大城市群以外地级城市的支撑作用，通过加强与三大中心城市的互动，来推动地方经济的发展。

自 2013 年"长江经济带"被提及至今，长江流域经济一直处于高速发展阶段，"一带一路"倡议、长江经济带开放开发战略的实施，在给长江流域的发展带来新发展机遇的同时，长江流域的生态环境保护日益受到重视，保护好长江成为长江经济带发展的重中之重。

（二）长江流域

"流域"在《辞海》中的解释是指地表水与地下水分水线所包围的集水区域的统称，习惯上常指地表水的集水区域。[①] 也有人认为流域是一个从河流源头到入口的独立的、完整的、自成系统的水文单元，在地理区域上有着明确的边界范围。[②] 或者解释为分水线所包围的湖泊河流集水区。具有广义和狭义之分，从狭义上来说，流域主要是指湖泊河流的干流、支流所流经的区域范围，包括河流、河床、沿岸土地、涵养水资源的草地林地等；从广义上来说，则是指一个水系的干流和支流所覆盖的全部区域，或者是地面上以分水岭为界的整个区域。从自然科学的视角，虽然比较清晰地从水文和水系层面界

---

① 夏征农. 辞海 [M]. 上海：上海辞书出版社，2002：1183.

② 陈湘满. 论流域开发管理中的区域利益协调 [J]. 经济地理，2002（10）：525–529.

定了"流域"。但是，从宏观视角来看，流域实质上是自然环境和人文社会相结合的综合体，既体现湖泊流域水系的自然属性，也具有人类文明和区域经济发展的社会属性，因而要从宏观整体上去全面理解和把握"流域"的内涵特征。一方面，要将人类行为纳入流域的概念体系。实质上来说，从根本上决定流域特征的是人类活动和社会环境，流域在为人类提供必要的水资源的同时，承载着人类行为所对流域产生的外部性影响，并在很大程度上决定了流域状况。另一方面，要从宏观上整体把握"流域"的外延特征。流域本身是一个水系的整体区域，关联度和整体性强，流域内不仅各自然要素之间联系密切、相互影响，而且流域内的社会经济活动和人类行为也密不可分，显著地表现为流域的干支流、上下游和左右岸之间等关联性强。从上述描述，对于流域的概念，可以理解为地表水与地下水分水线所包围的集水区域内的自然环境和人类社会的动态集合体。流域还是一个以水为核心，并由水、土地、生物、资源和人等各类自然要素与经济、社会等人文要素组成的环境经济复合系统。

长江流域，是指长江干流和支流流经的广大区域。长江流域是世界第三大流域。流域内有丰富的自然资源。长江流域主要流经山地、高原、盆地（支流）、丘陵和平原等，整体呈多级阶梯形分布。

长江流域重点水域于 2021 年 1 月 1 日 0 时起正式进入"十年禁渔期"，这是长江经济带发展的必然选择，是人与自然和谐共生、物质文明和精神文明协调发展的表征。

二、长江经济带的湖泊类型

（一）按成因分类

（1）构造湖（断陷湖）：因地壳构造运动产生凹陷而形成的湖泊，如云南抚仙湖。

（2）堰塞湖：因地震、山崩河道被阻塞而形成的湖泊，如四川岷江上游的大小海子、凉山彝族自治州雷波县境内的马湖等。

（3）冰川湖：因冰川磨蚀和冰碛物堆积作用，产生洼地积水而形成的湖泊，如江源冰川附近的湖泊。

（4）岩溶湖：因地表水和地下水对石灰岩等可溶性岩石的溶蚀作用而形成的湖泊，如贵州威宁的草海。

（5）牛轭湖：因平原河流弯曲、改道、裁弯取直，泥沙淤塞了原有河道进出口而形成牛轭状弯曲的湖泊，如荆江两岸的许多湖泊。

（6）潟湖：因河口海岸泥沙沉积，沙嘴和沙洲延展，使浅水海湾与海洋隔离而成湖泊，如杭州西湖。

（二）其他分类方式

按湖泊和河流的关系，可把长江经济带的湖泊分为吞吐湖和非吞吐湖两类。吞吐湖既能蓄纳江水，又可以把湖水排入江河，对江河水量起着天然的调蓄作用，如洞庭湖和鄱阳湖。非吞吐湖又有两种，一种是以湖水流入江河为主，另一种是河水注入洼地形成内湖，不通江河。前者多位于江河源头，成为江河的补给水源；后者多位于长江中下游地区，由于泥沙淤积，人为围垦或有闸坝控制而与长江隔绝。

按湖泊矿化度的大小，湖泊又有淡水湖、咸水湖和盐湖之分。淡水湖的湖水矿化度小于 $1g/L$，长江流域大部分湖泊均属此类。咸水湖的湖水矿化度为 $1\sim35g/L$，这类湖泊集中于江源地区。咸水湖再进一步蒸发、浓缩，湖面收缩、盐分集中，又演变为盐湖。

三、长江经济带的重要湖泊

长江经济带的重要湖泊包括洞庭湖、鄱阳湖、太湖、巢湖、洪湖、滇池、洱海等。

（1）洞庭湖

洞庭湖为中国五大淡水湖之一，是长江中游重要吞吐湖泊。洞庭湖之名，始于春秋战国时期，因湖中洞庭山（今君山）而得名，并沿用至今。

（2）鄱阳湖

鄱阳湖是中国第一大淡水湖，地处江西省的北部，长江中下游南岸。鄱阳湖以松门山为界，分为南北两部分，北面为入江水道，南面为主湖体。

（3）太湖

太湖，中国五大淡水湖之一，位于江苏省南部、长江三角洲的南部；全部水域在江苏省境内，湖水南部与浙江省相连。其是华东最大湖泊，也是中国第三大淡水湖。

（4）巢湖

安徽省江淮丘陵中部的巢湖，是中国五大淡水湖之一。巢湖与纵横交错的江河沟渠相吞纳，其源远至英、霍二山，湖面有丰乐河、杭埠河等来汇，湖南与兆河、白湖相通，湖水由东南出口，经裕溪河下泄长江。

（5）洪湖

既是灌溉水源，又是排涝、调蓄洪水的天然水库，由于泥沙淤积、垦殖等原因，面积日趋缩小。

（6）滇池

滇池是我国典型的高原淡水湖泊，处于长江、红河、珠江三大水系分水岭地带，同时位于云南省昆明城市下游、盆地最低凹地带，被一道天然海埂上的人工闸分为外海和草海两部分。湖泊属于半封闭类型，自净能力较低，平均每 4 年水才能置换一次。

（7）洱海

洱海位于云南省大理郊区，属澜沧江－湄公河水系，是云南省第二大淡水湖，被称为大理的母亲湖，因形状像一个耳朵而取名"洱海"。洱海主要来源于雪山融水、降水、入湖河流补给以及地表径流。

第三节 长江经济带重要湖泊保护和治理的意义

长江是中华民族的母亲河，也是中华民族发展的重要支撑。推动长江经济带发展是以习近平同志为核心的党中央做出的重大决策，是关系国家发展全局的重大战略。

习近平总书记一直心系长江经济带发展，亲自谋划、亲自部署、亲自推动，多次深入长江沿线考察，多次对长江经济带发展做出重要指示批示，多次主持召开会议并发表重要讲话，站在历史和全局的高度，为推动长江经济带发展掌舵领航、把脉定向。

在以习近平同志为核心的党中央坚强领导下，推动长江经济带发展领导小组办公室会同有关部门和沿江 11 省市，认真贯彻落实习近平总书记重要讲话和指示精神，按照领导小组工作部署，扎实推进长江经济带发展各项工作，生态优先、绿色发展理念不断深入人心，在顶层中层规划设计、生态环境保护修复、转型升级绿色发展、体制机制改革创新等方面取得了积极进展，显现出了初步成效，共抓大保护格局已经形成。

一、有助于解决长江沿岸各省市水污染问题

习近平总书记多次强调，当前我国水安全呈现新老问题相互交织的严峻形势，特别是水资源短缺、水生态损害、水环境污染等新问题愈加突出。河湖水系是水资源的重要载体，也是新老水问题体现最为集中的区域。其中，非法侵占河道、围垦湖泊、滥采乱挖、超标排污、非法采砂等乱象时有发生，水域萎缩、水体质量下降、生态功能退化等问题较为突出，使水安全保障面临严峻挑战。

由于长期粗放的发展方式，长江生态环境急剧恶化，面临着严峻挑战，主要体现在水生态系统功能性退化、水环境质量恶化、水资源安全风险凸显、污水处理未达标排放问题突出、农业面源污染控制处理难等方面。在长江大保护背景下，全面推进河湖长制、生态补偿机制等保护与治理举措，有助于进一步加强河湖水生态保护、水污染防治等治水工作，推进河湖系统保护和水生态环境整体改善，解决我国复杂的水污染问题，促进河湖休养生息，维护河湖健康生命，保障河湖功能永续利用。

二、有助于推进水治理体系和治理能力现代化

中国共产党第十九届中央委员会第四次全体会议提出，我国国家治理体系和治理能力是中国特色社会主义制度及其执行能力的集中体现。"共抓大保护"就是要正确把握生态环境保护和经济发展的关系，以"共抓"理顺部门分割和多头管理、构筑上下游和

左右岸联动治理新局面。大力推行河湖长制、生态补偿机制等保护与治理举措，就是充分发挥地方党委政府的龙头作用，明确责任分工，强化统筹协调，形成河湖水生态环境保护的合力，有效破解我国水体治理、流域治理中的治理困境。河湖长制既是"共抓大保护"的有力制度抓手，也是我国水治理体系和保障国家水安全制度的一项重大创新，有利于推动我国水治理体系和治理能力现代化建设。

三、有助于推进长江经济带生态文明建设

习近平多次强调，绿水青山就是金山银山，要像保护眼睛一样保护生态环境，像对待生命一样对待生态环境。《中共中央国务院关于加快推进生态文明建设的意见》中把江河湖泊保护摆在重要位置，水利是生态文明建设的核心内容，全面推行河湖长制，是推进生态文明建设的必然要求。

长江大保护背景下，全面推进河湖长制、生态补偿机制等保护与治理举措，不仅有利于推动长江流域落实绿色发展理念，更能有效推进长江经济带生态文明建设，对打造美丽中国生态文明建设先行区具有重要的战略意义。"共抓大保护、不搞大开发"，必须全流域、全方位推进环境综合治理，着力解决突出的环境问题。全面推进河湖长制，应坚持党政主导、高位推动、部门联动，且明确责任分工，强化统筹协调，落实严格的水资源管理制度和生态环境联防联治制度，在此基础上，立足于流域整体，加强全流域生态保护与修复，重视森林、湿地、生物多样性的保护，实现河畅、水清、岸绿、景美，更可促进经济社会可持续发展，推进生态文明和美丽中国建设。

第二章 长江经济带湖泊生态系统构建探索

长江经济带湖泊一直是国家水环境治理的重点，此前已着重开展了太湖、巢湖、滇池和洱海水体污染和富营养化防治工作。尽管投入力度很大，但治理成效较慢。事实上，湖泊生态系统现状是长期演化的结果，这就需要我们揭示长江经济带湖泊保护和治理的基本现状，厘清长江经济带湖泊保护和治理的主要举措与制约因素；在此基础上，构建长江经济带重要湖泊保护和治理长效机制，切实提高保护与治理成效。

第一节 长江经济带湖泊保护和治理的基本现状

推动长江经济带发展战略实施以来，沿江省市在大力推进长江干流和重要支流保护治理的同时，加强湖泊保护修复，取得了明显成效。但由于湖泊具有水域面积广阔、水体交换缓慢、污染物易扩散等特点，生态环境保护和修复较长江干支流难度更大。加之沿湖工农业和人口、城镇密布，经济发展长期与湖泊争水争地，城市建设特别是房地产开发侵占湖泊生态空间，长江经济带重要湖泊普遍面临生态功能受损、水源涵养能力不足、水环境恶化、生物多样性萎缩、蓄洪能力下降等问题。

一、长江经济带湖泊保护和治理取得的成绩

（一）河湖保护意识增强

环保意识是公民必须具备的基础意识之一，保护生态环境就是保护自己的家园，环保意识也是政府需要加强的意识，环保不是口号，不是政策，更不是纸上的规章制度，环保意识应深深植入每个公民的心中，最终内化为意识，外化为环保行动。

长江经济带各省市积极推进《关于在湖泊实施湖长制的指导意见》。例如，湖北省委宣传部、省河湖长制办公室联合印发了《全面推进河湖长制"六进"实施方案》，加强了新闻宣传和舆论引导力度，积极开展线上线下宣传工作，营造了全社会关爱河湖、珍惜河湖、保护河湖的浓厚氛围。促进河湖长制走进党校、机关、企业、社区、农村和

学校，"六进"活动的开展可有效促使公众参与河湖保护工作，培育河湖环境环保的责任意识和参与意识，在此基础上营造全社会共同建设与守护美丽河湖的良好氛围。

（二）河湖管理日趋规范化

湖北省落实河湖划界工作，确定了河湖管理保护的范围边界，同时通过建立行政区域跨界断面、河湖监测断面，对每一条河流、每一个河段、每一个湖泊都进行了精确的划分，锁定了每一位分段河湖长保护水质的目标和成效。同时，湖北省财政积极落实河湖管护人员的经费保障，用于开展河湖管护保洁工作。湖北省在监督管理和经费保障上不断推动河湖长制的完善和固化，使得各级河湖长、河湖长办公室、河湖专管员的工作日趋规范化、制度化，河湖管理日趋规范。

江西省成立了太湖流域管理局。太湖流域管理局是水利部在太湖流域、钱塘江流域和浙江省、福建省范围内的派出机构，代表水利部行使所在流域内的水行政主要职责，为具有行政职能的事业单位。其主要职责包括：负责保障对流域水资源的合理开发利用；对流域水资源的治理和监督，统筹协调流域生活、生产和生态用水；负责流域水资源保护工作；组织编制流域湖泊保护规划；负责防治流域内的水旱灾害，承担防汛抗旱总指挥的具体工作；指导流域内水文工作；指导流域内河流、湖泊及河口、海岸滩涂的治理和开发；指导协调流域内水利建设市场监督治理工作；指导、协调流域内水土流失防治工作；负责职权范围内水政监察和水行政执法工作，查处水事违法行为；按规定指导流域内农村水利及农村水能资源开发有关工作；按照规定或授权负责流域控制性水利工程、跨省（自治区、直辖市）水利工程等中央水利工程的国有资产的运营或监督管理。

江西省就太湖的治理，加强了治理手段和措施。第一，充分发挥了市场的力量。建立了体现湖泊资源市场价值的水价机制。第二，合理确定了各类水资源费用，完善了污水垃圾处理收费制度、排污费收费制度。第三，严格标准，完善法规。构建了科学、合理、完备的污染物总量控制指标体系、监测体系和考核体系。第四，提高了监管能力，切实强化执法。建立了国家级和地方级两个层面的监测站网，强化资源整合、信息共享，做到信息统一处理、统一发布。第五，强化治理，落实责任。将行政断面水质目标浓度考核和污染物排放总量考核作为干部政绩考核的重要内容。建立了严格的水环境治理领导问责制，规范了问责程序，健全了责任追究制度。健全了环境质量目标和治理目标责任制，逐级签订了水环境治理工作目标责任状，层层落实任务和具体责任人。

云南省非常重视滇池的治理和保护工作。1988年颁布的《滇池保护条例》，是较早的湖泊治理和立法的湖泊之一，并随着时代的发展，条例也在随之进行修订和完善。在制定和完善《滇池保护条例》的同时，云南省和昆明市也积极开展支撑法律法规的建设，分别制定和修订了《昆明市城市排水治理条例》《昆明市河道治理条例》等配套立法。从法制建设上来说，滇池治理和保护的立法工作是我国所有湖泊治理当中立法最多、最全的，已经历了30多年，并进行了多次修订。

（三）河湖生态极大改善

自全面推行河湖长制以来，长江经济带重要湖泊治理管护初见成效。以湖北省为例，在《关于在湖泊实施湖长制的指导意见》的实施过程中，本着先行先试的原则，在全国碧水保卫战主题行动中"打响第一枪"，其"迎春行动""清流行动"的实施规模、声势、成效超出预期，河湖生态显著改善。

2018 年，在碧水保卫战的"清流行动"中，面对长江段最长岸线省份这一现实，湖北省迎难而上，清理和整治长江水域岸线长达 1 555km，其中 1 502 个固体废弃物点得到有效清除；素有"九曲回肠"称号的荆州段一直是行洪的障碍爆发段，在此次行动中共清除行洪障碍多达 1.6 万处；本着"绿水青山就是金山银山"的原则，促使 69.33km^2 的岸线得以复绿，为还一片绿水，积极清除水葫芦、水花生等水植物约 430.67km^2；在治理污染方面，有效查封和整治长江非法排污口达 1 834 个。通过这一次行动，新增生态流量 2 095m^3/s，湖库面积扩至 3 300 多 km^2，可谓成绩斐然。长江岸线整治一新，河湖空间有效拓展，水岸面貌发生了巨大变化。[①]

二、长江经济带湖泊保护和治理存在的问题

随着城镇化的加速推进，粗放的经济发展方式，对湖泊水资源的过度利用导致湖泊生态恶化，使我国湖泊特别是长江经济带的湖泊面临着严峻的环境问题，加强对湖泊环境的保护与治理，使人与自然和谐发展，必须引起全社会的高度重视。长江经济带湖泊保护和治理存在的问题具体如下。

（一）污染严重、水体生态退化

目前，长江经济带湖泊富营养化问题十分突出，湖泊水质污染的情况非常严重，导致湖泊水体透明度降低，水生态系统出现退化。前文就此问题已探讨，在此不再重复叙述。

（二）萎缩干涸、蓄洪能力下降

洞庭湖湖泊面积由之前的 4 350km^2 缩小至今天的 2 600km^2 左右。鄱阳湖湖面面积由 20 世纪 50 年代的 5 200km^2 减少到目前的不足 3 000km^2。东部平原湖区的长江中游地区，基本上一大半的湖面面积消失了。湖北省号称千湖之省，几个市可谓百湖之市。湖北的湖泊在 20 世纪 50 年代末共计近 1 100 个，不仅湖多，而且湖大。目前统一数据表明，湖泊面积大于 1km^2 的不到 200 个，大于 10km^2 的湖泊仅余 40 个左右。[②]

（三）养殖过度、生态系统受损

随着经济社会的发展，一些农业技术得到开发推广。在 20 世纪 70 年代以前，围网

① 湖北举行"深入实施河湖长制"新闻发布会 [EB/OL].（2019-06-26）[2020-04-01]. http://www.scio.gov.cn/xwfbh/gssxwfbh/xwfbh/hubei/Document/1658063/1658063. htm 2.

② 谭飞帆，王海云，肖伟华等. 浅议我国湖泊现状和存在的问题及其对策思考 [J]. 水利科技与经济，2012（4）：57-63.

养殖一直是湖区人民重要的生存方式。随着经济社会的飞速发展，生产力水平不断提高，围网养殖已不再是渔民生存的手段，而成了渔民发财致富的方式，特别是在市场经济的竞争中，湖泊的生态价值被忽视，极易成为追逐高附加值的水产养殖的牺牲品。事实上，利用大面积低廉的湖面进行围网养殖已经成为某些地方的发家之道，再加上行政执法的缺位，围网养殖造成的污染超出湖泊本身的自净水平，围网养殖过度带来的结果只有湖泊水生态系统的破坏。

第二节　长江经济带湖泊保护和治理的主要举措

湖泊保护与治理是一个复杂的系统工程，需要综合考虑多种自然和人为驱动要素的生态效应及其长效机制。笔者以史为鉴，从过去环境演变的视角，总结长江经济带湖泊保护和治理的主要举措。

一、全面推行流域"湖长制"

长期以来，过度的农业开发、超标的工业污染排放和不断增加的生活污水给湖泊水域带来了严重超负荷的承载压力，湖泊面积严重萎缩、水体富营养化、生物多样性锐减等问题突出，有效治理和保护水生态环境已经成为政府面临的突出课题之一。而对有着"千湖之省"的湖北省而言，这些问题显得更加严重，在综合湖北省黄冈市遗爱湖污染治理等地方成功经验的基础上，2017年1月21日，湖北省政府率先在全国出台了首部省级湖长制实施方案，即《关于全面推行河湖长制的实施意见》，并要求在2017年年底前全面建成省、市、县、乡四级河湖长制体系，湖北省因此也成了华中地区早期湖长制政策的扩散源头；2018年2月24日，山东省政府常务会议审议并通过了《山东省在湖泊实施湖长制工作方案》，涵盖湖长制建设的总体要求、组织体系、主要任务、保障措施四个部分，该方案要求在全省全面建立起省、市、县、乡、村五级湖长体系，并将人工湖泊纳入湖长制实施范围，此举是华东地区省级湖长制政策之先例；同一时间，陕西省委办公厅、省政府办公厅印发了《关于实施湖长制的意见》，在对全省湖长制建设工作做出部署的同时，要求在2018年年底前建立四级湖长体系，这是西北地区最早公布湖长制建设方案的省级政策文本。截至2018年2月底，全国范围内初步形成涵盖3个省级区域的湖长制政策扩散格局，这一阶段的数个早期扩散源为周边其他省份的湖长制政策持续扩散提供了良好的标杆与导向效应。

2018年3月9日，宁夏回族自治区印发了《自治区河长办贯彻落实〈关于在湖泊实施湖长制的指导意见〉的通知》，要求全区在河长制的工作基础上建立健全湖长制度，并对做好基础保障工作进行了部署；2018年3月28日，云南省河（湖）长制领导小组印发了《云南省全面贯彻落实湖长制的实施方案》，要求在2018年年底前建立起延伸至村一级的责任明确、协调有序、监管严格、保障有力的五级湖长制度；该方案围绕云南省建立长效湖长制做出了周密部署，并针对全省湖泊管理与保护提出了多项主要任务，成为西南地区最早出台省级湖长制政策文本的省份；2018年4月2日，上海市河长制办公室制定了《关于进一步深化完善河长制落实湖泊湖长制的实施方案》，该方案将湖长制纳入河长制工作体系，并按照分级管理、属地负责的原则确立了市、区、街道乡镇三级湖长体系。

此后，重庆、辽宁、湖南、安徽、河北、新疆、江西、广西、青海、西藏、吉林等19地先后跟进颁布本省湖长制政策文件。其中，2018年4月18日辽宁省委办公厅、省政府办公厅印发了《辽宁省河长制实施方案》，该文件将湖长制纳入河长制体系统一规划管理，并要求在2018年6月底前建成完善的四级河湖长制体系，辽宁省由此也成为东北地区实施湖长制政策的先行省份；2018年5月6日，河北省委办公厅、省政府办公厅公布了《河北省贯彻落实〈关于在湖泊实施湖长制的指导意见〉实施方案》，设立省、市、县、乡四级湖长体系，并要求全省在2018年11月底前全面建立湖长制，这是华北地区最早的省级湖长制政策文本；2018年5月24日，广西壮族自治区党委办公厅、政府办公厅联合出台了《广西壮族自治区在湖泊实施湖长制工作方案》，要求建立与自治区、市、县、乡、村五级河长体系相应的湖长体系，并根据广西湖泊的特点分解提出21项具体工作，该方案成为华南地区最早的省级湖长制政策文件。这一时期湖长制政策在全国范围内快速推进、显著扩散，截至2018年7月末，全国31个省份已有25个省级行政主体陆续出台本地区的湖长制政策文本。

随着湖长制政策在全国范围内的快速推进，政策扩散省份累积量已开始趋于饱和，即进入了政策扩散放缓期。2018年8月3日，内蒙古自治区下发了《内蒙古自治区实施湖长制工作方案》，提出在全区实行双总河湖长制，建立区、盟市、旗县（市、区）、苏木乡镇四级湖长体系；2018年9月1日，福建省政府办公厅发布了《关于在湖泊实施湖长制的实施意见》，并围绕建立湖长体系、界定湖长职责、落实主要任务、强化保障措施等主要方面展开工作部署。此后，在2018年的9月、10月，北京、海南、四川先后跟进发布契合本地实际的湖长制政策文本。2018年12月26日，天津市委办公厅、市政府办公厅公布了《天津市关于全面落实湖长制的实施意见》，全国最后一个省级行政主体最终加入了推行实施湖长制的行列中来，这也标志着湖长制这一重大政策创新在全国范围内全面建立起来了。

"湖长制"并不是对有关涉水部门，如生态环境部、水利部、住房和城乡建设部、交通运输部、农业农村部等的替代，而是要与各部门形成左右互动的协调机制。通过专人专职对河段的水环境、水生态及其问题进行摸底，全面掌握基本情况之后，与各涉水部门合作治理。例如，湖北省建立了五级河湖长制责任体系，第一总河湖长由省委书记担任，总河湖长由省长担任。针对跨市（州）的重要河流或湖泊，必须由省级领导分别出任河湖长一职。并在市、县、乡按不同级别分设河湖长，由对应地区的同级党委、政府负责领导担任。各地可根据实际情况灵活落实河湖长制，力求将河湖长一职设立至村级组织。除官方河湖长外，在河湖长制推行的过程中，还探索出了"民间河湖长""企业河湖长"等先进做法，通过面向社会公开招募热爱河湖、关心河湖保护与治理工作的自然人、法人或社会团体担任民间河湖长，增强全社会保护河湖生态环境的责任意识、参与意识，健全以民间河湖长为主体的全社会监督参与体系，在全社会营造良好的河湖保护工作氛围。2017 年，湖北省积极落实河湖长制工作，取得了良好的成绩，形成省、市、县、乡四级河湖长制框架的搭建，基本实现了河湖全覆盖，在全国率先建成河湖长制。在此基础之上，湖北省充分考虑本省的河湖特征，立足于本省河网密布、小微水体众多、固废垃圾和污水蔓延的现状，将河湖长制责任体系下放至村、组一线，将库塘、沟渠这些微小支流也纳入管理范围，力求以部分推动整体进步。

二、落实相关利益主体的生态补偿制度

我国在 20 世纪 90 年代就提出了生态补偿的概念，通过制定相关法律法规和政策、建立健全组织协调机制、在重点地区开展政策试验，推动实施生态补偿工作。长江经济带沿江 11 省市也先后推动实施水环境生态补偿的相关工作，建立规章制度，开展不同形式的实践活动，取得了阶段性进展。

（一）长江经济带水环境生态补偿的相关法律及政策

1. 长江经济带水环境生态补偿的相关法律

笔者通过查阅相关法律文献发现，我国在相关法律中明确提出要在水环境资源保护领域开展生态补偿。经过梳理（见表 2-1），可以看出，《中华人民共和国水法》中虽然没有明确提出生态补偿要求，但规定了对保护水资源的单位和个人进行奖励，也符合生态补偿的内涵，可以视为一种初级阶段的生态补偿，其中生态补偿主体是人民政府，接受补偿的是相关单位或个人。《中华人民共和国水污染防治法》《中华人民共和国环境保护法》对生态保护补偿工作做出了明确规定，要求建立、健全生态保护补偿制度，其中生态保护补偿的主体是国家政府，接受补偿的是地方政府，补偿方式是政府财政资金的转移支付。

表 2-1 长江经济带水环境生态补偿相关法律汇总

法律名称	颁布机构	相关内容
《中华人民共和国水法》	全国人民代表大会常务委员会	第十一条 在开发、利用、节约、保护、管理水资源和防治水害等方面成绩显著的单位和个人，由人民政府给予奖励
《中华人民共和国水污染防治法》	全国人民代表大会常务委员会	第八条 国家通过财政转移支付等方式，建立健全对位于饮用水水源保护区区域和江河、湖泊、水库上游地区的水环境生态保护补偿机制
《中华人民共和国环境保护法》	全国人民代表大会常务委员会	第三十一条 国家建立、健全生态保护补偿制度。国家加大对生态保护地区的财政转移支付力度。有关地方人民政府应当落实生态保护补偿资金，确保其用于生态保护补偿

2. 长江经济带水环境生态补偿国家层面相关政策

随着国家对生态补偿工作的重视，一系列关于生态补偿的政策陆续出台。从梳理的部分政策内容看，国家对在长江经济带范围开展生态补偿工作十分重视，也高度认可生态补偿在促进环境改善方面的重要作用。多个有分量的政策文件中均提出要推动建立健全长江经济带生态补偿机制，国务院办公厅印发文件要求在长江等河流开展生态补偿试点。国家发展和改革委员会、财政部等部门制定相关政策，对流域生态补偿标准、补偿方式、资金支持等提出了具体要求，这也足以说明长江经济带开展水环境生态补偿工作的重要性。

3. 长江经济带水环境生态补偿的地方政府相关政策

根据沿江 11 省市相关政策文件，可以看出目前各省市均在水环境领域开展了不同形式的生态补偿。从政策制定者看，主体比较多样，有的以人民政府名义，有的以财政、发展和改革委员会、生态环境、水利等部门名义。同时，各省市政策文件多为指导意见，少数为具体的实施方案，可操作强的政策文件还不多。根据各省市政策文件制定的时间，可以看出长江下游上海、浙江、江苏三地开展生态补偿试点较早，均在 2013 年以前，这也在说明长江下游地区较早意识到采用生态补偿这种做法，可以促进地区生态环境保护和治理。长江中上游省市则是按照国家统一部署要求，参照相关文件制定了相应的政策，开展生态补偿工作的时间滞后于下游省市。沿江省市水环境生态补偿政策主要有 3 个方面的共同点：一是生态补偿方式主要为资金补偿，资金来源多为政府财政资金转移支付、地方人民政府对生态保护者的补偿，少数为其他形式的补偿；二是生态补偿主体比较单一。生态补偿主体、受偿主体基本上是相关的人民政府，较少为企业、社会组织或居民；三是补偿标准主要考虑流域断面水质变化，通过监测污染因子浓度变化情况，计算相应的补偿金额。

（二）长江经济带水环境生态补偿实践工作开展情况

1. 国家层面

中央财政加大对长江经济带生态补偿工作的支持力度，不断提高长江经济带沿江省市转移支付分配过程中的生态权重。2019年中央财政累计下达长江经济带重点生态功能区转移支付资金295.6亿元，较2015年增长51%[①]，纵向生态补偿力度有所加大。

2. 沿江11省市层面

随着共抓大保护的理念日益深入人心，各方对生态环境保护的意识不断增强，生态补偿在环境保护工作中的作用也进一步受到重视。沿江11省市均制定出台相关政策，推动实施水环境生态补偿。

2020年，浙江、安徽在新安江，云南、贵州、四川在赤水河，重庆、湖南在酉水，江西、湖南在渌水已开展了跨省市的水环境生态补偿政策试验工作，并签订了水环境生态补偿方案，履行相关约定，流域水质保持稳定向好，相关断面水质均达到了生态补偿方案预期目标。

第三节 长江经济带湖泊保护和治理的
主要制约因素

长江经济带湖泊保护和治理虽然采取了一些重大举措，取得了一定成绩，但是在各级地方政府的具体政策操作和执法管理中，也出现了许多制约因素与困境。

一、治理机构的职能与责任问题

（一）法律体系建设尚不完善

在法律体系建设方面，湖长制政策的扩散与在地方的实施，主要基于《水法》《水污染防治法》《水土保持法》《防洪法》《渔业法》《河道管理条例》等所构成的基本法律框架，部分法律虽对湖泊及岸线管理有初步涉及，但在国家层面其本没有基于湖泊生态特殊性与管理复杂性的湖泊污染防治与保护的专门法条，这不仅无法满足湖泊保护和治理的现实需要，也使得湖长制在地方的推行与具体操作缺乏直接的法律依据与基础，造成只"有章可循"而面临"无法可依"的窘境。而地方的相关法规则从部门利益出发制定的居多，不可避免地导致部分湖泊管理职责的设置出现互相交叉、责任不清的问题，甚至存在少数职责的空白与缺位。

---

① 巨文慧，孙宏亮，赵越，等. 我国流域生态补偿发展实践与政策建议 [J]. 环境与发展，2019（11）：1-2+8.

（二）部门统筹协调机制缺乏

长江经济带部分地方治水部门之间缺乏协调与统一行动机制。当前地方政府组成机构中直接或间接涉及湖泊管理与保护的部门多达十几个，包括省河湖长办公室、省发改委、省水利厅、省环保厅、省自然资源厅、省农业厅、省林业厅、省海洋与渔业厅、省住房城建厅、省公安厅、省经济与信息化委员会、省法制办、省畜牧兽医局、地方河务局、水利管理局等诸多职能部门，其中，河湖长办公室作为地方河湖治理的组织领导机构，与水利、环保、渔业、国土等数个部门的职能存在部分重合，加之由于职能部门间跨度大、涉及部门较多，部门间具体管理工作，如规划编制、任务方案、专项行动等衔接不畅，难以形成一个有效统筹设计、协调部署、共同行动的跨部门的联合执法管理机制。另外，跨行政辖区的湖泊水域统筹联动也面临着如何整合协调的问题，尤其是在跨省区的湖泊水域，各省之间水资源与水环境管理部门分工职责、管理运行方式、具体标准与指标、执法监管程序与方式、考核评价制度与要求均存在差异，在面临跨省湖泊水域内的治理衔接、环境纠纷、违法案件等形势下，尚无法有效整合跨区域的执法监管力量。

（三）水体污染监测进展缓慢

对湖泊水体污染的监测工作进展缓慢。首先，长江经济带湖泊水环境监测站点建设不完善，一些水域面积较小和位于无人区的湖泊水体长期没有监测站点的管理，导致部分湖泊的有效水文资料缺乏；而且现有的部分监测站点欠缺科学规划与布局，致使一些水域监测面重合并加重了政府的财政负担。其次，监测方法和适用标准混乱，一些邻近的省、市等地方辖区采用的水体污染监测方法与划定的标准并不统一，往往造成跨区湖泊的水环境评价结果出现较大差异，给跨区治理的数据交互、信息共享、协同治理带来了负面影响。最后，水体监测缺乏统一指挥协调的平台，这直接导致各地监测部门各自为政，无法有效实现统一监测、统一发布，因而各部门所提供的水文信息缺乏一致性与实用性，给环境监管和公众监督带来了不利影响与障碍。除此之外，湖泊治理还面临着多重制约因素。

二、经济的下行压力与财政困局

（一）经济发展面临下行压力

近几年，由于全球经济发展形势低迷，贸易保护主义抬头，加之美元进入加息周期的影响，我国货币政策与财政政策的相对操作空间也发生了明显变化，国内经济发展增速依旧面临较大的下行压力。当前，国内财政的困境在于赤字规模与经济增速目标间的平衡，并出现了收入增速下滑与支出前置的财政运行特征，这意味着短期内财政收入端增收乏力会对支出端形成进一步的制约，也势必将对中央与地方的环保和水利领域的投入产生不利影响。

（二）政策推行财政缺口扩大

具体到当前长江经济带范围内湖长制的实际运行层面，各省份对于湖长制建设与操作都不同程度地存在着财政保障的需求。唯有落实湖泊管理保护经费，才能为规划编制、水质监测、生态修复、信息平台建设、河湖划界、专项行动、执法监管和科技力量投入等系列湖泊治理保护措施提供基础保障；同时，在部分省份的湖长制实施方案当中，都要求加大财政投入与支持的力度；此外，对于部分生态环境极其脆弱且位于无人区的湖泊治理与保护，要填补长期以来执法力量监管与保护的缺位，地方政府财政保障不可或缺。当前面临的主要问题，就是在经济下行压力不断加大的情况下，中央与地方财政收入的减少对支出的制约和推进湖长制有效运行所带来的增加财政投入之间的矛盾，如何有效处理这一矛盾并化解财政困局，直接关系到湖长制政策在具体操作过程中的社会效益。

三、湖泊治理的特殊性与复杂性

（一）湖泊生态环境的封闭性

与河流相比，湖泊具有生态特殊性、问题严峻性、保护复杂性的特点。从特殊性上看，湖泊多形成于地势较低的低洼地带，周围地理环境一般呈现环形封闭状，除受到地质变迁、自然降雨、地下水体交换等因素的作用外，并不具备河流水体流动性较强的特点，因而受制于湖泊周边闭塞的地理环境，其水体更新的周期明显较长，净化能力薄弱，这也决定了湖泊水体生态环境的脆弱性，一旦遭受污染，后续的治理修复难度大且成本较高。加之我国具有复杂多样的自然地理环境，尤其在一些高寒地区，湖泊管理与保护更具特殊性，这些位于高寒环境中的湖泊，是国内部分江河水体的发源地和重要补给地，主要依靠高山冰雪融水补给，水生态系统独特且脆弱敏感；部分湖泊分布在无人区，特别是人迹罕至的湖泊，生态平衡极易被打破，针对此类湖泊的日常巡湖、监测等保护治理活动也存在缺位情形。

（二）污染形势的严峻复杂性

从严峻性上看，长江经济带部分湖泊的生态环境由于长期遭到过度开发与利用而面临着不容乐观的局面。随着经济社会的快速发展，超负荷的工业与农业等经济活动给湖泊水体带来严重污染，一些地方围垦湖泊、超标排污、违法捕捞，导致湖泊水体严重富营养化，使得原本的生物栖息地不断被蚕食破坏，物种大量减少，甚至一些湖泊已经完全干涸并消失。毫无疑问，湖泊面临的严峻局面，也预示着经济发展与环境保护之间的矛盾越来越突出。从复杂性上看，湖泊一般有多条河流汇入或流出，与地下水体关系密切，并与周边植被、水生物等物种共同构成水体生态环境，这种生态系统为湖泊的保护与治理也带来了一定困难；此外，受限于技术与工艺的落后，针对湖泊严重富营养化的水体，目前国内外的污水处理方式与净化工艺都无法对复杂的水质环境进行彻底有效的恢复，加之湖泊水体具有一定的封闭性，通过人为技术手段干预来实现优良的水质环境，其时间与费用成本十分高昂。因此，在治理湖泊水体的过程中需要在对入湖河流、地下水体、周边物种及地质环境进行通盘考虑、系统谋划、统筹推进的前提下，兼顾污水处理技术与工艺的研发和提升。

第四节 长江经济带重要湖泊保护和治理的
长效机制构建

河湖长制能否实现河湖管理的"长治"，制度保障是关键。制度具有长期性、稳定性和约束力，要使河湖治理工作取得实效并能长期巩固其成果，必须抓好制度建设，建立长效机制，强化制度执行力和刚性约束，以制度固化建设成果。

长效机制是指能长期保证制度正常运行并发挥预期功能的制度体系。长效机制不是一劳永逸、一成不变的，它必须随着时间、条件的变化而不断丰富、发展和完善。理解长效机制，要从"长效""机制"两个关键词上来把握。机制是使制度能够正常运行并发挥预期功能的配套制度。它有两个基本条件：一是要有比较规范、稳定、配套的制度体系；二是要有推动制度正常运行的"动力源"，即要有出于自身利益而积极推动和监督制度运行的组织和个体。机制与制度之间有联系，也有区别，机制不等同于制度，制度只是机制的外在表现。

2021年11月24日，国家发展和改革委员会发布了《关于加强长江经济带重要湖泊保护和治理的指导意见》，提出总体发展目标：到2025年，太湖、巢湖不发生大面积蓝藻水华导致水体黑臭现象，确保供水水源安全。洞庭湖、鄱阳湖、洱海、滇池生态环境质量得到巩固提升，生态环境突出问题得到有效治理，水质稳中向好。洞庭湖、鄱阳湖等湖泊调蓄能力持续提升，全面构建健康、稳定、完整的湖泊及周边生态系统。到2035年，长江经济带重要湖泊保护治理成效与人民群众对优美湖泊生态环境的需要相适应，基本达成与美丽中国目标相适应的湖泊保护治理水平，有效保障长江经济带高质量发展。

推动长江经济带发展是党中央做出的重大决策，是关系国家发展全局的重大战略。针对现实需求，本书提出构建长江经济带重要湖泊保护和治理的长效机制，为长江经济带重要湖泊保护和治理提供了理论参考和实践依据，力求为国家的经济发展与环境保护尽一分力量。

长江经济带湖泊生态系统作为特殊的生态系统区域，其生态功能价值在我国生态建设体系中具有重要地位，然而随着经济社会的发展，长江经济带湖泊生态系统面临严峻挑战。政府作为湖泊生态系统治理的主体，所承担的生态治理职能和责任越来越艰巨，但传统的政府生态治理机制和治理能力建设在生态治理实践过程中存在着一些问题。如何健全和完善长江经济带重要湖泊保护和治理长效机制，提高湖区生态治理的科学性、制度性和有效性，成为当前沿江各省市湖区政府亟须解决的问题。在生态文明建设战略的指导下，借鉴国内外湖泊流域生态环境的政府治理机制建设的经验与启示，结合长江经济带湖泊具体情况，根据前文对湖泊流域生态环境治理机制的要素和运行结构的分析，本书认为构建长江经济带重要湖泊保护和治理长效机制首先要以生态文明建设为指导，并着力从实施运行机制（目标生成机制、责任履行机制）、府际协同机制（沟通协调机制、利益整合机制、信息共享机制、法律约束机制）、支持保障机制（政策法规体系、财政支持保障、人才技术水平、社会参与机制）、绩效评价机制和责任追究机制等方面完善长江经济带重要湖泊保护和治理长效机制，构建健康、稳定、完整的长江经济带湖泊生态系统，实现长江经济带湖泊生态系统科学有效治理。以下各章将上述机制融于各案例的实践研究中，此处不一一展开赘述。

第三章 国内外湖泊保护和治理的经验借鉴

　　湖泊流域生态的保护和治理机制建设是生态建设的重要内容，是世界各国在生态环境保护和生态经济建设中十分重视的内容，备受关注。从国外来说，20世纪80年代以来，面对湖泊资源过度开发、生态环境急剧恶化的局面，发达国家痛定思痛，深刻认识到了生态环境保护的重要性和迫切性，为保护湖泊水环境、维护湖区水安全、修复受损害的湿地生态系统，其采取了相应措施来实现湖泊生态恢复和建设，如北美和欧洲等国家都从政策层面、制度层面和技术层面等探讨了湖泊流域生态保护治理机制建设，经过长期不懈的努力，逐步修复受损害的生态系统，恢复了湖泊的正常功能，有些湖泊建设成了世界著名的旅游度假观光地。

　　从国内来看，随着我国经济的迅速发展，也经历了高污染、高消耗的发展过程，对湖泊流域生态造成了严重破坏，但现在地方政府开始逐渐重视湖泊保护和治理，其中也有着许多经验和教训，本章选取发达国家和我国对湖泊流域生态保护治理具有借鉴意义的若干成功案例进行重点剖析，简要分析其治理历程、经验。通过对国内外湖泊流域生态保护和治理中较为典型的经验与做法进行简单梳理，对进一步构建和完善长江经济带重要湖泊保护和治理长效机制予以启示。

第一节 国外湖泊保护和治理的经验借鉴

一、北美五大湖保护和治理的实践与经验

（一）北美五大湖基本介绍

　　北美五大湖是世界最大的淡水湖群，属于冰川湖，由于冰川侵蚀和终碛在纵深宽阔的山谷堆积而成。五大湖包括苏必利尔湖、休伦湖、密歇根湖、伊利湖和安大略湖，位于加拿大和美国交界处，因此有"北美大陆地中海"之称。五大湖各湖之间均有水道相通，湖水大致从西向东流，从苏必利尔湖通过圣·玛莉斯河注入休伦湖，后经圣·克莱尔河和底特律河流入伊利湖，最后经圣·劳伦斯河注入大西洋。

北美五大湖水量丰富，水位稳定，湖面季节变化幅度仅有 30～60cm。北美五大湖是地球上最大的淡水集中地，总蓄水容量约 228 000 亿 m³，约占全世界地表淡水资源总量的 20%。为 3 400 万人（包括 30% 的加拿大人和 20% 美国人）提供饮用水水源。五大湖还支撑着当地的社会经济系统运转，在船运、贸易、矿产、渔业和娱乐等方面创造了数十亿美元的生产总值。特别是五大湖的航运价值非常大，远洋海轮可以直接驶入湖中。便利的交通、丰富的矿产、廉价的电力使五大湖区形成以匹兹堡为核心，包括底特律、克利夫兰、布法罗、巴尔的摩、费城在内的美国工业基地和尼亚加拉河沿岸、休伦湖西岸萨吉诺湾、安大略湖以及圣·克莱尔河地区的化学工业基地。同时，因为有大面积的湿地以及独特的地理位置，五大湖为野生动物与水产动物提供了完美的栖息地，据统计，该区域纯粹依托狩猎和捕鱼的年收入就高达 180 亿美元。[①] 然而，随着工业化进程加快，使得五大湖面临着环境问题，包括富营养化、有毒污染、外来物种入侵和栖息地退化等，湖区流域生态问题严重。美国和加拿大政府意识到了问题的严重性，并开始联合治理，制定了一系列政策和法规对五大湖流域进行监控和管理。目前，在两国政府的共同努力和协作下，五大湖流域的生态环境得到了很好的整治和改善。

（二）北美五大湖生态保护治理的典型经验分析

1. 强化政府生态意识，完善生态治理政府责任机制建设

面对日益严峻的环境污染和环境破坏情况，美国政府开始通过立法等形式，明确政府在环境保护中的地位和角色，规定保护环境是政府的一项重要职责。其中最为重要的是《美国国家环境政策法》，对政府环境责任做了明确的规定。《美国国家环境政策法》于 1969 年制定，并于 1970 年 1 月 1 日起实施，规定了联邦政府及联邦政府机构的环境义务和责任。该法明确了政府在环境保护和环境治理中的职责，将政府各职能部门的行政职责与国家环境政策相统一，确立了环境报告和环境评价两项制度，从程序上规范和限制了政府环境保护行为，主要包括设立国家环境质量委员会、宣布国家环境保护政策和构建环境影响评价报告程序。该法在总体上明确了美国国家联邦政府的环境义务和环境责任，一方面限制了政府权力的滥用，另一方面使得政府可以灵活履行环境责任，提高环境保护效率。美国政府在《美国国家环境政策法》的指导下，加强了对五大湖流域的环境保护和治理，并把五大湖流域整治作为政府管理的重要职能，要求政府必须在湖泊治理中达到保护和优化环境、合理开发湖泊资源、最大限度地提供环境产品和服务等目标，否则政府将被追究行政责任。

2. 依托水利工程，运用生态系统方法科学调控湖泊水位

20 世纪初期，为了开发水运，促进经济发展，除整治天然河道外，还修建了多条运河和船闸，沟通了五大湖和圣劳伦斯湾。为了水力发电和航运的发展，1921 年修建

---

① Great Lakes Regional Collaboration.Great Lakes Regional Collaboration Strategy to Restore and Protect the Great Lakes. [EB/OL].（2008-06-19）[2021-06-20].http：//www.GLRC.US //strategy.htm.l Accessed 6 /19 /2008.

圣玛丽水闸，人工调控苏必利尔湖的水位。1960 年开始整治圣劳伦斯航道和建设发电工程，调控安大略湖水位，使密歇根休伦湖的水位波动保持在自然水位波动的范围内。湖泊水位反映了湖泊蓄水量，是经济、社会、生态环境保护的载体，恰当的水位是协调各类用水矛盾，促进经济、社会可持续发展的关键。五大湖管理机构与科研机构一起，运用生态系统方法综合考虑各方面用水要求，通过研究运行—实施—反馈—修订运行方案反复试错，最终确定利用圣玛丽水闸控制苏必利尔湖水位保持在 30cm 内浮动，下泄水流使密歇根湖、休伦湖水位也保持在 30cm 内变化，并维持尼亚加拉瀑布流量，满足旅客游览观光的需要。通过易洛魁水坝调控、摩西 – 桑德斯水坝和亚博阿努瓦水坝联合运行、科学调度，保障圣劳伦河的远洋海轮的通航要求。

3. 强化立法，严格排放标准，构建污染惩处机制

从法律上强化立法机制，加强对五大湖的生态治理工作，是美国和加拿大政府所达成的共识。例如，美国涉及五大湖地区的生态治理和环境保护等的法案包括《国家环境政策法案》《清洁水法案》《有毒物质控制法》《资源保护和回收法》《综合环境反应和恢复法案》等，这些法律对五大湖的保护提出了具体的措施和要求，譬如为了控制五大湖地区污染物，必要时可以采取更加严厉的措施以满足对湖区流域周边环境的保护要求；所有城市的污染物排放标准必须满足国家最低标准；政府要对湖区排放物负有监督责任，甚至要根据污染排放情况实施惩罚措施。譬如美国排放限制准则是以技术为依据，它根据不同行业的工艺技术、污染物量水平、处理技术等因素综合确定各种污染物排放限值。超标排放污染物属于违反《联邦水污染控制法》根据不同行业的处理技术、工艺技术、污染物量水平等因素综合确定的各种污染物排放限值，一旦违反上述标准要求，则要对违法者给予行政、民事和刑事的处罚和制裁。对严重的违法行为，可处以高达 25 万美元以下的罚金，或 15 年以下的监禁，或二者并罚。与此同时，加拿大政府也对五大湖保护实施立法，如 1988 年加拿大制定实施了《环境保护法》，为彻底禁止造纸厂等排放有毒物质、控制五大湖有毒污染、实施环境整治提供了一个基本框架。

4. 实施"环境绩效跟踪"制度，奖励企业环保行为

为了弥补政府采用的措施、策略和计划的不足，2000 年 6 月 26 日，美国联邦环保局正式执行了"环境绩效跟踪"计划，通过环境管理系统和社区参与定量评估环境绩效，鼓励持续改善环境的各类企业活动。绩效跟踪不仅能保护人与环境，还可获得商机，降低成本，促进科技创新。主要内容包括对环境绩效显著的成员提供特殊的鼓励措施，如降低常规检查的频率、进行公开表彰、提供商业联络机会等。

5. 依托综合环境监测体系建立预警机制

在五大湖流域建立比较完善的环境监测与预警网络，包含气象监测预警系统、水质监测系统、大气监测系统、游客统计监测系统、汽车交通容量统计监测系统和水环境监测预警系统等。各个监测与预警系统都装有包括数据的自动采集、分析与结果反馈三个

部分的智能反馈系统，维护着流域环境安全，促进了流域经济和环境的持续协调发展。

6. 基于信息公开鼓励利益相关方参与湖泊环境管理

增加决策的透明度、推动利益相关方的平等对话是解决管理争端的最佳方法。通过组织各种各样的宣传教育活动、免费提供宣传资料（如流域规划、技术报告和年度报告等），促使所有利益相关方都有机会参与湖泊环境管理的各个环节，推进平等对话，构建政府、企业以及民众共同合作的管理模式。

7. 加强国家之间、部门之间的湖泊流域生态治理的协同机制

北美五大湖的生态治理是国际上合作治理的典范。五大湖流域生态治理取得成功的基础在于多元利益主体在湖泊保护和综合治理上取得了基本一致的意见。美国与加拿大一致认为人类不能过度开发资源和破坏生态环境，且不能任由这种恶性循环继续下去，二者达成了确立联合管理系统的共识，共同参与，保护生态环境系统，进行综合治理。此举成为跨界管理水流域环境的典型模板。在此基础上，美国和加拿大政府不断强化共同治理，各司其职。从 1905 年开始，就成立了五大湖国际航道委员会，此后成立了一系列跨国联合组织进行湖泊整治协调，包括国际联合委员会、五大湖州长委员会、五大湖渔业委员会等，并且相互签订了相关条约，譬如 1909 年 11 月，两国针对五大湖水环境污染问题，制定了《边界水条约》，明确协调防止水污染原则和机制；1972 年签署了《五大湖水质协议》，提出了保护五大湖水质标准及相关要求；1985 年签署的《五大湖宪章》，明确了共同管理五大湖水资源的目标；2007 年五大湖委员会制定了《五大湖发展规划（2007—2012）》，明确了工作方向和责任。

二、美国佛罗里达大沼泽的保护和治理

（一）佛罗里达大沼泽的概况

佛罗里达大沼泽湿地位于美国东南部迈阿密半岛，行政上隶属于佛罗里达州。大沼泽湿地由基西米湖群、奥基乔比湖、基西米河、圣露西河、克卢萨哈奇河及其周边沼泽组成，是一个复杂且相互依存的湿地生态系统，对整个南佛罗里达的生态环境和社会经济都有重大影响。佛罗里达大沼泽是一个靠雨水补给的洪泛型草滩和湿地，曾经一度从北部的奥基乔比湖扩展到南部的佛罗里达湾。

佛罗里达大沼泽还为南佛罗里达州提供了饮用水，1/3 以上的佛罗里达州人口的饮用水来自大沼泽地区。该地区经济的迅猛发展使其一度成为美国经济增长最快的地区之一。紧邻奥基乔比湖南部面积约 500 万 hm^2 的湿地被排干，建成埃维格莱德沼泽农业区，成为美国重要的农业生产区，为美国东部地区提供了 40% 的粮食；也是美国重要的糖业基地，甘蔗是当地最重要的经济作物，年产值高达 1 000 亿美元。此外，还为旅游业创造了 670 亿美元的收入。

佛罗里达大沼泽生态系统中有 1.1 万种种子植物、25 种兰科植物，既有热带的棕榈

树又有温带的橡树、仙人掌和丝兰，还有 400 种脊椎动物和无数的无脊椎动物，包括佛罗里达苹果螺（这是一种濒危鸟类的唯一食物）和螺鸢。奥基乔比湖最常见的鱼类是佩坦真鲹、蓝鳃太阳鱼、大口黑鲈、黑莓鲈等。1960 年，有 2 300 余只林鹳在南佛罗里达筑巢；除涉禽外，还有其他的鸟类 300 多种。

（二）佛罗里达大沼泽的开发及其效果

在历史上，大沼泽地区被誉为"青草遍布的河流"。由于地质、地形、气候等生态环境因素不断改变，塑造了大沼泽地区独特的环境，也造成了一定的环境问题。例如，北部奥基乔比湖及基西米河谷地带低于海平面 15.24m，河流水文因素受到潮汐影响；沼泽地带大部分地区的坡降仅 3.15cm/km，水流缓慢，河道易淤积和堵塞；受季风气候影响，易旱易涝。

除自然因素外，南佛罗里达州人口增长和经济发展对佛罗里达大沼泽生态系统造成了巨大的压力。开发大沼泽湿地的设想可以追溯到 19 世纪 80 年代，那时就有人设想把奥基乔比湖以南的湿地开发成农田。1882 年，为了发展航运，佛罗里达州政府疏通了基西米河和克卢萨哈奇河。19 世纪末，奥基乔比湖北部和西部超过 20 000hm^2 的湿地被开垦为农田。随着大量湿地被开垦为农田，为了防止南佛罗里达发生洪涝灾害和为当地居民提供生活用水，20 世纪初以来陆续建设了人工运河和堤岸工程。20 世纪 20 年代，美国陆军工程兵团在奥基乔比湖南岸和西南岸建设了低矮的土堤坝，以减少流入大沼泽的水量。20 世纪 30 年代，奥基乔比湖开挖第二个出流河道——圣露西河。1926—1928 年，飓风袭击了佛罗里达州，原有的堤岸遭到破坏。美国陆军工程兵团在奥基乔比湖南岸重建了更坚固的堤坝。随后，在 1960—1964 年间，美国陆军工程兵团将堤坝加高了几英尺（1 英尺 =0.304 8 米），并延伸到了所有湖岸，把整个奥基乔比湖包围了起来。

大沼泽生态系统受到了严重的人为干扰：在最近的 100 年内，生产生活取水、城市扩张、农业开发等因素，致使湿地面积减少了一半；运河、道路和其他建筑物将保留的湿地切割得支离破碎；城市的暴雨径流和农业径流污染了奥基乔比湖，并且破坏了湿地南部的营养物平衡；曾经支撑热带、亚热带动植物繁衍的栖息地，现在已经被外来入侵物种所控制。

大沼泽地区面临着由社会经济发展所带来的生态环境问题，突出表现在如下几个方面。

（1）城市化与人口增长加剧了环境压力。1830 年佛罗里达州常住人口仅 253.5 万人，20 世纪 90 年代增长到 1 300 万人，2008 年达到 1 800 万人。在日益增长的人口增加压力下，如果要保护好佛罗里达大沼泽，就必须有一个健全的可持续的管理利用系统。

（2）工农业用水需求增加，水缺乏和水污染问题突出。大沼泽地区生态系统蓄水量小，由于用水需求增加，旱季水资源短缺问题比较突出。此外，工农业废水和城市生活污水排放量增加，向大沼泽输入了大量的氮磷等营养物质，硫、汞等无机污染物和杀虫剂、除草剂、多氯联苯等有机污染物，使湖泊、河流、渠道、河口三角洲和海湾的生态系统严重退化。

（3）栖息地破坏、外来物种入侵等对本地物种和生态系统产生了重大影响。20世纪以来的湿地开发工程，导致湿地面积明显萎缩，湿地水文和生态过程显著改变。据统计，大沼泽国家公园内本地物种锐减，生物多样性大幅减少。同时，全球气候变化与海平面上升，也对入海口等近海生态系统造成了破坏。根据对动植物、贝壳类等沉积物盐度分层分析发现，比斯坎海湾环境也在恶化。1960年有2 300余只林鹳，1987年年均繁殖种群下降到374只。大沼泽湿地中有68个物种处于受危或濒危状态，包括佛罗里达山豹、美洲鳄、美洲海牛、林鹳、螺鸢、海滨沙鹀大沼泽地亚种等物种的生存都受到了威胁。

（三）佛罗里达大沼泽保护和治理的措施

1. 保护和治理规划

全面恢复大沼泽地区的生态环境是一项时间跨度大、多目标，且有众多机构参与的综合治理工程。早在1948年，美国国会就通过了《佛罗里达中南部计划》，采取了一些措施。20世纪80年代开始对大沼泽进行湿地恢复，最初是平退河渠、堤坝，对河道进行简单整治等。1996年开始，连续提出大沼泽湿地治理和恢复的综合信息、项目计划和长期战略。保护和治理的战略目标是：保障南佛罗里达州的用水、恢复与保护自然物种及其栖息地、实现人地和谐的生态系统。在项目实施过程中，利用横跨时空尺度特征的"系统性生态指标"对项目实施效果进行动态跟踪监测和评估，并及时反馈到生态系统管理之中。为了保护和恢复佛罗里达大沼泽，2000年联邦政府和佛罗里达州政府在环境保护法框架下，制定并颁布了《大沼泽湿地恢复综合规划》，整个规划覆盖大沼泽地区16个城市。该计划包括两大目标：目标一是增强湿地生态价值，主要通过增加自然湿地面积、改善栖息地功能和质量、提高土著物种的丰度和生物多样性等来实现；目标二是增强湿地经济价值与社会福祉，主要通过增强农业、城市、工业等的淡水资源可获取性，减少农业和城市的洪灾损失，提供娱乐和航运的机会，保护文化和考古资源及其价值等来实现。该计划主要内容包括：传统的地表水蓄水水库建设；湿地蓄水区建设；含水层恢复和蓄水；暴雨蓄洪区建设；渗漏管理；扫除形成片流的障碍；水资源重复利用；奥基乔比湖生态水位调控；改善大沼泽水文特征等方面。

为了解决大沼泽湿地面临的供水不足、水污染治理、洪水控制以及生物多样性保护问题，大沼泽湿地恢复项目由政府部门推动，通过水利工程措施和生物措施相结合，来实现对大沼泽湿地生态系统的保护、恢复与治理。《大沼泽湿地恢复综合规划》需要巨额的投资，但是通过湿地恢复，可以从地下水净化、房地产增值、公园、垂钓、渔业、捕猎等方面获得客观的投资回报，据2010年的经济数据估算，投入资金115亿美元可获得465亿美元的直接收益，投入与产出比达到1∶4。潜在的、可观的经济效益确保了湿地恢复计划的资金投入，极大地提高了湿地恢复工作的经济可持续性。

2. 调控湖泊水位

防洪问题是大沼泽地区最重要的需求之一。热带飓风和风暴带来大量降水，导致大沼泽地区洪涝灾害频发。在《佛罗里达中南部规划》中，佛罗里达州通过地方立法，将中南部地区划为洪水控制区域、大沼泽地区划为农业区（面积约占大沼泽地区的27%）、北部地区划为节水区（面积约占大沼泽地区的37%）。同时建立防洪系统，包括渠道建设、加固河道与海岸堤坝、修改运河以及河道截弯取直、河流改向等措施，建造了大约1 600km长的人工渠道、1 100km长的河流与海岸堤坝，以及16个水泵站、200个控制站等。

20世纪初以来，出于供水和防洪的需要，美国陆军工程兵团对奥基乔比湖的水位进行了人工调控。2000年，为了恢复大沼泽的湿地生态，平衡防洪、公共安全、航运、供水、生态健康等多重目的，《大沼泽湿地恢复综合规划》提出要修订奥基乔比湖的水位调控方案。2008年，美国陆军工程兵团新修订了奥基乔比湖水位调控方案。调控方案的服务目标包括：第一，保护810万居民免受洪水威胁；第二，保障当地居民、商业、农业和环境的用水；第三，维持动植物栖息的水生植被；第四，维持克卢萨哈奇河和圣露西河河口生态系统健康所需的盐度；第五，促进涉禽的觅食和筑巢成功率，保护濒危或受危物种以及土著物种，比如林鹳和螺鸢；第六，平衡各方用水需求。根据湖水水位的变化，分为如下几个阶段。高水位湖管理阶段：相当于我国的防洪库容，通过调度需尽快将水位降到防汛限制水位，向蓄洪区（water conservation areas）和大西洋排水，腾出库容拦蓄随时可能出现的洪水，减轻湖岸堤防的压力，以确保公众生命和财产安全。正常水位管理阶段：相当于我国的兴利库容，管理湖水库容以满足各利益相关方的需求（包括防洪、环境耗水、生产生活用水等），此阶段可细分为高、中、低水位，基流水位和生态环境用水水位五种调控情景。缺水管理阶段：此阶段水位调控遵循南佛罗里达水资源管理局（South Florida Water Management District，SFWMD）制定的奥基乔比湖缺水管理方案。

3. 湿地水文措施

水资源的时空分布差异、水量大小及水质状况是影响大沼泽地区生态系统的最重要因素。为了恢复湿地生态，当地政府根据大沼泽地区的水文现状、气候条件等进行统筹规划，实施了地表水蓄水、选择性蓄水、河流改向等措施。地表水蓄水区可以将上游水量截流拦蓄，避免洪水期河口区水量过大；选择性蓄水计划主要是针对蓄水层的蓄水与恢复计划，使用地下水蓄水层来存蓄地表水，建立处理后的地下水、地表水和水资源回收系统，以调蓄雨季洪水和解决旱季缺水问题；河流改向计划，根据大沼泽地区河流水文情况，修建了大量的水坝、沟渠以及堤坝等，以巩固河道，消除行洪障碍，重塑大沼泽地区河流水文特征。

4. 水污染防治

农业是南佛罗里达第二大产业，农业区生产大量使用农药化肥，污染物进入水体造成了水污染。为了改善大沼泽地区水质，降低氮、磷等污染水平，《大沼泽湿地恢复综合规划》对农田及城市区域采用优化管理方法与暴雨治理分区等多项措施。优化管理方法包括：减少农业区内化肥、农药等；在农业区设置污染物隔离带，减少废物排入水体；采取害虫综合治理措施，以有效利用灌溉用水、化肥和农药；农业部门协助农场制订详细的农事计划；暴雨治理分区，包括采用植物措施，降低大沼泽湿地内的营养物质负荷，特别是城市与农业区内的磷负荷等。截至 2011 年，暴雨治理区内减少磷负荷量达 79% 以上，磷浓度平均降低 0.02mg/L，在大沼泽农业区磷浓度也降低至 1.7mg/L。这些措施保证了大沼泽地区湖泊和入海口的水质改善。

5. 保护生物多样性

美国地质调查局研究发现，水利设施的修建会对鸟类、鱼类等物种造成负面影响。在大沼泽湿地内，受人类活动干扰和栖息地破坏的威胁，本地物种与外来物种在竞争中处于劣势地位。为了预防和控制南佛罗里达的本地物种灭绝、保护濒危物种、恢复海湾生境、防止外来生物入侵等，社会公益组织采取了一系列保护生物多样性措施。例如，采用生物措施来控制和减少有害外来物种入侵，在大沼泽农业区和暴雨治理区内保护迁徙鸟类、保护美洲豹等，在佛罗里达海湾群岛、比斯坎湾等物种栖息地保育珊瑚、海龟等，在栖息地保护区严格控制工农业发展，等等。

（四）佛罗里达大沼泽的治理经验

1. 湖泊综合管理和生态系统恢复要成为政府关心的重要问题

迄今为止，佛罗里达大沼泽的最大成就是将湖泊综合管理和生态系统恢复确立为佛罗里达州和美国政府关注的重要问题。通过以下途径，如邀请佛罗里达州的重要政治领导人加盟，在当地和全美推动佛罗里达大沼泽保护事业；与政府部门对话，力争在生态系统的综合管理和恢复问题上达成广泛的一致意见；全美国的环保界紧密团结，运用其影响力使佛罗里达大沼泽成为 20 世纪 90 年代总统优先考虑的事情，从而取得政府的重视。

2. 采用一种综合的、全局的方法实施湿地生态系统恢复

佛罗里达大沼泽的经验表明，流域—生态区尺度的保护需要综合的、全局性方法。这意味着必须通过合作、交流的方式寻找有效方法，以解决社会、经济和政治压力对生物多样性的威胁。综合策略还可以使自然保护组织熟悉其不清楚的那些策略。大尺度的流域、生态系统或生态区的保护需要广泛的利益相关方的参与。在佛罗里达大沼泽，生态危机是强有力的口号，只有将不可持续的水土资源利用所导致的生态危机与经济危机相联系，恢复佛罗里达大沼泽的努力才能真正从口号变成实际行动。据南佛罗里达州涉禽监测报告，1999 年筑巢林鹳超过 1 000 对，2011—2013 年期间筑巢林鹳年均有 1 686 对，

仅在奇色米河监测河段就发现了148个林鹳巢，这表明林鹳数量有所恢复。

3. 工程措施和非工程措施相结合是湿地恢复的重要技术途径

在佛罗里达大沼泽的恢复和治理过程中，采取了河湖连通、河道裁弯取直等工程措施来恢复湿地水文过程，还采取了恢复本地物种、限制外来物种等生物措施来恢复湿地生态系统结构，两种措施有机结合，有效地恢复了湿地生态系统的功能和结构，并把节约用水、保护环境深入每一个具体行动中。

4. 完善的法律与机构设置为大沼泽湿地恢复综合规划提供了体制保障

在大沼泽湿地恢复与治理实施的过程中，美国陆军工程兵团、内务部、环保署等机构起主导作用，地方水务机构负责对项目进行评估和监督，大沼泽保护联盟等公益团体参与项目的规划与实施。最重要的是制定适当的法律来保护生态系统、流域和野生生物，对相关管理机构进行赋权。为了成功地恢复和综合管理佛罗里达大沼泽，必须有一个公平的、强有力的法律机构来平衡各方面的法规，使自然资源得到保护。在佛罗里达州，水用户、土地开发商、娱乐业团体、农民、农场主和矿工对佛罗里达大沼泽资源的开发利用活动，都受到完备的法律体系的保护。

5. 生态系统监测评估和综合模型是湿地恢复治理的重要技术支撑

《大沼泽湿地恢复综合规划》从开始实施就伴随着可行性分析，明确重点关注问题和项目主体，并在实施过程中通过构建科学的监测指标，对项目方法和实施步骤进行追踪评估、修改、反馈。科学的治理、保护战略与策略为整个规划提供了一整套的流程与规范。系统性监测指标有助于评估生态系统变化结果及其影响反馈，为综合治理提供决策依据。生态系统评估能够全面掌握规划实施对环境的影响，并适时调整规划。为了更好地实施《大沼泽湿地恢复综合计划》，科学家还开发了美国大沼泽综合模型，该模型包括南佛罗里达州水资源管理模型、大沼泽湿地景观模型和大沼泽水质模型三个组成部分，综合各类监测数据与数学模型，评估和模拟了大沼泽湿地的水文和生态变化，为湿地恢复和综合管理提供了强有力的技术支撑和决策依据。

三、美国田纳西河流域协同治理法律机制构建经验

美国田纳西河作为较长的河流源于弗吉尼亚州山区，向西流经田纳西州、亚拉巴马州、北卡罗来纳州、弗吉尼亚州、肯塔基州、密西西比州，后汇入密西西比河，横跨美国东南部，其流域范围内包括数个工业区、居民区。20世纪初期，美国也经历了快速的经济、社会发展，田纳西河流域的污染问题与目前的长江流域较为类似。根据资料描述，彼时的田纳西河流域城市产生的生活垃圾、污水直接排入田纳西河，工业企业偷排废水、污水，整个田纳西河流域的生态环境遭受了严重破坏。在治理田纳西河流域污染的过程中，美国联邦政府以《田纳西流域管理法》为中心，以田纳西河流域管理局为治理主体，构建了田纳西河跨州政府的协同治理机制，经过多年的实践，田纳西河流域水

污染的情况有了很大程度的缓解。美国田纳西河和我国长江均处于北半球，其纬度较为接近，而且均属于自大陆流向海洋的长河，整个生态环境也与长江流域相近，因此我国的长江流域治理完全可以借鉴其发展历程。

（一）20世纪中叶前联邦层面出台的相关法律

美国作为联邦制国家存在联邦立法和州立法两个立法体系，而田纳西河作为州际河流自然需要流经区域的州政府和联邦政府共同立法解决污染协同治理的问题。实际上，美国田纳西河流域污染治理法律在全球范围内比较完善，其在中央层面和地方层面均具有较完善的法律。在联邦立法层面，美国联邦政府出台了《联邦水污染控制法》，其全面规范了水污染治理关系，是整个美国田纳西河流域水污染治理法律机制的基石。而后美国联邦政府结合水污染治理的具体情况不断修订《联邦水污染控制法》，并出台了《联邦水质法》等相关法律。此时的情况有些类似我国中央层面的一系列水污染防治法和水法，虽然众多的联邦法律建立了较为完整的美国田纳西河流域水污染治理法律机制，但相关立法仅规定了一系列规制模式和原则，田纳西河的污染问题并没有解决。

（二）20世纪中叶后联邦与州际层面出台的相关法律

在联邦层面，《清洁水法》的出台令美国田纳西河流域水污染治理问题有了明显好转。《清洁水法》明确规定了整个美国各流域污水排放的规则，并规定美国联邦环保机构负责统筹规定一系列标准和规则。《清洁水法》的出台为美国国家层面的流域水污染治理法律机制框架奠定了基础。与我国制定的《长江保护法》类似，此后美国开始在联邦层面制定针对田纳西河流域的专门法律。

在流域立法上，《田纳西河流域管理法》也规定田纳西河流域污染的一系列治理措施，其明确规定了流域管理局是整个田纳西河的治理核心，其有权进行一系列行政立法和综合执法。美国制定的《田纳西河流域管理法》实现了对田纳西流域统一的规划和治理，其在法律上为田纳西河流域的水污染治理明确了一系列主管执法机构。田纳西河流域管理局可以制定一系列区域治理具体措施，包括对流域水资源的利用、开发，对水体的保护，对流域建设的规划，等等。虽然其管理机构不与联邦政府机构一同办公，但其依然直属于联邦政府管辖，受联邦政府监管。在机构组织上，田纳西河流域管理局由决策机构、执行机构和咨询机构组成。其中，决策机构对总统和国徽直接负责。在决策的执行上，田纳西河管理局建立了专业的执法机构，其董事会运作的执行委员会负责整体污染治理的规划、运营及维护。而流域涉及的各州州长、环保局局长及其他人员组成了流域委员会，负责整体的污染治理方案的制定和执行、监督。与此同时，田纳西河流域委员会还具有协调职能，田纳西河流域管理局的部门和地方政府需要协调关系，具体的污染治理职能需要进行再分配才能实现协调。此外，田纳西河流域管理局负责整体立法的指定和协调，以实现立法方面的协同。

田纳西河流域的水污染治理也需要遵循一般意义上的美国流域水污染治理制度，如国家污染物排放消除制度、许可证制度、排污权交易制度及公益诉讼制度等。此外，美国田纳西河流域综合治理对于公众参与有着明确规定。1972年《清洁水法》就规定："任何公民、法人和社会组织均可以参与水污染治理法律规定的制定和修改中，以实现对水污染的治理。"所以，田纳西河流域水污染治理过程设立了一系列公众治理制度，甚至这种公众治理制度要求政府部门强制开放公众参与并规定了一系列配套程序。对此，《田纳西河流域管理法》还规定，其管理局需要拥有行政管理结构和执法机构，此外还必须设立流域水资源管理理事会作为公众参与机构。该咨询机构由约20名代表组成，其中包括了流域州内部的政府官员、利用流域资源的相关企业主管及流域内居民的代表等，其囊括了田纳西河流域内水污染治理的不同主体，充分体现了不同层级的民意。在行政职能上，《田纳西河流域管理法》赋予田纳西河流域水资源管理理事会协同参与田纳西河流域水污染治理的权力。在程序设置方面，《田纳西河流域管理法》规定流域水资源管理理事每年至少召开两次会议以讨论污染治理情况。每次开会前必须向社会公众提前发布公告，认真听取并收集流域内社会公众的相关意见，允许社会公众列席参与会议讨论。在具体环节上，田纳西河流域管理局的方案需要由理事会讨论并进行表决，每一个议案均需要得到半数以上的同意才能通过，同时其他代表还可以提出个人意见并抄送管理局进行参考。

（三）美国田纳西河跨行政区污染协同治理法律机制构建经验

美国田纳西河流域污染协同治理成功的关键是建立了一套跨州的污染协同治理法律机制，从联邦立法、州立法、跨州立法等多方面完善了法律规定，并实现了一系列上文中提及的有益措施。具体而言，田纳西河建立了以流域为整体框架、符合流域跨行政区域特性的水污染协调治理法律机制，实现了流域专门立法。参与跨流域治理过的机构具有各种职能，其有权对流域资源进行充分的规划、开发和利用，这就需要各个政府部门之间积极协同才能实现。流域中的不同主体可以在管理局的架构下进行平等协商，完善的立法体系又能促进整体管理体制的高效运行。《田纳西河流域管理法》赋予了管理委员会较大的权力和充分的职能，将有关田纳西河开发、利用和保护等各方面的问题集中在法律机制中，长久、平衡的治理体系是其成功的关键。

作为联邦制的国家，美国在田纳西河流域的治理过程中依然发挥了联邦立法的统筹作用，在联邦层面率先制定了一系列一般性防治水污染的法律及针对田纳西河流域的州际治理法律。同时，在州一级层面又制定了一系列州际合作法律，将不同的治理主体纳入体系。实际上，美国田纳西河流域的治理效果当然也与整个美国工业化衰退和产业转移相关，但不得不承认，田纳西河流域的成功经验可以为我国长江经济带湖泊保护和治理提供借鉴。

1. 建立系统的法律机制

田纳西河流域水污染治理的经验借鉴首先是其建立了系统的法律机制，一个完整、运转良好的法律机制是协同治理流域水污染的主要制度保障。第一，在联邦层面的一般性立法和跨州际立法分别从一般性治理原则和具体治理实践角度出发，共同建立了科学、完善的州际污染协同治理制度框架，因而在我国长江经济带保护和治理的过程中，一般性的立法和特别性的《长江保护法》共同发挥作用有助于法律机制更加系统化。第二，流域污染治理法律机制应该相互协调，在长期的治理过程中，一般性的立法和州际立法应当协同进行修订、发展，在治理原则、模式上共同协调成为水污染治理的发力点。除一般的立法协调外，行政层面的管理协调，联邦、州一级主管部门之间的执法协调等均在美国田纳西河流域水污染治理模式中有所体现。因而在长江经济带湖泊保护和治理上，所有法律制度都需要根据中央一级立法的变化及时进行修正，特别是跨行政区域的行政合作协议的内容需要及时进行更新，与中央精神不相符的部分要及时进行修正。第三，美国《田纳西河流域管理法》设立了田纳西河流域水资源管理理事会，该理事会吸纳了公众作为治理主体，其将公众协同参与在流域治理中实现。因而在我国长江经济带湖泊保护和治理中，水利部长江水利委员会的职能还不够突出，应当以其为基准将其职能扩充，将长江经济带湖泊生态环境保护、周边治理等内容加入进来，形成长江经济带湖泊保护和治理的主管机构。

2. 实行流域专门立法

通过对比美国田纳西河流域治理和我国长江经济带湖泊的污染治理，可以发现，实际上其均通过了一系列专门的区域立法，即《田纳西河流域管理法》和《长江保护法》。然而，《田纳西河流域管理法》规定的内容与《长江保护法》相比则更为细致，其衍生出的其他法律文件数量和内容均超过了后者。《田纳西河流域管理法》虽然名为"管理法"，但其实是一部综合性的立法，不仅实现了流域专门立法，而且构建了跨界性、综合性的网络式法律，《田纳西河流域管理法》实现了综合考虑多地区、多行业、多环节、多目标的复合交融性问题，对这些问题予以整体式、跨界性的回应，同时建立了以全流域、全要素为核心的横向法律制度系统，改变了自上而下的垂直立法模式，将适用于具体流域本身的一系列专门立法进行抽象归纳，将其适用于其他流域的法律制定过程中。长江经济带湖泊保护和协同治理的法律机制不能单靠《长江保护法》，需要根据具体的需要衍生出一系列其他的法律法规。对多方利益进行平衡需要专门领域的立法，需要增加相关其他的细致性规定。由于环境保护法律对污染制造者的规制比较多，而政府仅仅是规制主体，因而其义务规定并不明确，可能会导致权力的滥用引发不公平。因此，需要规定明确整个污染过程涉及的政府、企业、公民、诉讼参与者等各方的权利义务。在明确各主体权利义务的基础上，实现对长江经济带湖泊的保护和治理的全面统筹安排，最终才能实现各方利益的平衡。

3. 建立公众协同治理制度

在美国田纳西河流域水污染治理中，可以看出政府在治理方面发挥了更大的协调作用，而具体的参与主体范围很广，特别是公众参与到了田纳西河的治理过程中，以其亲身的感受为指引，将自我利益与社会利益的保护相结合。在美国田纳西河流域治理体系中，其设立的水资源管理理事会最能体现公众治理，理事会中的理事成员既包括政府代表、企业代表，也包括流域社区代表，多元的主体结构增强了治理的有效性和公开性，有力地保障了整个治理结构的良好运转。因此，整个河流流域内多重主体一同在污染治理中发挥作用可以实现流域水污染治理效果的提升。对于长江经济带湖泊的保护和治理，目前的《长江保护法》中提及了要完善公众参与制度，但相关的制度建设还远未开展，其他主体的参与制度也未在该法中体现。在今后的长江经济带湖泊的保护和治理的法律中，首先要将《长江保护法》中相关规定的多主体协同治理规则进行细化，既可以采取部门规章的形式进行中央立法，也可以以地方性立法的方式交由各省级或市级立法机构进行，或纳入已有的公众参与制度中。

四、欧洲莱茵河保护和治理的典型经验

（一）欧洲莱茵河基本介绍

莱茵（Rhine）河的名字来源于拉丁文 Rhenus，意为"罗马的河神"。莱茵河发源于瑞士境内著名的阿尔卑斯山脉，依次流经瑞士、列支敦士登、奥地利、法国、德国和荷兰，最后汇合于鹿特丹附近注入北海，流域范围包括 9 个国家。然而自 20 世纪中叶以来，随着第二次工业革命的发展，城市化进程不断加快，莱茵河受到了巨大的污染。工厂将各种重金属污水和漂染液等含上千种污染物的工业废水倾泻到河水中。加上两岸居民缺乏环保意识，任意倒入生活污水、废渣、农药、杀虫剂等，使得莱茵河一度被称为"欧洲的下水道"。莱茵河流域各国政府为了全面治理莱茵河流域生态，成立了保护莱茵河国际委员会（International Commission of the Protection of the Rheins，ICPR）等组织，制定了《伯尔尼公约》《莱茵河 2000 年行动计划（RAP）》《2020 莱茵河可持续发展综合计划》等，通过创新流域国际合作机制、制定水质管理标准、建立生态监测及预警机制等，实现了莱茵河的整治和可持续发展。经过几十年的综合治理，莱茵河流域生态环境明显好转，流域内风景优美、水质良好，被称之为跨国河流流域治理的典范。

（二）欧洲"莱茵河"生态政府治理的典型经验分析

1. 政府强化企业在生态环境保护中的监督责任

莱茵河流域生态破坏的主要原因来自工业污染，包括企业生产排放的废水、废气，以及其他的有毒有害物质。因此，加强对流域企业的监管显得尤为重要。莱茵河流域国家通过"莱茵河保护国际委员会"等国际组织强化对企业生态保护责任的监管，企业既是政府生态环境治理的监管对象，也是生态环境保护的主体。欧盟国家在环境许可申报、审批、企业排污标准、排污监控和企业污染治理等方面，都制定了严格的法律法规体系，

以明确企业在生态环境保护过程中的主体地位和责任。在法律框架内，政府具有对企业
生态环境责任的监督职能，对于企业超标排污或故意污染行为，将向社会公布，企业声
誉将受到严重影响，甚至企业当事人将面临严肃的刑事诉讼。政府要求企业建立严格的
环境自我监测系统和环境数据申报制度，企业在排污口设有污染监测点位，自我检查环
境标准执行效果，尤其是污染较为严重的化工企业等都要求在河流上下游设置监测断面，
以实时跟踪河流水质，发布污染预警，及时发现可能出现的河流生态破坏风险。此外，
政府还强化对企业环境保护的审计和推进环境保护的专业化运营。譬如，拜尔工业园
区的环境监测、污水处置、环境事故应急等，政府都交由 Currant 公司负责，专业化和规
模化程度相对较高。

2. 政府强化基础设施建设、技术支持和法律保障

政府投资是生态治理的重要职能和保障。为了加强对莱茵河的生态治理，流域国家
政府强化了基础设施建设和投资。1965—1985 年，莱茵河 5 个沿岸国家为了降低城市
生活污水和工业废水中的有机和无机物浓度，政府投资了约 600 亿美元改进和建设污水
处理厂，并加强了自来水管道的建设。1990—1995 年，为了防止莱茵河被污染，沿岸
四个国家经过讨论决定实施莱茵河防污计划第二阶段，投资 825 亿法郎。[①] 在政府加强
基础建设投资的同时，政府还鼓励和动员企业参与莱茵河整治的基础设施建设。如今，
莱茵河流域内 99% 和 96% 的人口受益于流域自来水和污水处理设施。另外，流域国家
在莱茵河污染治理技术方面不断改进和升级治污技术，逐渐使点污染源、农工业和交通
等方面的污染扩散得到有效治理。例如，规定让沿岸造纸企业进行技术升级和革新；在
造纸制浆工业中采用以氧取代氯作为造纸工艺工程漂白剂的先进技术。这些措施都能够
有效减少化学污染物的排放，值得推广。

莱茵河经历了"先污染、后治理"的艰难历程。为治理生态环境污染，其沿岸国家
于 1963 年成立了保护莱茵河国际委员会，管理和协调莱茵河生态环境污染治理工作，
并制定了保护莱茵河水质的法规、标准和条例。1976 年，莱茵河沿岸国家共同签署了
《保护莱茵河防治化学污染波恩公约》（以下简称《波恩公约》），还有《防止化学物
质污染莱茵河协定》《防止氯化物污染莱茵河协定》等一批国际公约，对企业排放污染
物做了十分严格的约束，对排放未处理废水的企业处以 50 万欧元以上的罚款，整改后
依然不合格的生产企业将强制关闭。1998 年各国又审议通过了《保护莱茵河公约》，
新公约在《波恩公约》的基础上增加了流域沿岸动植物生态保护、防洪工程建设、河道
泥沙清理以及饮用水源保护等新内容，为流域生态环境保护提供了制度保障。2001 年，
莱茵河流域国家部长会议审议通过了《莱茵河 2020——莱茵河流域可持续发展协定》，
其主要内容包括四个方面：推进莱茵河洪水防护系统建设、改善流域生态环境系统、改

---

① 刘忠清. 减少莱茵河污染投资 800 多亿法郎 [J]. 人民长江，1990（11）：64.

善莱茵河地表水质、保护地下水。^①该协定成为莱茵河流域可持续发展的基础。

3. 建立流域生态监控预警系统和重大风险应急机制

目前，莱茵河流域建立了较为完善的水质和生态监测预警系统，主要包括水质监测预警系统，主要目的是在突发污染事件发生时，政府能污染源和污染控制的信息，减少污水事故对河流的影响；水文监测系统主要对莱茵河流域的水文情况进行实时监控，并向社会发布水文信息；洪水监测预警系统主要对莱茵河流域进行监控，一旦水位达到警戒线就将启动洪水预警；洄游鱼类生物监测系统主要对莱茵河流域内的鱼类生物进行种类和数量监控，并实施生物多样性恢复措施。ICPR 建立了莱茵河流域国际性测量网络，制定了共同生态测量和分析方法，对流域水质进行客观分析评价。目前，莱茵河主河段上瑞士的巴塞尔，法国的斯特拉斯堡，德国的科布伦茨、曼海姆、杜塞尔多夫、威斯巴登和荷兰的阿纳姆等建立了 7 个主要监控与预警中心，各个站点随时密切监测莱茵河水质情况，并在水质发生改变时，向相关监测部门报告，启动应急预警。监控预警中心、水文站和气象站等监控中心都实现了互联互通、信息共享，定期向行政主管单位、新闻媒体共享监控信息，并及时通过网络、电视、广播向社会公布。与此同时，建立了莱茵河重大风险应急机制，譬如莱茵河发生的化工企业桑多兹公司爆炸事件，对河水造成了严重污染，流域各国立即相互通报事故信息，关闭受污区域自来水厂，启动应急机制。

4. 建立和完善生态补偿和生态赔偿制度，促进生态建设健康发展

生态补偿制度主要起源于 20 世纪 80 年代，目前已经被很多国家所接受，尤其是在发达国家，关于流域和水资源的生态补偿更加重视。莱茵河作为欧洲的第一大河，在其生态治理过程中，生态补偿也是政府对莱茵河治理的一项重要措施。在发达国家流域治理中，一般是坚持公正原则，建立流域内生态补偿制度，根据各流域国在流域生态环境保护方面所做出的积极贡献和消极破坏，来确定流域上下游各国在流域生态保护中的收益与付出。譬如，德国在莱茵河和易北河生态治理中，实施了生态补偿制度，政府成为生态效益的最大购买者，对沿河的工业企业和个人降低污染和减少排污实施生态补偿。另外，莱茵河流域也实行严厉的生态赔偿制度，对于破坏生态环境的企业和个人处以高额赔偿。1986 年，瑞士巴塞尔市发生的一个重污染事件影响颇大，引起了欧洲各国的普遍关注。当地的桑多兹（Sandoz）化学公司的一个化学品仓库不明原因突发火灾，流入河水中的 1 246t 化学品造成了对莱茵河灾难性的污染，该事故直接导致沿岸的瑞士、法国、德国、荷兰等国都受到了不同程度的损失。在该事件后，法国环境部长要求瑞士政府赔偿 3 800 万美元，以补偿航运和渔业等所遭受的损失，以及用于恢复生态破坏的损失，最后瑞士政府为了赔偿生态破坏的损失，由桑多兹公司和瑞士政府成立了"桑多兹－莱茵河基金会"以帮助恢复因该事件破坏的莱茵河生态环境，并向世界野生生物基金会捐资 730 万美元资助莱茵河动植物恢复计划。

---

① 王树华. 长江经济带跨省域生态补偿机制的构建 [J]. 改革，2014（06）：32-34.

五、法国隆河流域治理

隆河（Rone River）又译罗讷河，是法国五大河之首，起源于瑞士的伯尔尼山，流入地中海。隆河流经法国经济文化中心，是欧洲重要的航运水道，旅游资源丰富。隆河流域经历了流域工业生产和生活造成生态破坏，然后经生态治理重回优质生态环境的过程。隆河经过长期治理，成为浪漫法国的一个优美景点。

（一）治理模式的创新

法国水法明确规定，跨区域水治理以流域为单位治理，按照流域而不是行政区划进行跨区域治理。此种治理模式打破了传统行政治理模式的弊端，破除了地方政府的本位主义思想，有利于流域整体治理效益的提升。此外，隆河流域治理是多主体联动治理的模式，政府代表、用水户、专家等都是隆河的治理主体，可以提高管理决策的科学性。通过成立一个多主体联动的机构，构建了治理主体联动机制，减少了信息不对称，降低了协调成本和博弈成本等交易费用。

（二）成立经济实体公司

法国政府成立经济实体公司弥补了传统的区域污染治理主要靠政府行为的弊端。1933 年法国政府成立了由国营和私营机构组成的隆河公司，实现国营和私营的治理联动。隆河公司一方面作为公共事业组织参与隆河的生态治理，一方面作为市场主体参与隆河的水电、航运和旅游市场的开发运营，融政府治理与市场治理于一体。隆河丰富的水电资源、优质航运河道、美丽的旅游环境，使得隆河流域的市场化运营取得了巨大的收益。同时，隆河公司的治理资金有国家政策扶持，免征收入税，给予银行担保贷款。公司收取流域消费主体多项资源费，并向水资源消费者和污染者收取税费。隆河公司的资金来源于污染者和用水户缴纳的税款。隆河公司股东暂缓分红，留存资金给公司开发使用。通过上述治理方式，使隆河重获流域生命力。

六、英国泰晤士河流域治理

泰晤士河有英国"母亲河"之称。河两岸人口稠密、经济发达。近代以来，泰晤士河一直是两岸居民生活用水以及水产品的主要产地，此外它还承担着航运的功能，给英国人带来了东方的瓷器、茶叶等商品，英国本土商品也通过泰晤士河出口到世界各地。发达的航运以及充足的水源吸引了很多企业，工业革命后泰晤士河两岸分布的企业数量大大增加，人口数量急剧增长，大量的生活废水、废物以及工业废水未经任何处理就排放到泰晤士河中，1832 年和 1853 年由于水质污染的问题造成了霍乱的发生，影响了伦敦居民的生命健康安全。1858 年英国议会要求伦敦"大都市工务局"改进排水系统以避免污水流入泰晤士河，开启了英国政府治理泰晤士河的序幕。

泰晤士河的治理可以分为三个阶段。第一阶段是 19 世纪中期到 20 世纪 50 年代，这一时期主要的治理手段是隔离污染，加强对中心城区污染段的治理工作，1858年更是建立起了隔离排污系统，这种治理措施只是在一定程度上缓解了中心城区的污染状况，对于泰晤士河整体而言该措施的效率是低下的；第二阶段是20世纪50年代至90年代，此阶段泰晤士河的治理已经转向综合治理，政府通过立法、成立统一管理局等手段降低了泰晤士河的污染程度；第三阶段是20世纪90年代至今，伦敦市政府实施了由城市总体发展、空间环境整治、社区参与三者组成，以社区为主体的合作计划。该计划改善了泰晤士河两岸的景观，使泰晤士河成为英国的象征，并带动了泰晤士河的旅游经济发展。

（一）设立专门机构进行统一管理

1974年英国政府成立了泰晤士河流域水资源管理局，其规模大、职能全。泰晤士河的污染治理、水质监控、资源开发、发展规划等方面统一由水资源管理局负责。政府并不干预管理局的行为，只是为管理局提供一些防洪资金，其他所有开发治理的资金均来源于对沿岸企业征收的排污费、水费等。管理局的设立提高了泰晤士河的污染治理整体效率，在其科学的规划和治理下，泰晤士河的污染问题得以根本扭转。

（二）立法保护

1844年英国颁发了《公共卫生法案》，这是英国治理城市环境污染问题的首部法案；1855年颁发了《有害物质去除法》，对于将污水不经处理就排入泰晤士河的企业进行严厉处罚；1876年发布了《河流污染防治法》，这是人类历史上第一部为防治河流污染出台的法案；1951年出台了新《河流污染防治法》，把河流的治理权由地方政府交由专项河流治理委员会。完善的污染治理法律体系使得河流治理委员会有法可依，对于污染性企业的处罚办法也有明确的规定，可以说没有如此完善的法律体系泰晤士河的治理不可能取得成功。

（三）使用先进的技术手段

英国早期的污水处理厂主要采用物理性消毒加上化学制剂的消毒工艺，这种方法比较低效，治理效果很不理想。此后，泰晤士河管理局加强对新方法的研制。20世纪60年代发明了活性污泥法处理工艺，能够对沉淀之后的污水进行进一步深度处理，这种方法的推行很快使得泰晤士河的水质得到了根本改善。在泰晤士河管理局中有高达两成的员工从事水污染治理新方法的研制，而且他们在泰晤士河中放置了很多监测装置，可以随时反映泰晤士河水质的变化。

七、澳大利亚河湖保护和治理的经验

（一）墨累—达令河保护和治理的经验

位于南半球澳洲的最大河流是墨累—达令河，是澳大利亚的母亲河，提供着多方面的用水。墨累—达令河发源于澳大利亚东南部新南威尔士州，是澳大利亚最重要的一条河流。澳大利亚政府为了这条母亲河，积极研究治理方式，最终探索出了网络多元治理方式。

1. 形成网络治理结构

在澳大利亚水污染网络治理结构中，政府以及其他治理主体会有一个共同机构来防治水污染。在这个网络化的机构中参照了澳大利亚当地有关水防治的条例条规，提出各级政府之间必须要有和谐的结构。现实中，联邦部门和上级部门建立了互相信任的网络治理结构，并在其他主体的配合之下，将水污染治理的目标一步一步地完成，这离不开水污染网络中的各个机制将各个主体联合在一个共同体中。

2. 治理主体相互信任合作

墨累—达令水污染网络治理不仅体现了该网络框架的正确性及重要性，而这其中的连接点有多个机制。这些机制包括信任机制、学习机制、沟通机制等方面，通过这些机制，墨累—达令水污染的网络框架被赋予了新的活力。通过这些改进措施，各级政府会按照网络框架中制订的计划去执行，各级政府之间也会相互合作治理墨累—达令河的污染。法律条款的严肃性、约束性将其治理转变为全民共同努力的方向，最为重要的一点是构建起了多主体共同参与的完整的墨累—达令水污染网络治理方式。

3. 良好的沟通协调机制

各级政府经常会通过一些不同的方式交换信息，以此来相互了解对方在治理中做了哪些贡献，同时会有专门的组织监督各级政府在治理中的所作所为，给每个部门机构无形且高效的压力。在这种高压之下，每个部门会进行良好的协调沟通以完成共同做出的目标计划。

在墨累—达令水污染网络治理结构中，构建了相互沟通的机构组织，不仅方便了社会公众关心水污染，也为社会公众监督墨累—达令水污染治理提供了便捷的通道。公众组织机构会在污染治理中不遗余力地提供资源和力量。这个组织成立的目的是提出污染治理的意见和建议，并将治理的过程透明化。

4. 责任意识的树立

在工业生产中，墨累—达令河周边企业对待防治污染问题一直都有比较主动的态度，有的企业会改进污染物排放处理技术，有的企业会响应国家政府的号召，积极对自己的排污设施进行更新换代，以此将对水质的污染降到最低。在农业生产中，墨累河周边的农民一直高度重视水质安全，因为其不仅和自身的饮水健康有关，还和农作物的生长与水源生态息息相关。在日常生活中，澳大利亚人清楚他们离不开水，更离不开健康的水源，他们会积极主动地保护墨累河这条母亲河。

5. 强调法律保障

根据澳大利亚宪法的规定，各州政府有权对流域水资源进行立法管理。因而，最初墨累—达令流域沿岸州政府都根据自身区域内水资源开发、利用的实际状况，以及流域水环境保护需求制定了地方法规。而联邦政府则主要负责指导与协调全国范围的政策。

但由于经济的发展和各州用水需求量的增加，墨累—达令流域有限的水资源无法满足全流域的用水需求，各州之间用水利益冲突逐渐增多。因此，为更加统一地协调流域水资源的开发、利用，联邦政府与沿岸各州于1987年共同签署了《墨累—达令流域协议》，其主要内容包括对墨累—达令流域水资源的合理分配和有效利用、流域生态环境保护、对流域内土地资源和其他生态资源公平和可持续的开发利用等。但在该协议签订最初，只是一个试验性的合作协议，其有效履行主要依赖于各州和联邦政府之间的协商和沟通，而这个过程充满着各种利益主体的博弈，执行效果大打折扣。为解决这个问题，1993年，协议中的各成员州政府和联邦政府共同通过了《墨累—达令流域法》，将协议内容正式法律规范化，作为各州在制定自身流域相关法律时应当共同遵守的法律准则。

6. 建立生态补偿制度

由于墨累—达令河流域跨越多个行政区域，行政区域之间的生态环境条件、经济发展水平存在较大差异，而根据澳大利亚宪法，各行政区域对辖区内的土地、水资源享有高度自治权，所以整体的流域管理面临诸多问题，如各州之间进行流域生态补偿如何突破行政区划的藩篱，就流域生态补偿各事项达成一致意见。因此，墨累—达令河流域州际政府与联邦政府采取了以下措施来进一步开发利用、保护流域内的水资源。

一是建立流域整体管理的框架，达成州际管理协议。要想解决流域内因行政区划分跨度大以及自然地理条件差异大而引起的各州在水资源开发利用中存在的问题，就必须要进行流域一体化管理。为此，墨累—达令河流域各州之间签订了州际管理协议，流域协议的签订是实现流域整体管理的重要手段，也是流域管理的重要支付保障。该协议规定各项政策的制定必须以保护整个流域的自然资源为优先考量。该协议为了能突破行政区划的藩篱，解决各州之间互不隶属造成的相互之间推诿卸责、部门分割而设立了专门的管理机构。当然，再好的协议如果不能很好地执行，也难以达到理想的效果，对于流域生态补偿尤其如此，《墨累—达令流域协议》注重各州之间的协调配合，该协议对其所有成员都具有同等约束力，各成员对协议的修改或者撤销不能单方面进行。

二是开展水权交易。澳大利亚之所以能开展水权交易，成熟的水权交易市场制度是关键原因，在全国范围内，澳大利亚都是以市场主导模式进行流域生态补偿的。为了解决因地处干旱地区，降雨分布不均而导致的局部地区水资源短缺的问题，澳大利亚政府通过各种措施完善水权交易制度，促进对水资源的合理分配利用。在澳大利亚，成熟的水权交易制度也催生了多样化的水权交易方式，不仅各州间采取的交易方式不同，就是在同一个州内也会采取不同的交易方式。例如，维多利亚州就把水权交易分为临时性转让及永久性转让、部分转让及全部转让、州内转让及跨州转让等方式。

（二）艾尔湖保护和治理的经验

1. 艾尔湖概况

艾尔湖位于澳大利亚中部地区、昆士兰州西部，是澳大利亚最大的内流湖。艾尔湖也是世界五大湖泊之一。该湖泊流域包括南澳大利亚、北领地、昆士兰和新南威尔士西部的大部分地区。该湖泊流域支持着澳大利亚经济社会发展。

2. 艾尔湖治理的法规保障

在艾尔湖流域，除联邦和州的法律法规外，澳大利亚政府对艾尔湖流域的治理还采取了"政府间协定"的方式进行。《艾尔湖流域政府间协定》为湖泊水资源及其相关自然资源的跨界治理提供了框架，协议由代表昆士兰、南澳大利亚和联邦的部长于2000年在伯兹维尔（Birdsville）签署，2004年，北领地也签署了协议。该协定的目的就是确保艾尔湖流域水系的可持续性，以减少跨界治理带来的外部负效应。

3. 艾尔湖治理模式

澳大利亚建立了各区域政府的艾尔湖流域部长级论坛。论坛部长级会议由联邦环境部长、南澳大利亚水资源部长和昆士兰自然资源部长参加，其目的是通过部长论坛与流域协议区协商制定流域跨界水系可持续治理的政策与策略。部长级论坛至少每年举办一次。部长级论坛还设立了一个科学咨询小组，执行和指导有关的流域可持续治理的科学技术问题。艾尔湖流域的利益相关者把部长级论坛作为他们与居民、社区、产业与利益集体协调的主要治理机构。

澳大利亚还设立了社区咨询委员会，可以把这个委员会看作艾尔湖流域部长级论坛的社区联系点。建立社区咨询委员会的重要意义是保持社区和群众的密切联系。委员会遵循包容、信任、开放和互惠的原则，并提供社区的反馈和意见，同时艾尔湖流域部长级论坛的决定和活动通过委员会传达给各社区。委员会由来自流域内的农业、牧业、原住民、矿山、资源、环保和旅游等行业的14名成员代表组成，成员积极寻求关于流域自然资源的公众意见。

第二节 国内湖泊保护和治理的经验借鉴

我国是后发型现代化国家，自中华人民共和国成立以来，经济保持了快速增长，但是之前的经济增长和发展是高投入、低效率的粗放型发展，政府在经济发展中片面追求GDP数字，导致了我国生态环境日益脆弱，特别是湖泊流域受到了严重污染，阻碍了经济实现绿色、可持续发展。2007年，党的十七大报告明确提出"建设生态文明"，并要求强化政府生态责任建设，地方政府逐渐重视对湖泊流域的生态保护和生态治理，这也体现了"绿水青山就是金山银山"的发展理念。随着政府发展理念的转变，政府在生态治理的过程中也更有成绩，都把生态环境保护和治理，尤其是流域生态环境治理作为地方政府的重要职责，构建了生态政府治理体制机制，譬如在鄱阳湖流域、滇池、洱海、珠江流域等的生态治理机制建设，既有教训，也有成功经验。由于本书主要研究长江经济带重要湖泊保护和治理的长效机制，对鄱阳湖、洞庭湖、巢湖、滇池、洱海的保护和治理都设置了单独章节进行研究，因此本章不再选取上述湖泊保护和治理的经验与教训，只选取珠江流域保护和治理的案例进行分析，以为长江经济带湖泊保护和治理提供可借鉴的经验。

一、珠江流域概况

珠江或叫珠江河，旧称粤江，发源于云南省曲靖市沾益区马雄山，流经中国中西部六省区及越南北部，最后流入南海，是我国七大江河之一，全长 2 400km，是中国境内第三长河流，年径流量仅次于长江，排名国内第二。珠江流域主要由西江、北江、东江和珠江三角洲水系组成，经八大口门注入南海，因而就有"三江汇流、八口出海"的传称。珠江流域由于主要位于广东省境内，属于我国发达地区，沿岸工业经济较为发达。改革开放以来，沿海的珠江流域经济和社会的发展，尤其是区域内工业的发展，带来了外来人口的涌入，工业和人口急剧增长，大量的工业废水和生活污水未经过处理就直接排泄入河。为了重新整治珠江流域的生态环境，还一条美丽的广东"母亲河"，珠江流域政府高度重视对流域的保护、治理和开发，水资源和生态环境治理成效显著，珠江水质开始明显好转。

二、珠江流域生态治理的主要做法与经验

第一，构建珠江流域生态治理政府责任制，把生态治理作为干部考核的重要标准。珠江流域在生态治理过程中，牢固树立生态优先理念，要求各地区和部门必须把构建生态治理作为重要职能和政府绩效考核的重要内容，强化部门责任。主要包括以下方面。一是把珠江流域治理作为地方政府"一把手"工程，高度重视。珠江是广东省的"母亲河"，广东省各地区和职能部门历来重视珠江治理工程，并将其提升为"一把手"工程。二是实行生态治理的离任审计责任，重点提升地方政府和部门在流域生态治理中的基本认知和理念共识，强化政府生态治理职能的履行和考核。例如，广西西江经济带在落实《广西壮族自治区主体功能区规划》的过程中，就要求建立流域生态建设责任离任审计制度，将本地区的生态环境保护、自然资源的开发利用和保护等，列入地方党政领导干部和国企领导人员离任审计的重要内容，实行离任审计，并且把环境评估情况也作为干部离任考核的重要标准纳入考核等。[①]三是设立"河长制"，明确珠江流域生态治理的主体责任，并由第三方实施考核评估。为了明确珠江流域治理责任，广州、深圳、佛山、东莞珠江流域城市按照"以块为主、属地负责"的原则，推行了"河长制"，建立河流管理责任

---

① 加强珠江—西江经济带生态建设与环境保护 [N]. 广西日报，2014-09-02.

制体系，对实施范围内河流实行行政责任人"河长制"管理，一般由各级党政一把手或主要负责人担任"河长"，并公布河长姓名和监督电话，接受社会监督，同时引入第三方评价机构对"河长"进行评估考核，并根据考核情况对"河长"问责、追责。①

第二，严格制定和执行珠江流域生态治理的红线制度，强化生态治理能力。生态红线是为了维护国家生态安全，在提高生态功能、改善环境质量、促进资源高效利用等方面必须控制保护的空间边界和管理限值，包括生态功能红线、环境质量红线和资源利用红线。②珠江流域地方政府和部门率先在全国实现了生态治理红线制度，2005 年《珠江三角洲环境保护规划纲要（2004—2020 年）》，将珠江流域自然保护区的核心区和重点水源涵养区划为红线区，实行严格保护，开启了珠江生态治理红线制度。此后，生态红线被逐渐推广。2005 年《深圳市基本生态控制线管理规定》对本地区的一级水源保护区、自然保护区和风景区等进行了明确划分。2014 年珠江—西江经济带将本区重要生态功能区、生态脆弱区和敏感区等划定为生态红线区，并且由国土资源部门、林业部门、水利部门和环境保护部门分别对所管辖范围划定生态红线，强化对生态环境的监控和保护，打造生态屏障。2015 年 9 月，在推进珠江三角洲地区湿地保护建设会议上，广东省原省长朱小丹强调要依托珠江流域丰富的湿地资源，坚持以保护为重，将珠江水污染治理和湿地保护建设相结合，严格执行流域生态红线制度。③在严格执行流域生态红线制度的过程中，要求把红线作为真正"铁线""高压线"，任何部门和个人不得触碰和逾越，一旦触碰红线，政府工作将被问责和追究相关部门和个人责任。

第三，实行流域生态治理的分工合作，构建生态治理政府协同机制。珠江流经多个省份和地市区，并且流域内各省份经济发展不平衡，为实现对珠江流域的生态共同治理，水利部成立了专门机构——水利部珠江水利委员会，实行统一协调管理，并在沿线各相关省份构建地区和部门协调机制，实现对珠江的合作治理，明确各主体的责任和协调内容等。在珠江流域内各地方政府的生态合作内容主要包括以下方面。

一是构建政策协调机制，对珠江流域生态治理实现政策共定。譬如，珠江流域的广东、广西、江西等地先后联合编制和签订了《泛珠三角区域环境保护合作协议》《泛珠三角环境产业合作协议》《珠江流域水污染防治"十一五"规划》，而后由广东省牵头编制了《泛珠三角区域环境保护合作专项规划（2005—2010）》等框架性政策文件，部分实现了对流域内产业布局和生态治理的综合规划，并且在水资源费征收标准、污染物排放标准、水资源开发利用、生态环境评估等方面也都力争统一规范和标准，基本实现了珠江生态治理的"一盘棋"构想。二是实现流域内信息共享。在省与省之间、部门之间，通过建立信息共享平台，通过召集会议、信息通报、经验交流、互递文件等形式，对本

①　戴春晨. 明晰"河长制"权责　广东人大引入第三方监督跨界河治理 [N]. 21 世纪经济报道，2015-09-22.

②　杨邦杰，高吉喜，邹长新. 划定生态保护红线的战略意义 [J]. 中国发展，2014（1）：1-4.

③　1185 万亩湿地生态红线 3 年内划定 [N]. 南方日报，2015-10-08.

地区或本部门所掌握的省界断面水质、珠江生态状况等进行相互通报和信息共享。具体信息共享内容包括排污企业的位置、生产状况和排污情况，企业的生态环境影响和评估结果，本地区或本部门对生态环境的治理措施与效果，突发性生态破坏事件的动态信息，等等。三是建立地方或部门之间的纠纷解决机制和联合执法。在政策协调的基础上，珠江流域的联合执法机制已有初步进展，通过了《泛珠三角区域跨界环境污染纠纷行政处理办法》等，要求各区域内或部门建立珠江流域环境污染纠纷处理联席会议制度，明确各地区和部门在处理各事务中的责任和义务，并建立跨界污染纠纷解决制度与机制，就跨界生态污染纠纷、执法的受理、调查、事态控制、调解、赔偿和污染处理等出台具体措施。同时，要求制定生态环境联合监测机制，实现对珠江流域污染的共同监测和执法。

第三节 国内外湖泊保护和治理的基本启示

前文对北美五大湖、欧洲莱茵河、英国泰晤士河、澳大利亚艾尔湖等流域保护和治理的基本做法和典型经验进行了阐述和分析，并对珠江流域保护和治理机制的现状以及成效进行了分析与经验总结。上述个案分析表明，在国外和国内关于湖泊保护和治理的实践中，进行了一些有益的尝试和探索，为长江经济带湖泊保护和治理提供了经验和启示，主要包括以下方面：强化生态理念是湖泊保护和治理长效机制建设的价值导向；完善制度体系是湖泊保护和治理长效机制建设的前提基础；加强府际合作是湖泊保护和治理长效机制建设的内在要求；构建责任体系是湖泊保护和治理长效机制建设的根本保障。

一、强化生态理念是湖泊保护治理长效机制建设的价值导向

理念是行动的向导，政府行政理念决定了政府行政行为。生态治理主要是政府应对日益严重的生态危机而展开的行政行为。生态理念和生态治理起先于西方国家，20世纪60年代，美国学者蕾切尔·卡森（Rachel Carson）首次提出了生态系统和人类关系，并推动了政府生态治理行为；20世纪80年代，西方生态治理理论研究进入了一个繁荣和深化的阶段，并且各国在进行生态治理的过程中，政府都具有核心作用，譬如日本在治污过程中，政府主导、全民参与的机制发挥了极为重要的作用。我国对生态治理的关注相对较晚，主要从20世纪70年代开始，从不同学科对环境保护和生态治理进行研究，并逐渐被重视。党的十八大报告明确提出，要把生态文明建设纳入中国特色社会主义事业"五位一体"总体布局，标志着党和国家对生态文明和生态治理的高度认识。因此，中央政府和长江经济带各省市地方政府要对辖区生态治理高度重视，并将生态治理纳入政府职能，发挥政府主体作用，创新理念，树立生态政绩观。

第一，把生态治理作为地方政府的重要职能强化政府生态治理的责任。长江经济带地方政府要转变观念，树立生态文明建设观念，把湖区生态治理作为地方政府的重要职能，并建立健全辖区生态治理的政府责任机制，将环境保护和生态治理纳入各级政府和干部绩效考核内容。

第二，要把发展生态经济作为地方政府工作的核心内容，着力建设长江经济带生态经济区。一直以来，河流和湖泊流域都是人类赖以生存、生产和生活的重要资源，是人类重要的生存环境之一，"择水而居"是人类共同的生活方式。自古以来，政治、经济、商贸发展都是临水而起，然而河流、湖泊又是自然界中较为脆弱的生态系统，尤其随着工业经济发展，对于河流、湖泊流域的生态保护更是"如履薄冰"。因此，世界各国，特别是西方发达国家和地区都十分重视对河流、湖泊流域的综合治理与经济建设，许多河流、湖泊流域建设了生态经济圈，实现了生态治理和经济开发并举，如北美五大湖区、欧洲莱茵河流域等。随着我国经济不断发展，中央和地方政府越来越重视生态经济区的建设，如鄱阳湖生态经济区、巢湖环湖经济带、环渤海生态经济圈等作为地方政府经济发展和生态治理战略的重要举措，对于推动地方经济和生态建设协调发展起到了重要作用。

长江经济带重要湖泊，对长江流域起到了重要的蓄水、调水作用，其生态价值巨大。然而，近年来周边地方经济发展，对其生态破坏是较为明显的，湖水干涸、水质降低等现象相对严重，因此要实现长江经济带重要湖泊科学、可持续发展，要建设环湖生态经济区，将生态治理和经济协调发展作为长江经济带地方政府工作的核心内容。

第三，把生态保护作为地方政府的宣传重点，提高湖区民众保护生态环境的意识。生态意识是一种价值观，能切实体现出现代社会资源环境发展趋势的意识主流，也能够反映一种追求人与自然和谐发展的价值本位。而增强生态意识的重要途径就是强化政府的生态宣传，要把生态教育作为政府宣传和教育的工作重点。西方发达国家十分重视生态宣传，并且政府积极主动地动员社会民众共同参与生态保护之中，譬如北美五大湖流域，美国和加拿大政府及其地方州政府积极引导和教育公众养成良好习惯，最大限度地降低了水消耗和水污染，并且通过民间组织、学术团体、环保志愿者等向社会宣传生态保护。因此，要强化长江经济带湖泊保护和治理的政府责任，重要内容之一就是要强化生态宣传和教育，这也是地方政府生态治理的重要职责。要在政府、公众、媒体互动的基础上，通过宣传环保普法、播放环保警示教育片、建立生态教育基地、建立环保志愿团队等途径，强化湖区民众的生态意识。

二、完善制度体系是湖泊保护和治理长效机制建设的前提基础

只有健全的法律制度体系才能明确政府在生态文明建设和生态治理过程中的职能和

责任，使政府在行使生态治理职能过程中有法可依。发达国家历来对制度建设是比较重视的，在政府生态责任制度建设上也是走在前面，都制定了相应的生态治理法律制度，对生态治理的主体、公民权利以及治理程序和措施等内容都有了较为明确的规定。我国的生态文明建设起步相对较晚，因而在生态治理政府责任制度建设方面也有待完善，尤其是在湖泊流域生态治理的专门立法上亟须加强。长江经济带湖泊作为我国重要区域和国家生态建设的重要基地，在地方政府生态责任制度建设上具有一定示范作用，可重点关注、先行先试，在湖区建立健全地方政府生态责任法律、法规体系，对地方政府在长江经济带重要湖泊保护和治理过程中的具体责任做出有针对性、可操作性和规定性的制度安排。

第一，湖泊流域生态治理制度体系建设的核心是综合生态文明建设。生态文明建设是中国特色社会主义事业建设的重要内容，精神层面的建设不仅和民族的未来、人民的幸福息息相关，而且还能促进国家经济不断发展。党的十八大以来，生态文明建设已经逐渐被确立为国家战略。2015 年 4 月，《中共中央 国务院关于加快推进生态文明建设的意见》的出台体现了党和国家对生态文明建设的关注和重视。因此，从生态文明建设的战略高度来实现对生态保护的立法建设，既是生态文明建设历程中的必然选择，也是湖泊流域生态治理的重要内容。从国外湖泊生态治理的经验来看，国外对湖泊生态治理的立法是比较健全的，如生态建设立法最为完善的美国，从国家层面和地方层面对生态治理中的主体、权利、责任等都进行了规制。我国一直重视湖泊立法工作，中央层面和地方层面都制定了一系列与湖泊治理相关的法律法规、部门规章或其他规范性、约束性文件，湖泊治理法规体系初步形成。因此，长江经济带湖泊保护和治理要在国家关于生态建设和湖泊治理的立法框架的指导下，结合湖区基本特征，制定符合湖泊流域生态保护要求（包括目标、政策、标准等）的生态治理制度体系，实现对湖区的综合治理和对地方政府的综合考评。

第二，构建中央立法与地方立法互补的制度体系。中央立法是由中央政府颁布的法律，确定了湖泊生态治理的基本理念、环境保护标准等，地方立法一般是由地方政府制定的针对本辖区内的制度规范。我国在生态治理中，先后出台了《中华人民共和国环境保护法》（以下简称《环境保护法》）、《中华人民共和国水污染防治法》（以下简称《水污染防治法》）、《中华人民共和国大气污染防治法》（以下简称《大气污染防治法》）、《中华人民共和国水法》（以下简称《水法》）、《中华人民共和国森林法》（以下简称《森林法》）等中央法律法规，也有《江苏省湖泊保护条例》《太湖流域管理条例》《武汉市湖泊保护条例实施细则》等地方法律法规。因此，长江经济带湖泊保护和治理的制度建设必须要求既有中央层面的法规支持，也要有地方层面的法规支持，实现两种层面立法的互补，可以覆盖长江经济带湖泊生态治理的各个方面，为长江经济带重要湖泊的生态治理拉起一道制度体系网络。

第三，优化改进和严格执行湖泊流域生态治理的相关政策与制度。不断改进并坚持严格执法是落实生态法制建设的基本保障措施。政府是生态文明建设的行为主体，既是生态治理的主体，也是生态法制执行的主体，对改进和执行湖泊流域生态治理制度具有不可替代的作用与不可推卸的责任。从目前来看，我国湖泊流域生态治理制度已经初步形成，然而在湖泊生态治理实践中，地方政府在湖泊生态治理中的生态评估、环保审批、能源验收、标准执行等环节上把关不严，影响了政府生态职能和生态责任的落实。因此，有必要进一步理顺政府生态治理的审批、处罚、执行等权限，明确政府部门监督、检查和执法的权力，推动重点流域和区域、重点行业、重点单位的生态治理工作。对于跨流域生态治理，政府之间要在法律许可的范畴内，实现联合执法、统一执法和协同执法，增强生态制度执行的可行性和有效性。

三、加强府际合作是湖泊保护和治理长效机制建设的内在要求

随着区域间联系的不断加深，跨区域公共事务也相应增加。然而，隶属于不同行政区的政府部门或公众由于特定的地域情结或归属感，其流域生态治理行为往往具有属地性和排外性。因而，要实现跨界湖泊流域生态治理，明确流域内政府责任是合作治理的基本前提，也是落实流域生态政府治理的内在要求。在西方发达国家，在湖泊流域生态治理府际协同上，有很多典范和成功经验，譬如在莱茵河流域生态保护的过程中，1950年成立了保护莱茵河国际委员会，并对各国在莱茵河保护过程中的具体责任做了明确规定，同时成立了生态工作组、水质工作组、防洪工作组、排放工作组等，实现了对莱茵河的跨界保护。实现长江经济带湖泊生态治理和经济可持续发展，亟待构建湖区政府协同机制，明确地方政府责任，推进长江经济带湖泊保护和治理的府际合作机制建设。具体需要做到以下几点。

第一，树立生态治理府际合作理念。行政区划将政治权力按照地理位置进行划分，也对公众社会心理进行划分。在传统行政区划的理念下，地方政府都是按照严格的"条""块"分割模式进行属地行政事务管理。例如，我国的南四湖（昭阳、独山、南阳、微山湖四湖）地区，地处江苏、山东、安徽、河南四省交界处，显然，这些地方的生态环境管理都需要各交界处的政府共同管理。但是各行政区划尚未形成一种被广泛认同的成熟的跨界治理模式。因此，要强化区域府际生态治理合作，不仅需要区域规划和资源整合，更需要在思想、理念和意识上形成区域共识。长江经济带地方政府首先要高度统一思想，增强共识，消除单打独斗的"独赢思维"，树立湖区生态治理共同利益的"共赢思维"，才能有效实现政府湖区生态治理的职能。

第二，签署具备强制约束力的府际合作协议。对于我国跨界湖泊流域来说，地方政府府际合作还缺乏相应的法律依据，尤其是对跨区域水污染治理所涉及的责任划定、权

力行使、费用分担等都没有明确规定。由于没有明确具备强制力约束力的府际合作协议，地方政府在处置生态治理不力或不作为时得不到任何法律或制度的制裁，因而对湖泊流域跨界污染行为的处理相对困难。其实，这种困境的破解方法可以借鉴国外的先例，如美国与加拿大跨界治理五大湖的经验。在我国跨界湖泊流域，地方政府可以达成协同治理的府际协议，制定相互监督、共同遵守的污染治理规划，譬如制定《流域跨界治理联合章程》《边界水环境利用条约》等协议，明确双方治理和保护生态环境的义务，加强沟通交流的力度，同时在建设对区域有重大影响的工程时，应及时向对方通报建设情况和环评结果，相互监督、相互制约，实现流域府际合作的规范化、法治化、制度化。我国在跨流域治理府际合作中也做了一些探索，譬如泛珠三角区域9个地区和港澳制定了《泛珠三角区域跨界环境污染纠纷行政处理办法》，云、贵、川、藏、渝等西南地区及相邻省份签署了《西南地区及其相邻省区市跨省流域（区域）水污染纠纷协调合作备忘录》等。长江经济带重要湖泊要进行跨流域、跨行政区的生态治理，就必然要求湖区地方政府之间签署府际合作生态治理协议或契约，作为调节和处理跨界的法律依据，增强府际合作的权威性和实效性。

第三，设立生态治理府际合作机构。目前，我国湖泊流域生态管理体制是以行政区管理和部门管理相结合的管理体制，缺乏统一的流域生态治理府际合作机构，导致了流域管理难以真正发挥作用，从而也使得流域跨界治理问题成为难治之症。健全跨区域府际合作机制和设立生态治理府际合作机构是国内外湖泊流域治理的普遍经验。譬如，美国为了强化田纳西流域公共事务管理和生态治理，成立了田纳西流域管理局，以讨论和解决流域内公共事务以及生态治理问题；我国珠江流域成立了水利部珠江水利委员会，负责珠江流域沿线省市在生态治理中的协调工作。因而，加大跨流域治理的府际合作，在跨界流域设立独立、超越地方政府利益的第三方决策协调机构，并依法赋予其生态研究咨询、流域协同治理和跨界纠纷处理等职责是有必要的。长江经济带重要湖泊辖区可以在环湖区政府府际合作基础上，设立由湖区地方政府派员参与的长江经济带重要湖泊生态治理协调委员会，负责湖区生态治理的信息收集、决策制定、利益沟通、纠纷解决等工作，有效地实现长江经济带湖泊保护和治理的府际合作。

四、构建责任体系是湖泊保护的治理长效机制建设的根本保障

生态治理机制中政府的责任界定以及问责追责机制的明确是一个至关重要的制度安排，也是政府责任机制得到发展与落实的根本保证。政府作为公共权力部门对生态治理负有不可推卸的责任，是生态治理的责任主体。因此，政府在履行各个职能的过程中，总会面临社会效益与经济效益的冲突、长期利益与眼前利益的冲突，但是政府一定要着重于社会利益和长期利益的发展，发挥好自身公益性与非营利性的职能来履行生态责任。

既然政府承担着生态治理的主体责任，其必然要接受社会和公众对其责任履行情况进行监督和考评，当其违反了生态法律规范或生态制度准则对政府的行为规制时，就应当对其生态管理的不善或不妥行为进行确认和追究，并承担相应的生态责任，进行问责、追责，其方式包括行政处罚、消除违法状态、继续履行法定义务或刑事处罚等。因此，可以说问责、追责是政府部门和工作人员的"达摩克利斯之剑"，也是政府生态治理责任机制建设的关键环节和核心内容。地方政府作为湖区生态治理的主体，必然要在生态治理履职的过程中接受相应考评和社会监督，如因行政失范或履职不力而导致环境污染或生态破坏，则要对其进行严格的问责追责，以确保湖区政府能切实履行生态治理责任。具体要做到以下几点。

第一，明确长江经济带湖泊保护和治理过程中政府责任的基本范畴。政府责任的基本范畴应当涵盖政府组织本身及其成员在生态治理中的义务与责任。首先要划分和明确政府责任，建立责任规范和责任清单，防止和消除政府行政过程中的责任不明或责任缺失。政府行政过程的不作为失责和作为失责都将导致社会公共利益受损。其中，不作为失责主要是指未履行规定的责任和义务，导致的政府失灵；作为失责主要是指政府未正确或未完全履行宪法、法律、社会所要求的职能和责任，导致的政府失灵。因此，在生态治理过程中，要设定和赋予政府明确的生态责任，建立责任清单，包括制定生态保护规划、确定生态保护标准、实行生态监督执法、公开生态治理信息等。2015年8月，中共中央办公厅与国务院办公厅就联袂出台了《党政领导干部生态环境损害责任追究办法（试行）》，办法对各地方党委与政府生态保护的监管、执行与决策责任进行了明确规定，并确定了主要领导的8种追责情形和相关领导的5种追责情形，确保权责一致、责罚相当。长江经济带各地方政府也需要在《党政领导干部生态环境损害责任追究办法（试行）》的基础上，结合湖区实际，建立湖区生态治理政府责任清单，明确政府问责追责的基本范畴。

第二，完善长江经济带湖泊保护和治理的责任考核机制和标准。政府责任考核的目标和标准直接决定了政府的行政行为方向和动力。随着生态文明建设的推进，中央和地方也越来越重视和认可政府生态责任，在地方政府考核评价过程中也逐渐摒弃了"唯GDP论"，而提出了绿色GDP的概念。正如国家发改委原副主任张勇强调的："我们要在生态建设、环境保护、节能减排等方面不断地加大考核力度，不片面追求GDP。"[1]西方发达国家在很早就十分重视对生态的保护，在政府考核评价中，任何的经济发展或其他行政行为都不能以破坏生态环境为代价，而且一旦破坏了生态，政府将受到严格的问责。长江经济带湖泊保护和治理作为湖区地方政府的重要职能，湖区地方政府要强调生态责任的重要性，立足于生态保护，将责任细化至政府考核的体系之中，

① 冯蕾. 生态问责：如何落细落实——五部门解析《关于加快推进生态文明建设的意见》[N]. 光明日报，2015-05-08.

执行生态保护责任的一票否决制以责任刚性化实现湖区良好的生态治理。

　　第三，健全长江经济带湖泊保护和治理的问责追责制度。问责追责是现代政府行政的重要组成部分，也是监督政府的有效制度性方式，同样是落实政府生态责任的关键环节。在实践中，生态责任的缺失所导致的生态环境破坏，会造成严重的生态、经济、政府和社会危机，甚至这种损害是不可逆的，因此生态责任问责追责受到了中央和地方政府的重视，譬如2015年5月颁布的《中共中央 国务院关于加快推进生态文明建设的意见》便严格了生态保护的责任要求，明晰了生态责任的追究机制。长江经济带重要湖泊的生态价值和生态地位相当重要，因此湖区地方政府必须要将生态保护与政府责任挂钩，实行"一把手"责任制和离任生态责任审计制，健全湖区生态治理的政府责任机制。

第四章 太湖保护和治理的长效机制构建

太湖流域的污染问题早在 20 世纪 80 年代就引起了学者和有关部门的注意，2007年蓝藻集中爆发带来的严重水危机引起了社会各界的广泛关注，国务院于 2008 年 4 月通过了《太湖流域水环境综合治理总体方案》并于 2022 年重新修订，江苏省相继印发了《江苏省太湖流域水环境综合治理实施方案》《江苏省"十三五"太湖流域水环境综合治理行动方案》《江苏省太湖水污染防治条例》《江苏省太湖流域水环境综合治理省级专项资金和项目管理办法》等文件，浙江、上海也有相应文件印发。国家及太湖流域层面的立法及相关政策使太湖治理工作得到高度重视与大力支持，太湖流域水况经多年治理逐渐好转，但与《水污染防治行动计划》中的总体治理目标仍有较大差距，治理形势仍十分严峻。解决太湖流域的水污染问题，改善太湖流域的生态环境，是广大人民群众的迫切愿望，是太湖流域经济、社会协调发展的需要，是关系太湖流域乃至长江经济带可持续发展的全局性战略问题。

第一节 太湖基本概况与基本现状

一、太湖基本概况

作为我国第三大淡水湖，太湖流域物产丰富、自然资源优越、经济发达、人才汇集，地处我国长江三角洲的南部，行政区划分为安徽、江苏、浙江和上海三省一市。太湖流域内河道水系以太湖为中心，上游水系主要有洮滆水系、苕溪水系、南河水系，下游水系主要包括北部沿江水系、南部沿杭州湾水系和以黄浦江为主干的黄浦江水系。

地理位置的优势加上其气候暖和，使太湖拥有得天独厚的环境，素有"鱼米之乡"之称。太湖流域属于七大重点流域中的长江流域，包括太湖、滆湖、阳澄湖、淀山湖、洮湖、澄湖六个大中型湖泊，地跨江苏、浙江和上海两省一市，为长三角核心区域，是我国人口密度最大、工农业生产发达、国内生产总值和人均收入增长最快的地区之一。

太湖流域对两省一市的社会、经济和环境具有重要意义和深远影响。随着太湖流域地区城市化进程的加剧和流域经济的高速发展，流域生态环境质量愈发受到重视。2007年，太湖蓝藻的大规模爆发，导致自来水污染，直接影响了流域居民的饮水安全和身体健康，同时对流域的社会经济发展产生了巨大影响。该事件迅速引起中央重视，国务院做出重大批示，要求加大太湖流域治理力度，太湖也成为我国重点污染防治的"三河""三湖""一库"的重要水体之一。

二、太湖基本现状

（一）太湖流域治理体制机制沿革

1. 1949—2007年："九龙治水"阶段

（1）1949—1988年："多龙管水"现象突出

中华人民共和国成立初期，我国水资源管理实行分部门分级管理体制，即水利部门负责水利工程建设和农村水利管理，建设部门负责供水和地下水管理，地质部门负责地下水勘探与管理。这种管理体制的确强化了地方水利管理，同时健全了水行政垂直管理结构。从1964年开始，中央开始设立专门的流域管理机构，试图实施科学化、合理化的流域管理，第一个设立的机构就是太湖水利局，但两年后该机构就被撤除。1984年，国务院在水利部下设七大流域水利委员会，其中就包括太湖流域管理局，值得注意的是，国务院并没有明确各涉水部门的工作权限以及流域管理局与区域行政部门的权责边界，流域管理局的尴尬地位显而易见。尽管1984年成立的全国水资源协调小组着手协调处理水资源管理中的问题，但直到1988年《水法》出台之前，"多龙管水"的现象依旧十分突出。

（2）1988—2007年："一龙管水，多龙治水"原则落实

1988年《水法》的实施正是为了解决"多龙管水"的时弊，这部法律确定了水资源统一管理和分级分部门管理相结合的原则，明确了水利部的水行政主管部门的地位。但是，由于法律条文中并没有关于"统管"和"分管"的内涵解释和职权划分，各个水管部门依然各自为政。2002年，《水法》经历了一次重要的修订，一方面，《水法》进一步明晰了水行政主管部门的职责，如第79条明确定义了"水工程"这一概念，明确了不同的水工程归属水利、城建、交通等部门，增强了法律的操作性和实用性；另一方面也强化了流域管理的概念，将流域管理机构写入法律，根据国务院的"三定"方案，规定流域管理机构"在所管辖的范围内行使法律、行政法规规定的和国务院水行政主管部门授予的水资源管理和监督职责"。至此，我国流域管理落实了"一龙管水，多龙治水"的原则，明确了流域与区域相结合的治理体制。需要明确的是，虽然流域管理机构的法律地位得到了认可，但它并非行政机关，而是一个事业单位，这样的机构性质显然没有给予流域管理机构足够的权威，使它难以和区域行政机构抗衡，长久以来，流域弱势、区域强势的特征依然十分明显。

除了中央层面的机构调整，太湖流域涉及的省市在这一阶段也做出了许多制度更新上的探索。以江苏省为例，早在1996年江苏省就成立了江苏省太湖流域水污染防治委员会，由省政府办公厅、发改委、财政厅等多职能部门以及太湖流域范围内的几家地市级人民政府组成，旨在统一协调太湖流域的治污工作，该机构几经扩充，于2008年正式下设了办公室。然而，这个机构从建立伊始就是一个临时性的松散组织，虽然目前太湖办成为一个常设性的副厅级机构，但它的主要职责还是参与拟定相关规划、调研方针政策并提出建议，在太湖治理过程中，这一机构没有决定权，只有协调监督的功能，并没有从根本上去除过去多龙治水的痼疾。

2. 2007年至今："河长制"阶段

2007年，太湖流域大规模爆发蓝藻，从而引发了断水危机，无锡市民长达一周内无水可用。无锡市人民政府痛定思痛，当年8月印发了《无锡市河（湖、库、荡、氿）断面水质控制目标及考核办法（试行）》，这一文件被视为"河长制"的起源。次年，江苏省政府开始推广这一制度，2012年出台的《关于加强全省河道管理"河长制"工作的意见》标志着全省开始强制推行"河长制"。这一制度也受到了其他省市的相继效仿。2016年，中央下发《关于全面推行河长制的意见》，意味着这一应对危机的治理制度逐步走向常态化，上升为国家治水方略。截至2018年6月，全国31个省（自治区、直辖市）已全面建立"河长制"。不同于以往的制度创新，"河长制"并不是简单地通过在体制内增加新的组织权威的方式来协调管理不同水行政部门，而是要求各级政府的主要负责人担任河长，将河流治理成效和党政领导的政绩挂钩。根据太湖流域管理局印发的《关于推进太湖流域片率先全面建立河长制的指导意见》，各级河长全面负责组织相应河湖的管护工作，重点组织开展河湖现状调查，制定实施方案，协调解决重难点问题，明晰河湖管理属地责任，进行督导检查；设置多级河长的河流，下级河长对上级河长负责，上级河长负责对下级河长的指导、监督和考核。目前，全国已经基本落成省、市、县、乡四级河长体系，江苏省甚至建立了一竿子打到底的五级河长体系，各级政府下设河长办公室作为日常管理机构，江苏省原先的太湖办也承担了省级河长办的职能。河长制依托于党政负责人的职级权威和河长办的组织权威，实现了横向部门分散职能的垂直整合。

2019年1月，江苏省政府发布的《江苏省打好太湖治理攻坚战实施方案》提出，确保饮用水安全，确保不发生大面积湖泛；流域水质和总量控制指标达到国家考核要求，达到太湖流域水质持续改善，生态持续好转的工作目标。

（二）太湖保护和治理的实践

1. 责任追究制的建立

（1）从责任分散到责任聚焦

流域治理是一项涉及诸多治理机构的集体活动，不同机构之间极其容易产生职责的交叉重叠。以水利部门和环保部门为例，从一般意义上来说，水利部门负责水量，环保部门负责水质，但在实际操作过程中，二者很难完全割裂开来。水利部和生态环境部往往各自为政，在污染事件发生时，对于二者的责任很难界定，两个部门在处理已发污染时采取的措施也往往相互独立，损害了治理的整体性。"河长制"采取了责任承包的机制，将责任一级一级承包给党政领导，从而倒逼党政领导调动和协调地方部门，实现责任的聚焦。这其实是一种从管理层次寻求责任感的方式，主要通过将流域治理责任转换为绩效压力，并且建立由上而下的政治监督来提升治理的有效性。

（2）从责任突发到责任日常

由于之前频频发生公共环境突发事件，环保问责制度开始建立和完善。2005年的松花江水污染事件促使国家在环保领域出台了领导问责制，随后出台了《环境保护违法违纪行为处分暂行规定》，对水污染问责制做了详细说明。除了对环保部门领导的问责，国家也对企业排污问责制定了相关政策，2007年出台的《节能减排统计监测及考核实施方案和办法的通知》规定要将能耗降低和污染减排完成情况作为企业负责人业绩考核的重要内容。但是，这种问责机制只在发生重大污染事件时才起作用，政府官员和企业往往都会存在侥幸心理，环保问责制本身成了一种消极的、被动的问责制。"河长制"的施行打破了这一问责困境，将问责贯穿在了流域治理的全过程中。《关于全面推行河长制的意见》中指出，要将河长的考核结果作为地方党政领导干部综合考核评价的重要依据。太湖流域管理局出台的《太湖流域片河长制湖长制考核评价指标体系指南（试行）》细化了考核制度，对考核评价方法、赋分说明、等级划分以及考核评价结果应用等内容都做出了规定，将太湖流域治理问责常态化、长效化，将河流治理成效和公众参与程度等日常化指标均纳入责任范围。太湖流域的一些城市也进行了考核机制的创新，以惠山区为例，每位"河长"需要按每条河道缴纳3 000元保证金，根据水质综合污染指数进行奖优罚劣，对河道严重恶化且河道考核全区排名后10位的"河长"，全额扣除保证金，并扣除"河长"一定比例的年终奖，由组织部门进行诫勉谈话，情况严重的还要免除领导职务。

2. 府际协同机制的建立

（1）地方、部门利益公共化

我国政府在改革的过程中，在财政上采取了"部门自养"的政策，并且允许部门市场化筹资，这导致政府部门成为有自我需求的集体，加之部门面临政绩考核压力，二者一旦耦合，便会出现公共利益部门化的倾向，地方政府在为自身谋取利益的时候极易形成负外部性，从而伤害整体公共利益。

"河长制"的创立本身就是为了应对水危机，它的全面推广是为了实现持续保护水资源、防治水污染、治理水环境等目标，这些目标正是符合了公众对于良好生存环境的利益诉求，其制度初衷就是进一步维护公共利益。从制度设计上来看，"河长制"将流域治理的成效与地区党政领导的绩效考核挂钩，实际上是将地方政府和部门的治理目标从经济发展向生态保护上调整，转移了治水机构的注意力。也许水行政机构对于公共利益的考量可能并未超越部门利益和地方利益，但通过"河长制"，后两者的利益取向在某种程度上与公共利益达成了一致与均衡。

（2）治理层级整合：纵向强化政府执行力

治理层级整合是指不同层级或者同一层级上治理的整合。简单而言，不同层级上治理的整合可以理解为纵向行政层级间的整合，既包括沿行政区划自上而下的省、市、县、乡四级行政体制的整合，也包括中央管理机构和地方行政机构间的整合；同一层级上治理的整合主要是指不同地区之间的整合，如一个省内的市与市之间、不同省之间的整合。

1949 年以来，太湖流域关于同一层级治理整合有过许多尝试，流域治理机构是其中最为突出、最为持久的尝试，1984 年建立的太湖流域管理局至今已运行 30 多年。太湖流域管理局建立之初就是为了协调江苏、浙江、上海三地的水纠纷，加强对太湖流域治理工作的总体规划和统一领导。然而，在实际运作过程中，太湖流域管理局常常处于被动地位，并没有发挥预想的效果。2008 年开始，我国政府曾进行过另一次整合尝试，国家发改委牵头制定了太湖治理省部级联席会议制度，但由于没有常设机构，制度本身缺乏法律保障，并未真正起到协调管理的作用，其中有几年联席会议甚至还中断了。"河长制"强调了各地党政领导负责制的同时并未提及中央政府的治理责任，更是在客观上强化了区域管理而弱化了流域管理。总而言之，地方政府在流域管理中依然占据主导地位，我国目前依然是较为突出的"强区域、弱流域"的治理模式，同一层级治理整合成效并不明显。

相比而言，不同层级治理整合成效突出。"河长制"的省、市、县、乡四级河流管护体系显著强化了刚性约束，实现了河流管理的"无缝覆盖"，一旦发生紧急情况，河长可以迅速调配区域资源，并向上级河长汇报，从而在第一时间处理流域问题。一方面，"河长制"借助于党政领导的职务权威，并依托于河长办的组织权威，双重权威的叠加增强了流域治理的执行力和整合力；另一方面，中央政府还将"河长制"治理实效纳入政绩考核指标，并试点新环境监察体系，上收环境监察职能至省级生态环境厅，避免地方干预环境监测监察执法，从问责端提升制度的规范化和法制化。"河长制"从纵向上厘清了党政负责人的环境责任，整合了各级政府的执行力，强化了法律法规的约束力，落实了河流治理与政绩挂钩的考核机制，极大地提高了行政系统进行流域管理的积极性。

（3）治理功能整合："河长"权威引导部门协作

治理功能整合指同一机构内或不同部门间功能上的整合。虽然《水法》已经明确了水利部水行政主管部门的地位，但多年来，水利部门和环保部门在流域管理中冲突不断。各部门在实际运行中缺乏横向合作机制，长期以来存在诸多问题：①各部门权责有所交叉重叠的情况下缺乏横向沟通协调，必然导致治理效率低下；②各部门信息沟通不畅，缺乏信息共享平台，重复进行水质检测和平台建设的现象屡见不鲜，浪费资源的同时还损害政府的公信力。此外，各部门由于信息共享不足，难以对水资源管理和水环境保护做出纵览全局的科学规划与决策。（一旦发生突发事件，各部门无法通过沟通合作形成协调一致的反应，大大影响了事故处理进度，削弱了流域治理的风险应对能力。）太湖流域管理局也是在太湖流域进行多部门功能横向整合的一次尝试。但是，太湖流域管理局是水利局的派出机构，主要负责水资源管理工作，在目前太湖流域工作重点越来越转向污染治理和环境保护的状况下，太湖管理局由于缺乏专业治污能力，显得力不从心，难以真正整合其他部门的功能。"河长制"的出现成为治理功能整合的一次突破，从组织架构来看，河长和河长办只是负责协调、监督、引导等工作，并没有试图替代现有涉水部门的工作，不会影响各部门原先的运行格局、破坏各部门的既得利益；从整合方式来看，在借助河长权威的前提下，各地还创新沟通机制，如设立跨部门联席会议或区域水资源管理委员会，增进沟通，避免服务遗漏，防止问题与责任转嫁，防治政策目标与手段冲突，弥合管理中的碎片化问题。

（4）市场协调与社会参与：公私部门整合，协同治理氛围初步形成

公私部门整合指政府部门、私人部门以及非营利性机构之间的合作。流域治理并非政府一方的职责，它涉及千家万户，和每个人、每个组织的生存都息息相关，每个人既制造了污染，也被污染深深困扰，每个人在承担环境保护的责任的同时，也会享受到环境保护的成果。近些年来，政府通过与企业、非营利组织和个人不断加深合作，初步形成了三方协同治理江河湖泊的良好氛围。

①政府与企业合作

企业作为主要的排污主体，在流域治理中责无旁贷。早年，苏南地区的印染企业排污是太湖流域污染的罪魁祸首，想要从根源上解决太湖流域治污问题，既要依靠政府对企业的管制，也要通过柔性方式增进和企业的合作。例如，一些地方的企业不愿淘汰落后产能，地方政府一方面出台规定，禁止继续使用高能耗、高污染的落后生产设备，另一方面也为这些企业提供了经济补偿。企业产业升级后，不仅减少了排污量，而且提高了生产工艺水平，降低了生产能耗，缩减了生产成本。此外，还有一些地方政府设置了节能减排专项资金，专门用于激励企业不断进行技术创新，创造经济效益和环境效益。"河长制"实行后，政企合作又有了新的形态，浙江省绍兴市柯桥区从2018年开始全面推广"企业河长制"，将企业从治水旁观者转变为参与者，将"谁污染谁治理"落到实处。对于具有示范引领作用的"企业河长"，在企业上市、资源匹配和政策激励等方面给予优先考虑，让企业真正产生参与流域治理的内生动力。

②政府与非营利组织合作

20世纪80年代，非政府组织开始在国外兴起。相比之下，我国的非政府组织起步较晚。1994年，我国第一个非政府组织"自然之友"注册成立，这意味着我国的非政

府组织从一开始就将目光聚焦在了环保领域。在太湖流域治理过程中，许多环保非政府组织发挥了重要的作用。例如，在政府的支持下，"江苏绿色之友"早年创办了江苏环境网，致力于向公众宣传普及环保知识，提高公民的环保意识。江苏、浙江两省文明办、环保厅曾共同主办"环太湖生态文明志愿服务大行动"，无锡、苏州、常州、湖州四市签署志愿服务合作协议，引导环太湖地区市民群众开展"志愿服务三进三示范"活动。宜兴市也在2017年建立了太湖流域生态环境保护志愿者协会，主要进行与太湖生态环境保护相关的调研、宣传和垃圾清理工作。

③政府与个人合作

虽然在我国目前流域治理体制机制中公众所行使的权利有限，但是随着公众受教育水平提升、权利意识增强，公众在流域治理中的参与度和影响力在不断扩大。

首先，扩大知情权。2000年，太湖流域选择了江阴市作为开展行政执法责任制的试点工作点。"十五"期间，江苏省建立了环保工作媒体公布制度，每季度公布太湖年度目标责任书完成情况。2007年开始，江苏省通过江苏环保公众网和环保微博等新媒体向公众发布环保信息，2013年江苏省环保宣教中心还曾联合《现代快报》等媒体举办"公众看环保"系列活动，邀请公众代表了解环保工作进展情况。近年来，关于扩大公众知情权的一些法律法规、政策文件也相继出台，如《太湖流域水污染防治条例》要求排污企业必须公开排污信息，以供社会公众监督。"河长制"也将公众知情权明确写入政策文件，中共中央《关于全面推行河长制的意见》中明确指出，要"建立河湖管理保护信息发布平台，通过主要媒体向社会公告河长名单，在河湖岸边显著位置竖立河长公示牌"，单单无锡市就在全市5 635条村级以上河道旁全都安装了"河长制管理公示牌"，公示牌上会标明河道的基本情况、河长姓名、职责和举报电话等。这些举措都极大地扩大了公众对于流域治理的知情权，为公众的参政议事和监督治理奠定了基础。环保公益组织公众环境研究中心与自然资源保护协会每年发布的城市污染源监管信息公开指数评价结果也印证了这一点，IPE（公众环境研究中心）蔚蓝地图收集到的污染源监管信息数量，在近10年中增长了30多倍。

其次，提高参政议政能力。从1999年起，镇江丹阳市就率先建立了圆桌会议制度，丹阳市通过召开污染控制报告会的方式请公众对严重污染企业进行批评，同时公众也参与协助解决污染纠纷。"十五"期间苏南各市先后在污染源限期治理项目竣工验收、环境影响评价制度等工作中分权给群众，让公众在污染治理与环境保护中占有一席之地，江苏省还特地制定了《关于切实加强建设项目环保公众参与的意见》，对公众环评做了更加细致的规定。"河长制"在运行过程中也通过向群众发放调查问卷和谈话的方式确定亟待治理的河流，充分了解公众对流域治理的意见。公众参与到对流域治理建言献策中来，不仅能够发挥公众的智慧，提高治理效率，也能在此过程中增进公众对政府工作的理解，提高公众参政议政能力，加强在公众间的舆论宣导，有助于政府工作的顺利推进。

最后，落实监督权。1999年，太湖流域的镇江市最早试点实施了环境行为信息公开化制度，该制度主要邀请公众对企业排污情况、限期整治等环境行为进行等级评定，这项制度在"十一五"期间在太湖流域开始常规化运行，每年参评企业达几千家。2001年，江苏省在全省实施了环境污染有奖举报制度，通过物质激励激发公众对环境污染行为监督的积极性。"河长制"除建立公众信息参与平台，邀请公众监督和评价河长履职情况以及河流治理成效外，一些地方还创设了"民间河长"，定期对固定河道进行巡查，一旦发现河道中有垃圾，会第一时间通知河道保洁清理。"民间河长"不仅拓宽了监督渠道，也贯通了监督与反馈环节，使得监督本身变得更加迅捷有效。

3. 运行机制的整合

传统官僚制对于专业化分工的强调，割裂了公共服务的供给，公众常常需要奔走在多个政府部门之间寻求公共问题的解决。不同于传统的公共行政对于问题解决的追求，整体性治理更关注的是对于政府运作的规划和对行政问题的预防。因此，政府的运作流程将以公众需要为中心，不再是分散式地供给服务，也不是简单地进行排序，而是依据最终目标协调各个环节，形成整体性运行机制，简而言之，就是要为公众提供无缝隙的公共服务。

（1）精细化管理

在"河长制"施行之前，河流治理更多的是一种危机治理，即流域出现严重问题时，各部门才开始考虑如何采取措施应对危机，在应对的过程中，由于部门之间、地区之间存在行政壁垒，前期又缺乏足够的预案准备，各行其政的现象并不罕见，群众最终接收到的公共服务往往都是割裂式、碎片化的。"河长制"的一大创新之举在于引入了"一河一策"机制，即通过调研不同地区河流河底淤泥情况、河岸绿化情况、周边企业排污情况等，形成河流初始状况档案，由此制定相应的整治方案，清淤疏浚、控源截污、生态修复、对症下药。"一河一策"在治河前期就注重立足问题导向，整体规划，在危机来临之前出台预案，"量身定制"河流整治改造计划，打造河湖治理无缝网络。目前，仅浙江省针对太湖流域就编制了一万多个"一河一策"方案。

此外，太湖流域多地推行了"五位一体"精细化管理，同时着眼于经济、政治、文化、社会和生态发展。以苏州市为例，吴中区针对太湖实行湿地保护、芦苇收割管理、水草蓝藻打捞、沿岸水体保洁、饮用水源地保护"五位一体"综合长效管理机制，制定统一管理标准和考核办法，成立太湖水环境综合管理办公室，实现综合治理和一体化服务。

（2）无缝隙的公共服务

整体性治理虽然强调协调与整合，但它在公共产品和服务的资源持有上更倾向于分散。地方政府垄断公共产品和服务供给的局面需要被打破，地方政府应当让渡相关职能，从而能够吸引多元力量参与公共产品和服务的供给，满足公众日益私人化、个性化的需求。当然，在这一过程中，政府依然起主导作用，政府应当肩负起挑选外部合作者并对其进行管理和监督的职责。

检测服务。流域治理需要适当引入第三方检测，以强化河流评估的专业性。无锡市近年来就采用了以各区政府成立相应工作机构，委托专业工程公司开展水体检测工作的方法，企业可以将自身高端检测技术或系统环境识别、解析、评估能力切入其中，对河流的点源、面源和内源污染物进行详细调查，从而根据专业检测结果制订详细的整治计划。

管护服务。河流管护是流域治理的"最后一公里"。河道管护需要大量的人力，单单依靠政府划拨人员是不现实的。以镇江丹阳市为例，目前对太湖正在尝试两种市场化的管护模式：一是通过公开招标资质齐全、经验丰富的管护单位进行河道管护，二是利用已经组建的水利服务公司，招聘水利业务相关专业技术人才，将河道管护工作纳入其中，实行公司化管理。

评估服务。除了政府内部自上而下的考核评估，流域治理中的第三方评估也越来越多地出现在公众视野中。例如，在太湖流域湖西区九曲河整治工程实施过程中就应用了第三方安全评估，由于第三方平台独立于政府，因此其评估结果的公信力更强。近年来，江苏各市也都公布了《河长制工作第三方评估管理办法》。一方面，第三方评估关注治理结果，如对河道水质情况、河湖周边环境质量、水污染防治成效等流域指标进行评估；另一方面，第三方评估不仅关注治理过程，还会关注公众满意度、河长履职成效、体制机制创新、宣传引导等治理指标。当然，政府需要提前确定评估机构及其工作人员等的资格条件、禁止行为和法律责任等。

4. 网络技术嵌入：推动信息共享与协作沟通

随着信息技术和互联网的飞速发展，网络为政府机构扁平化提供了技术基础。借助于网络，政府部门可以进行信息传递与共享，有助于政府超越部门和层级进行沟通与合作，改变过去政府部门间壁垒森严、部门林立的结构，提高协作效率、降低协作成本。此外，网络技术也搭起了政府和公众之间的桥梁，公众可以通过网络快速地查看政务信息、发起政务互动、办理公共事务，政府和公众之间变得越来越透明，信息不对称的程度大大减弱。

微信等实时互动交流平台为政府内部成员的沟通交流提供了便捷，如一些地区建立了"河长制微信工作群"，可以实现快速掌握舆论、发现问题、做出决策、实施处置、提交反馈，群内成员互相监督、良性竞争，大大提高了工作效率，激发了工作热情。还有一些信息平台为公众提供了参与流域治理的入口，全国许多地区都设立了有奖举报网络平台，在降低了政府执法成本的同时激励了群众参与治理的积极性。

当然，在新媒体运营不断深化的今天，单一功能的平台早已不能满足治理的需求，越来越多的综合性平台开始涌现，浙江省的"智慧治水"河长制信息管理系统和"河长通"App 就是典型的代表。这两个平台功能相似，基本实现了信息公开、河长管理、公众监督这几个功能。平台能够实时上传河流监控数据，一旦发现污染，河长也能直接拍摄照片上传平台进行上报，相关部门可以第一时间接收信息，上级河长对下级河长的考核也更客观公平，同时公众还能在平台上进行监督，一旦发现问题即可上报，处理结果还会通过平台反馈给公众。相比于过去通过电话、文件进行沟通交流的机制，网络大大降低了信息共享的成本。一体化的网络平台将众多治理主体、治理功能整合在同一个平面上，从技术上为克服碎片化治理提供了一条有效的路径。

第二节 太湖保护和治理的困境与制约因素

一、太湖保护和治理的困境

纵观太湖流域自20世纪90年代末以来的治污历史，笔者发现1998年的"零点行动"到2000年的大规模"蓝藻事件"，再到2007年引起全社会广泛关注的"蓝藻事件"，其治理效果存续的间隔时间很短，在短期内无论是"行政执法""工程技术"还是"综合治理"都有不错的治理绩效，甚至"行政执法"手段起效最快、短期效果最好，但是从较长的时间范围来看，两次"蓝藻事件"以铁一般的事实告诉我们"行政执法"和"工程技术"手段治污只能治标，不能治本，而且效果不可持续。2008年以来的"综合治理"手段虽然已经保证太湖近十多年的时间没有大规模"蓝藻"事件的爆发，但是期间治理绩效逐年波动较大，还有很大的改进空间。基于对太湖流域水污染治理历史和取得的成绩的梳理，本书认为太湖流域水污染治理的关键问题不是一种新的或者能够一蹴而就地解决太湖水污染问题的措施，而是如何在综合治理已经取得相当不错的成果的基础上实现太湖流域水污染的可持续治理。太湖流域水污染治理的障碍有很多，面临的困境主要有以下几个方面。

（一）太湖生态治理多元主体之间责任定位困难

1. 太湖流域生态治理市场主体责任定位困难

太湖流域的各个地方政府在区域生态协作治理的过程中，现有治理模式导致它们集体行动失灵。我国内蒙古地区曾经实行的"双权一制"证明市场主体主导在生态治理中会产生失灵现象。不可否认的是市场是解决"公地悲剧"的唯一途径，是弥补政府失灵的重要途径，市场主体在生态治理中占有重要位置。

生态治理市场主体主要由各个企业组成。企业在生态治理中扮演着环境污染的责任方和实施方两个角色，这样矛盾的身份使得责任定位非常困难。结合我国当前政府单一的治理模式，流域内各地方政府与工业企业间存在博弈。区域生态利益矛盾的协调是建立在信息准确、监督能力强、制裁可靠有效以及行政费用为零这些假定的基础上的，没有准确可靠的信息，中央机构可能犯各种各样的错误，其中包括主观确定资源负载能力，罚金太高或太低，制裁了合作的牧人或放过了背叛者，等等。[①]很多企业修建暗道偷排、超排、破坏环境的行为，仅靠有限的流域内地方政府的力量是远远不够的，流域内的工业企业又因为缺乏治理责任意识和激励而缺乏保护环境的动力。企业环境责任的内涵包括社会可持续发展、节能减碳、污染减排、环境损害救助等多个维度的环境理念和范畴。[②]根据 2014 年修订的《环境保护法》，企业事业单位和其他生产经营者应当防止、减少环境污染和生态破坏，对所造成的损害依法承担责任。[③]但是在具体的实践中，对于企业排污的监督和惩治存在着一定的操作难度。

生态补偿制度的局限性，导致关于污染企业的污染责任如何公平准确地定位也面临一定的挑战。生态补偿制度可以依照市场的供求关系，对自然资源的使用进行调节，即谁污染，谁治理，自然资源的有偿使用会对过度使用造成威慑力，从而可以保证自然资源的可持续发展，由于生态资源具有不可逆性，同时很多企业不愿意担负生态治理的责任，其更加愿意一边支付着高额的生态补偿费用，一边继续破坏生态环境。我国现行的生态补偿制度都有其局限性和优势，但是都缺乏长效机制，这给太湖流域生态治理和企业转型带来了巨大阻力。尤其是太湖流域这样具有特殊地理环境的区域，虽然区域优势帮助太湖流域经济飞速发展，但是也加剧了太湖流域资源的枯竭和生态危机。太湖流域市场主体由于缺乏生态保护意识和监管，缺乏减排的内在动力，迫于政府和社会压力被动承担治理责任，不利于市场主体在生态治理中责任的定位。

2. 太湖流域生态治理社会主体责任定位困难

经济的快速发展，致使太湖流域经济结构转型，工业污染在政府的努力治理下，颇有成绩。受长期的政府主导单一治理模式的影响，本应该发挥重要作用的公民治理主体在生态治理中发挥的效用不明显。太湖流域公民虽然有一定的参与生态治理的意识，但是实践中参与治理的自觉性、自愿性较低，参与方式较为被动。尽管太湖流域的经济发展水平处于全国领先位置，公民依旧会选择牺牲和破坏生态环境来换取经济利益，诸如流域区内经常被报道的垃圾倾倒事件，甚至有的居民缺乏大局意识，认为不在本城市倾倒垃圾就是保护生态，选择跨区域倾倒垃圾。太湖蓝藻事件爆发以前，太湖风景区岸边停满了各式民用船舶，被称为"流动的饭庄"，"流动饭庄"周边大面积水面上漂浮着各式各样的生活垃圾和厨余垃圾，而这些漂浮物距离市民的饮用水供水口只有几十米远，市民肆意地破坏着生态环境。

随着科技与经济结合越来越紧密，科学技术也被提倡应用到公共治理中。在生态治理的过程中对科技的运用也越来越多，由于生态治理成效比较缓慢，公众参与科技生态

① ［美］奥斯特罗姆. 公共事物的治理之道 [M]. 余逊达，陈旭东，译. 上海：上海三联书店，2000：24.
② 中国科学院可持续发展战略研究组. 2015 中国可持续发展报告——重塑生态环境治理体系 [M]. 北京：科学出版社，2015：73.
③ 中国科学院可持续发展战略研究组. 2015 中国可持续发展报告——重塑生态环境治理体系 [M]. 北京：科学出版社，2015：73.

治理决策的积极性和有效性都有所缺乏。公众科学素养较低，影响着公众对生态治理的理解，容易因循守旧，很难适应新的变化。

（二）府际协同的困境

1. 环太湖地区地方政府对水污染的认知差异

在政府的内部树立对水污染治理的统一认知，是有效治理跨域水污染、共同协调应对水污染、实现整体目标的有效保障。但是在太湖治理的现实中，地方政府对太湖流域水污染治理的认知比较肤浅，缺乏警惕性；同时不同地方政府跨域水污染治理的认知比较分散，各地方政府往往基于自身利益判断跨域水污染问题，有的地方政府认为水污染可能不会影响自己，有的则认为影响不会太大，等等，难以达成共识，引起对跨域水污染治理认知的碎片化，缺乏统一的水污染识别标准，进而缺乏及时准确的跨域水污染监测、预防机制，导致跨域水污染发生时政府措手不及。此外，认知差异也导致在跨域水污染治理中地方政府之间的协作难以及时有序地展开，制约着太湖流域的水污染协作治理。

2. "各管一段"的太湖水环境管理体制

由于受到管理体制、技术水平、投入资金方面的影响，太湖水污染政策执行呈现分散化的特点。太湖水环境管理体制一直以来都以行政区域为划分标准。基于此种地域性的管理机制，水域内各政府部门只需要对本区域内的环境负责。虽然地方政府对本区域内的水污染治理问题比较了解，可以在治理中制定出针对性较强的政策，但对于具有流动性特征的水污染治理防治工作只能单打独斗。分段式管理的方式，是导致太湖水环境管理政策的执行呈现分散化特点的关键因素。

3. 太湖治理中地方政府政策制定与执行的困难

（1）治理太湖立法不完善

太湖流域的治理历经了很多年，在此期间，国家各部门和地方省市都制定了一系列的法律和法规。譬如，《江苏省太湖水污染治理条例》《江苏省太湖水资源保护条例》《太湖流域管理条例》，这都是保护和治理太湖流域环境的重要法律依据。但是，从长期的治理效果来看，不管是在时间还是空间上，其法律效力都具有很大的局限性。多年来，国家和环太湖流域各地区政府投入了很多的财力和人力，也采取了很多措施，建设了很多治污工程，但是效果和目标还是差得很远。

我国现行的水域保护的法律有《水污染防治法》《环境保护法》《水法》《水土保持法》《防洪法》等。相关法律虽然对我国的水资源和污染防治进行了规范，但是不能解决特殊地域的河流湖泊产生的具体问题。到目前为止，我国还是没有一部统一的湖泊流域保护法，地方法规对湖泊水资源的保护和水污染的防治虽有涉及，但是局限于地方法规的特质，不利于水流域的综合治理。根据各水流域的特点和具体情况，加强和完善流域立法已经成为解决太湖流域污染和综合治理的当务之急。

太湖因为其地理位置特殊，具有跨行政区域、兼具多种功能、流域经济发达、区域一体化程度深的特点，现行的法律法规不能完全覆盖和解决太湖的问题，此外太湖流域的开发和利用涉及江苏、上海、浙江三省市及地方水利、环保、渔业、交通、城市建设等多个部门的利益，很容易造成利益冲突。要想走出当前太湖治理的困境，必须健全全流域的法律法规。

（2）流域治理与区域治理冲突

《太湖流域管理条例》明确规定太湖流域实行流域管理和行政区域管理相结合的制度。国家建立健全相关的协调机制，统筹太湖流域管理中的重大问题。太湖流域各地政府已经意识到合作的必要性，通过召开会议与签订协议，也成立了很多协调组织来加强合作。可以说，长三角太湖流域各行政机关的合作共识已经初步形成。但是，迄今为止，还没有统一的长远发展计划，合作的公共绩效也很低，达不到合作时设计的预期目标。

（三）支持保障机制的障碍

1. 太湖流域治理投融资方面的困难

（1）资金量无法满足治理需求

一方面，太湖流域治理涉及范围广，治理项目众多，资金需求量巨大；另一方面，流域治理资金主要依靠政府财政和企业自筹，融资渠道狭窄，投融资机制相对落后。

（2）投资效率低，效果不好

其主要由于项目碎片化、设施投资效率低且管理滞后、市场竞争机制不健全等原因造成，另外，治理企业以中小环保企业为主，投融资效率较低。

（3）社会资本参与以及市场化程度低

一方面是因为流域水环境综合治理项目周期长、效益低且回收慢，对社会资本缺乏吸引力；另一方面是因为缺乏有效的政府激励机制和保障措施。

（4）资金分配不合理

一是政府在资金安排方面更多地关注项目是否符合申报类别和程序要求，而没有紧扣太湖水质改善这一最终目标；二是宜兴、金坛等太湖上游地区治理任务重而财政偏弱且获取的太湖治理资金偏少；三是资金分散列支，农业面源污染治理类项目尤为明显，因涉及政府补贴，地方政府及农户往往将项目拆分成多个不同的小项目，造成资金投入分散。

2. 社会组织、公众、企业等相关利益主体参与边缘化

将太湖流域三个阶段参与治污的主体进行归类整理，发现太湖治污的参与主体主要是中央政府、各部委及太湖流域各级地方政府。其中，第一个阶段，治理局限于行政体制内部；第二个阶段，政府通过科研项目招标、委托等形式，吸纳高校及相关科研机构进行太湖治污技术的公关，在决策层面还是以政府为主；第三个阶段，通过前两次治污的失败，逐渐认识到太湖治污不是政府包办所能完成的。在相关综合治理方案的规划阶

段，将规划编制工作外包给中国国际工程咨询公司，方案编制充分征求专家和社会的意见。社会公众有了一定的参与权，在决策层面越来越重视专家智库的作用，在太湖治污的各项协调机制中都能看到专家发挥决策建议的作用。

但是，进一步而言，真正制定治污决策的重要主体还是政府，社会组织、公众、企业的参与还是不够充分。当前，政府包揽提供流域治理制度、流域治理服务、流域治理责任的"单边治理"模式已经难以适应太湖治理的新要求。社会组织（环保组织）大量发展对环保的呼吁和需求更高，而且更有组织性。新媒体时代，人人都是记者，公众有了更多的途径参与污染治理，污染的相关信息很难"捂盖子"。社会组织的环境公共利益诉求、公众切身的生活环境诉求、企业的生产盈利诉求，在以信息技术为媒介的催化作用下，形成对政府改进治理理念，听取更多声音的"倒逼机制"。这种"倒逼机制"使得太湖流域的地方政府不得不考虑如何将社会组织、公众和企业等相关利益方的诉求纳入太湖治污过程。而目前太湖治污中还存在政府"单边治理"与社会组织、公众、企业渴望参与治理过程的矛盾，这往往会导致环境群体性事件，也很有可能使得政府的治理政策目标和公众期望的治理结果背道而驰。这种矛盾对太湖治污效果的存续和改善有着非常重要的影响。

（四）市场协调的障碍

一方面，纵向分包、横向分权的治理结构，在太湖流域内很难协调部门和行政区之间的关系和利益；另一方面，太湖治污既要靠政府这只"有形的手"，又要市场这只"无形的手"的辅助，两只治理之手无法真正地"握手"，形成治理的合力。

首先，"纵向分包"的治理结构是指将太湖流域治理的目标逐级分配、层层落实，分包给各级地方政府；而"横向分权"是指将完整的流域治理权力横向分配到各个职能部门中去。这种治理结构使得整个治理权力支离破碎。各级地方政府和各部门围绕流域治理的目标和本行政区、本部门的社会经济发展目标和职能对治理目标进行分解，根据本部门利益进行调整。但是，其中本部门或本行政区的发展目标和流域治理的目标有时会发生冲突，而且有时地方政府的治理目标和职能部门的治理目标之间也存在张力。这往往导致治理目标和治理策略之间出现矛盾。本书认为，应该通过更为灵活有效的机制建设来解决"纵向分层、横向分权"的碎片化结构问题。

其次，政府"有形之手"与市场"无形之手"之间缺乏联动机制来实现两只手的"握手"，使得包含行政机制和市场机制两种最重要的太湖治污治理结构碎片化。市场机制治污的主要手段是排污权交易机制和生态补偿机制。就排污权交易机制而言，太湖流域率先实行了排污权交易的试点，江苏省在2007年颁布了《太湖流域水污染防治条例》，浙江省在2009年颁布了《排污许可证管理办法（试行）》等法律法规，尝试在太湖流域以排污权交易的方式进行水污染治理。但是，排污权交易的起点和关键是流域初始排污权的确定，而初始排污权的确定必须由政府提供分配制度和分配程序，也必须由政府监管。这就需要"有形之手"为"无形之手"提供帮助，但是到目前为止太湖流域还没有形成初始排污权确定制度。

就生态补偿机制而言，其运行的起点和关键是确定生态补偿的标准、生态价值评估机制，但是我国目前尚未形成流域生态价值评估机制。而这些标准的确立如果完全由市场完成，其交易成本非常之大，这时就需要政府建立科学、合理的生态补偿机制。由此可知，政府和市场需要握手才能形成治理的合力，但目前还未形成"两只手"之间的有效的市场协调机制。

二、太湖保护和治理的制约因素

（一）太湖管理权的部门分割

太湖在流域管理上实行了分治制度，类似的，太湖在各个部门权力的管理上也实行了权限拆分。不同部门对太湖的管理主要是依据湖泊资源种类来划分的。太湖管理权的部门权限拆分大致分为两类情况，一是管理项目由不同的同级部门按照某种标准分割，二是同一管理项目在同一行业管理系统上下级部门之间分割。概括来说，就是在同级别的不同部门和同类部门的上下层级这两种情况下拆分权限，也正是这样的权限拆分导致了太湖现阶段的分治局面，即流域性管理与分级管理并存，但存在不协调的情况，部门性分割以管理为主，缺乏协调性的综合管理，条块结合型管理优势有待发挥。不同的管理项目其管理权限在不同部门之间分配，即使同一项目的管理权也会在上下级之间分割。例如，从水利和太湖湖水资源相关的协作利用方面分析，水利工程同湖水资源的协作利用是集中由水利部（省市各级）及太湖水域管理部门分配管理权限。从流域管理机构的具体管理事项和权力发现，要想达到预期的目标必须促进包括水利局等各个部门间的紧密合作和积极融入，同时具体实施的方针事项要与政府组织响应的理念制度相互嵌合，不然目标的达成将困难重重。经过调研分析得出结论，水域总体管理部门和各级分管部门在方式方法和具体事项上仍处于较不契合状态。上述这些状况都很容易使部门间的沟通协调出现问题，而这些问题如果不及时解决，将会使政策的执行受到限制。

（二）政绩考核制度存在偏差

太湖水污染治理政绩考核制度存在偏差，极大地影响了地方官员和部门领导的积极性、主动性，主要体现在以下两个方面：首先，考核要求较低，只要求达到两个确保，即确保饮用水安全，确保不发生大面积湖泛，这两者是保障市民饮水安全和环境安全的基本底线，是必须要完成的任务，太湖水污染治理若要取得更进一步的成效，必须严要求、促行动；其次，考核只注重治理"规定动作"有无实施，对治理效果的考核不到位，有些地区政策制定了许多，资金投入也不少，各项工作特别是台账资料非常到位，因此考核得分很高，但辖区内水质情况却不容乐观，这就值得我们思考那些行动是否切实到位，是否科学有效，更深层次地表明，现有的政绩考核存在偏差。

（三）有效监督机制的缺位

太湖流域地方政府协作治理跨区域公共事务的制度化程度较低。这种状况决定了对太湖流域地方政府间的协作治理难进行有效的监督约束，对违反协作约定的成员也难以进行有效的惩罚。这就造成协作有利于本地区的时候，积极参与协作，一旦涉及具体的利益分配时，各协作地方政府之间会出于对自身利益的考量，从而做出不协作的行为举动。

（四）信息共享机制的缺失

一个健全完整的信息共享共机制应该由以下几方面组成。第一，将现阶段对水质造成污染的工厂公司名单信息进行内部公开，包括该公司的各项具体数据指标、经营成果、资产结构等。第二，各个地区的政府部门对该水域污染的规划布局、具体步骤、相关进度、已见成果和瓶颈阻碍等进行内部公示。第三，对各个工厂公司所造成的水质污染进行评估，出具报告进行公示。第四，各个部门经常进行研究探讨，对取得的进展进行信息共享，保持良好协作关系。太湖流域水污染治理需要协调各个部门共同进行，不同区域的地方政府间如果没有建立一个高效的信息共享机制，不明确其他区域的具体情况，就只能按照地方政府所掌握的信息做出决策，无法从区域全局思考问题。目前，太湖流域在江苏、浙江、上海三地已初步制定联合方针，共同建造一个高效科学的信息共享机制。然而，就现状来看，由于种种协调及操作上的原因，现有的信息共享机制仍不完善，在实际应用过程中仍存在诸多问题。

（五）利益协调和生态补偿机制匮乏

环太湖地区各地方政府之间没有领导和被领导的关系，其合作或者是靠利益驱动，或者来自上级政府的安排和命令。其中，利益补偿机制在地方政府协作中发挥重要作用。在以分税制为特征的财政体制及环境分区负责体制下，各地方政府均以当地经济发展为首要目标，长期忽视了水环境的保护与治理。如果缺乏横向地方间的利益协调机制，那么就难以维持整个太湖流域生态系统的平衡状态。

从博弈的观念来说，作为博弈局中人，各地方政府关注的都是自身的利益，根据自身利益的最大化来进行行为的选择。在太湖水污染治理中，各地方政府同样在自身利益最大化的驱动下进行行为的选择，往往会趋利避害。要实现太湖水污染治理中的地方政府协作，靠协调中的信任是不可能长期维持稳定局面的，其中的关键是利益关系的协调。然而，在利益补偿机制匮乏的情况下，各弱势和利益受损的地方政府无法确保自身利益得到保障或无法使自己受损的利益得到补偿，降低了地方政府协作的愿望。

第三节　太湖保护和治理的长效机制

根据太湖保护和治理过程中面临的困境与制约因素，构建太湖保护与治理的长效机制是解决太湖治理难题、保障太湖流域可持续发展的有效路径。下面，本书将结合太湖流域的实际情况，从运行机制的构建、府际协同机制的构建、支持保障机制的构建、绩效评价机制和责任追究机制的构建等方面提出设想。

一、运行机制的构建

（一）建立与完善水环境保护的监督体系

1. 完善监测体系

应在太湖流域省市县行政交界断面、主要入湖河流、送水通道、集中式饮用水源地新建一批水质自动监测站，实现全过程、全方位的实时监测。应对太湖流域所有排放化学需氧量、氮、磷污染物的国控、省控重点污染源，全部安装自动监控系统，并与省市县环保、水利部门联网，实行在线监控。加强太湖水环境监测中心站建设，全面开展监测工作。应设立太湖湖区蓝藻监测站，配备太湖水污染应急监测设施，建立蓝藻水华监测预警机制。以上监测设施，限定时间建成并投入使用。企业污染源自动监控设备，由环保部门负责验收并委托具有资质的单位实施第三方管理，运行和监测费用纳入财政预算。应开展农业面源污染普查，建立监测监控体系。应完成太湖地区农业面源污染调查和土壤污染调查。应在太湖地区设置一批农业污染定位监测点，开展环境质量评估和预测预警。应建立太湖水污染监测数据共享平台，提高管理信息化水平。

2. 严格环境执法监管

应研究制定城市给排水管理等方面的法规规章，为治理太湖水污染提供法律保障。应加强对太湖地区重点污染企业和污染源的日常监管，坚持每年开展环保专项执法检查，严厉查处各类环境违法行为，做到有法必依、执法必严、违法必究、依法治水、铁腕治污。对重大的环境违法案件，要实行挂牌督办，依法严肃追究有关责任人员的责任；触犯刑律的，追究刑事责任。全面实行重点污染源监管责任制，将监管责任落实到人。应建立环保执法责任追究制度，对失职渎职、徇私枉法、权钱交易等行为，坚决予以查处，依法追究有关主管部门和负责人的责任。交通海事部门要加强对船舶污染的执法管理，依法查处向太湖水域倾倒污水、垃圾、含油废水等污染物的违法行为。

3. 建立新的污染治理机制

应制定实施财政税收扶持政策，鼓励企业进行污染治理。充分运用市场机制，拓宽环保投融资渠道，积极引导外商资本、工商资本、民间资本投资经营污染治理设施，大力发展环保产业。对社会资本投资环境基础设施的建设，地方财政可以按照投资额的一定比例给予资金支持或贷款贴息，并在用地、用电、用水等方面给予优惠。金融机构要加大对环境基础设施建设项目的信贷支持力度，允许用污水、垃圾处理收费许可进行质押贷款，并给予贷款利率方面的优惠。太湖流域地区全社会环保投入占 GDP 的比例要提高到 3% 以上。利用市场经济运行机制，发展建立污水处理产业。

制止污水排入河流、湖泊，是治理点源污染的根本途径，因此必须因地制宜地加快兴建各种规模的污水处理厂，尤其是要加大对生活污水的处理力度。污水基础设施的建设和运行单靠政府拨款显然是不够的。在城市地区，应通过行政、经济和法律等手段，实施企业化经营，诸如通过提高自来水价格、向排污单位收取费用等方式，解决运行费用问题。在农村地区，可根据村落密度科学布局污水处理厂。新建工业企业要集中布局，以规模化生产、规模化处理为好，要把污染源解决在当地。对污水处理厂排放的劣 V 类水仍需加以生物或工程处理，以防二次污染。

二、府际协同机制的构建

（一）建立沟通协调机制

不同于中央政府纵向的等级调整，可以通过沟通的方式，向各个区域的地方政府强调问题严重性，促使其自动进行协商合作。在各种合作中，沟通起到了至关重要的作用。可促使以各地方政府之间进行协作，对规划进行协商并做出保证，增加相互间的信任感。随着各地方政府之间沟通协调的加强，太湖流域各地方政府能够充分表达自己的诉求，及时获得对方的决策信息，最终实现双赢。

沟通的形式可以是多样的，在太湖流域水污染治理中所侧重的是对太湖流域内的地方政府间的沟通交流实行制度化，如地方政府联盟、官方论坛等。这样做的目的是建立起一个可以让地方区域政府间进行沟通、协调、平等交流的平台，从而可以使地方政府逐渐开始自动地交流协商，而不用上一级政府作为交流协商的纽带。太湖流域内的地方政府间交流协商机制的建立需要坚持相互信任、双方平等的合作理念，这不仅是流域地方政府之间实现自行协作的首要条件，也是保障其他协作机制的政治前提。太湖流域地方政府之间的关系比较特殊，它们之间没有隶属关系，经济实力有所差异，行政等级不同。经济、政治地位的差距增加了真正实现有效协商和平等沟通的难度，进一步影响协作中双方信任程度。所以要想制定出一个真正相互信任且平等的沟通协商机制，就要确保各地方政府必须一致同意并认真履行协作规则，这是创建起太湖流域地方政府协作关系的前提。

（二）完善利益和生态补偿机制

各流域中的地方政府相互协作的前提是共同利益。地方政府间的相互协作能否长久地保持下去取决于利益协商是否合乎情理。

太湖流域的生态补偿政策是流域管理政策体系中的一项重要内容，为了防止各地方政府因暂时性的利益受损而摒弃合作，要利用对利益和生态补偿机制，使得各地方政府在处理太湖流域水污染的过程中，利益受损一方的短期利益能够得到保障，进而使合作能够长久地进行下去。一个完善的利益和生态补偿机制有以下几点要求：要依照职能的不同对流域之中的行政单元分类；实施有差别的税收和财政政策；适当减免处于上游地区地方政府的税收；除给处于上游地区适当的经费外，还要保证设立生态保护与建设的专门经费。要完善流域补偿机制，需要做到以下几点：制定责任与权力相互统一的补偿生态行政责任机制；加大对资源与环境费用的收费力度，研究水权转让制度与排污权交易机制，从而逐渐形成并完善生态补偿的市场化制度；整合与完善财政补贴架构，增加在生态补偿中的投入，从而完善生态补偿的公共财政机制。

（三）强化政府协作的监督预防机制

太湖流域各地方政府因共同利益而达成共识，才能有实现协作的可能性。但这并不能排除某一方存在机会主义行为，换句话说，监督预防机制对于地方政府协作的达成与保持具有一定的必要性，这就要优化对政府之间协作的监督预防机制，设计合理而有效的监督预防机制。强化政府协作的监督预防机制，一方面要靠政府监管，另一方面需要依靠对机会主义行为的惩罚制裁来强化地方政府的自律性。地方政府协作中的机会主义行为如果被容忍，就会产生正强化效应而助长机会主义行为的下一次出现。换句话说，从非合作博弈到合作博弈，需要有相应的机制来防止机会主义的产生。只有通过明确的惩罚机制，才能从根本上防范机会主义行为的发生，才能提高太湖流域各地方政府对协作治理水环境的自律性和主动性。

（四）建立信息共享机制

信息技术的飞速发展和应用已成为时代的一个显著特征。在信息化发展的过程中，信息技术不断改变着人类的生产及生活方式，同时信息技术也催生了政府治理方式的变革。自20世纪90年代来，互联网革命将全球信息化带入了一个新的发展阶段，电子政务正日益成为信息技术应用的热门领域，信息技术为地方政府、各职能部门之间实现信息的共享、协作和沟通提供了行之有效的技术手段。

借助先进的信息技术手段，构建有效的信息共享机制，可以减少政府间的谈判；更有利于保障公众的环境知情权、监督权和决策权。

1. 完善信息共享机制

地方政府可以通过平等互信的交流协商来对太湖流域水污染进行治理，太湖流域内各个地方政府可以通过信息共享平台及时掌握水污染的相关信息，从而避免污染范围与程度的进一步扩大以及加重，缩减政府治理成本；同时，通过共享信息，流域地方政府可以实现太湖流域水污染治理的统一协调指挥，充分调动各地区人、财、物等资源，形成合力，协作治理水污染。相反地，如果地方政府之间不能实现有效的沟通，污染不仅会继续恶化，治污工作的效率也得不到提高，导致治污资源的严重浪费。因此，只有通过建立和完善各地方政府之间的信息共享机制，才能够不断提高治理效率。第一，要加快建立太湖流域水环境数据库，实现流域内各地方政府之间共享信息数据。应以已有监测网点作为构建基础，建立起流域监测网络，定期对流域数据进行抽样检测，并将流域数据录入流域数据库中，实现数据的共享，避免出现治理盲区。第二，制定流域各地方政府之间的信息通报制度，加强太湖流域地方政府之间的有效协作，整合太湖流域的治理资源，从而维护太湖流域的共同利益。

3. 完善信息公开体制

健全公开政府信息体制，使公民可以通过方便的途径得到有关太湖流域的水环境的最新情况，有利于保护公民的知情权。各地方政府要将公开信息的工作落到实处，并在政府重要事件日程中加入信息公开这一项，要做到按期听取信息公开工作中的重要事件、工作情况的报告，并对工作出现的漏洞及时弥补。各地区、各部门主要负责人要充当信息公开工作的第一责任人，要高度重视信息公开工作，把信息公开工作与其他工作结合起来，统筹安排，统一部署。还要确认相关部门的职责，强化组织之间的协作，推行严厉的责任制度，做到各部门各尽其责，部门间紧密合作，团结协作，互帮互助。要依据该系统的相关要求，推行双重治理和垂直领导的部门管理机制，应在各个地方的政府与党委的带领下认真进行信息公开工作。

现在，建好政府网站是首要工作，并且政府要开始重视网络环境的重要性。而要逐渐优化网络环境，就要在人才、技术等方面加大投资力度，然后逐步优化目前的网络环境，从而为政府信息的发布创建一个比较完善的网络平台。特别是在建立政府网站的过程中，需要利用网络技术，加强社会公众与政府的沟通和互动，真正做到由"单方传输"变成"多方沟通互动"，使电子政务真正福利大众，为民众服务。

4. 搭建信息沟通的电子政务平台

电子政务作为最有效的发布政府相关信息的渠道之一，也是共享政府信息资源的有效平台。对于太湖流域的各级地方政府而言，首先应逐步建立起全国性的信息共享平台及不断完善跨行政区的信息共享平台。前者是以共享有关太湖流域的污染源、水量、水质等系列有关水环境的信息为目标，使流域内水环境情况和重要水体能及时反映到流域内各省（市）政府和国家相关部门，为各流域水污染治理提供及时有效的信息和技术服务支持。后者的主要作用是与该流域的水环境信息的共享平台之间做到数据的及时传输与共享，并对本省（市）范围内太湖流域的水环境进行监测、检测、预警、信息整合。利用该流域水环境的信息分享平台，可以优化信息共享的沟通交流。并且，相关部门相互交流、分享水质的变化情形、水污染治理情况等，可以达到数据共享的目的，可以强化流域内各个地方政府之间的相互协作，凝聚各地方政府之间的力量，实现太湖流域水污染问题治理的良性发展。

（五）规范执法机构和执法程序

各个流域环境执法机构在执法中的地位、职能和作用都要明确。要建立完备的行政许可、行政处罚、行政复议的具体程序。对于排污费的征管和使用，建设项目的审批都要按照程序来进行，要减少随意性。在污染控制和防污实施运行中，要按照规定进行定期的监督和检查。要完善行政报告和备案制度，对于行政处罚和行政复议案件要进行分析和检查，确保没有出现错误。

应建立突发性水污染事故监测预警系统。太湖蓝藻事件发生时，地方政府的应对不是很理想。《突发事件应对法》授予了县级以上政府处理可能引发社会安全事件的矛盾纠纷的权力，但是规定相当笼统，而且对于环境污染的突发事故很少。建立危机预警是非常必要的。甚至从某种意义上来说，预警是最重要的阶段，能在危机发生之前将其扼杀，而我们现在都是在污染事件发生之后才进行一系列的整改措施，所以将危机在萌芽阶段消除是很重要的，这样才能以最小的成本取得最大的效果，从而节约人力、物力和财力。准确和可靠的环境监测和预警数据是制定法律法规和各种政策和标准的基础。科学的检测手段和技术是政府进行决策和治理的依据，是判断和评估复杂多样的环境形势的基础。如果预警监测跟不上，那么出现太湖蓝藻时就会措手不及、手忙脚乱。要建立先进的太湖环境预警监测体系，全面反映太湖的环境质量状况和变化趋势，跟踪污染源和污染物的排放情况，这样才能在污染事故发生前将问题解决掉或者污染事故发生时在最短的时间内进行处理，从而使污染损害降到最低。

三、支持保障机制的构建

（一）法律保障

1. 立法的完善

首先要对太湖流域现有的具有冲突的法律法规进行清理。要化解法规和规章的冲突，对其进行修改或者直接废止是最简单和直接的方式。但是从实际情况来看，两省一市和各市县的地方性法规和条例数量庞大，面对如此规模大的工作量，可以采取地毯式的工作方式，把太湖流域环保政策和法规中的冲突分门别类地加以梳理，按照冲突的不同性质进行分类、对比和分析，在保留地方特色的同时，取其精华去其糟粕，让太湖流域现有的法规得到优化。

在除旧后，就要立新。但是在新的立法活动中应该注重立法的协调性。太湖流域的资源是一种公共资源，所以在管理中需要有效的协调机制，对权力进行分割。要把流域治理和行政区域治理结合起来，各地区的环保部门应该组织专人，不受行政区域限制，做好太湖流域政府的协调工作，明确各个部门的职责和权限，各管理部门要有良好的协调机制，完善执法的衔接机制，从法律上体现流域立法的协调性。

新的立法要立足于整体。过去没有建立整体的环境保护机制，从而使流域整体生态环境受到破坏。实践表明，单一的、局部的措施不可能使得流域的环境得到根本改变。新的法律法规要从末端治理向全程治理转变，这是太湖流域今后法律治理的方向。要对太湖进行系统的综合立法，更重要的是，不应该就水说水，在立法上，也要调整太湖流域的产业结构，毕竟太湖流域是我国相对发达的地区，要立法鼓励探索先进的发展之路，如建设节水型社会、推广环保产业等。

2. 立法协调机构的改革

由于两省一市具有平等的立法权，在发生立法冲突的情况下，靠现行的机制难以协调。建议两省一市的人大常委会就立法冲突联合成立太湖流域协调委员会，并且赋予这一委员会以下的权力。第一，审查权。该委员会对两省一市的立法，包括其中较大市的涉及太湖的立法进行审查，最好是在事前对草案进行审查。第二，监督权。如果发现现行的法律存在妨碍太湖流域治理的内容，有权要求相应的立法机构进行修改。第三，协调权。如果相关立法机关认为自己没有错误或者坚持己见，并且反对修改相应法律规章，则委员会此时有权对各方进行协调。但是太湖流域协调委员会只是协调机构，暂时不能改变现今的政府组织架构，它不是立法机构，也不是太湖流域的行政机构。该委员会的权力只能针对太湖流域环境整治方面的相关立法，当然对相关立法机构也可以提出建议和意见，这样做是为了不破坏现在的行政格局，同时尽量在保护太湖流域的行动中保持一致性。

（二）财政支持

要运用经济手段，促进节水、水污染防治和水资源的合理配置，建立依法保障、稳定可靠，而且与市场经济相适应的资金投入保障和监管机制。要建立多元化的投入机制，建立政府引导、地方为主、市场运作、社会参与的多元筹资机制，充分调动全社会特别是企业对水环境治理投入的积极性。要建立多元化、多层次、多渠道的融资机制。建立稳步增长的政府投入机制，逐步加大太湖流域治理专项资金投入，可对各类涉及太湖水资源治理项目的建设和运行采取以奖代补的资金支持方式；创新融资手段，拓宽融资渠道，引入市场机制，广泛吸引外资和社会资金的投入，完善治污项目 TOT（移交—经营—移交）、BOT（建设—经营—转让）等新模式，吸引社会资本参与环保基础设施的建设和运营，开展排污权交易试点。

（三）保障社会公众参与

1. 提高参与意识

针对目前企业和公众参与意识薄弱的情况，政府应当着力加强宣传以提高企业和公众参与的积极性。政府应当采取喜闻乐见的形式，通过多元化媒介，加快对企业和公众参与太湖流域治理的领域、途径、成效等内容的传播，推动大众深入了解流域治理的方针政策，形成对流域治理问题与困境的基本认知。

当然，仅仅通过宣传教育力度仍然不够，强有力的激励措施更能提高企业和公众参与的积极性。在对企业进行激励的时候应当奖惩并用，前期可能需要惩罚的企业较多，应当加大对污染企业的惩戒力度与对非污染企业的奖励力度；后期需要奖励的企业可能会变多，可以减少原先的高额奖励，进一步增加污染企业的排污成本，对于排污严重的企业甚至可以利用行政手段让其停产整治。对公众的激励也应当从正激励和负激励两方面入手，对为保护太湖流域做出贡献的个人，应当树立典型，给予物质或精神奖励；对破坏流域生态环境的行为进行严厉打击，对蓄意破坏造成严重后果的不法分子应采用行政或法律手段给予处罚。

2. 引入多元主体

应当建立政府企业社会伙伴治理机制，形成政府主导、企业与社会共同参与的太湖流域治理格局。伙伴治理机制不仅意味着参与主体拥有共同的目标，也意味着治理主体间有制度化的沟通平台。

政府应当通过引进企业环境质量标准等手段，推动企业进行自我约束和自我管理，同时可以建立生态工业园区，激励企业间合作自治，进一步普及清洁能源和循环经济。因地制宜地选择公私合作的方式，发挥政府和企业各自的优势，弥补对方的不足。政府还应大力扶持社会组织，打破原子化的社会结构，将第三部门作为政府和社会公众间的桥梁，给公众提供参与公共事务的合法空间，增强政府和公众间的信任与合作的社会资本，克服单边治理缺陷。

另外，应在太湖流域内大力推广"企业河长"和"民间河长"，继续深化"河长制"体制机制创新，在确定"企业河长"与"民间河长"流域治理的权利和义务时，也要搭建河长协同平台，为"企业河长"和"民间河长"提供与党政机关河长沟通合作的制度保障，使三种类型的河长能够联结各自的工作内容，打破权力壁垒，为制定下一阶段共同的行动规划做准备，从而进行多元治理主体的整合。

3. 拓宽参与渠道

公众参与在太湖流域治理中主要处于末端位置，即公众主要参与流域治理的监督环节。然而，公众作为流域的直接利益相关者，有权参与流域决策管理。从国外经验来看，将企业和个人纳入决策链条并非个案，法国建立了流域委员会制，美国在田纳西河流域建立了委员会制，瑞士则实施了"通报员制"，这些制度都旨在促进不同阶层、不同领域、不同团体表达权的实现，充分整合社会各界人士的专业知识与技能，调动他们参与流域治理的主动性与创造性。相应地，我国也应当建立由政府、企业和公民参与的太湖流域决策委员会，给各方利益相关者提供表达意见和诉求的机会，确保流域治理决策的公正、科学、合理。

在对太湖流域治理的监督上，公众监督多是一种柔性监督，并不具有强制力，国家应当鼓励民众通过公益诉讼等手段对政府进行刚性监督，维护自身的合法权益。任何公民都可以对流域相关的公益事项提起公益诉讼，一旦胜诉将获取合理赔偿，甚至可以建立公益诉讼基金，鼓励公众利用法律手段对太湖流域治理进行监督。当然，在此过程中要克服地方保护主义，夯实立法和司法基础，拓宽公众参与监督的途径。

四、绩效评价机制和责任追究机制的构建

（一）实现官员考核体系与责任追究机制的科学化

现在，我国环境责任追究制度相对来说不够完善，而针对具体责任人的责任追究制度更不完善。其实，所谓的地方政府做出的决定就是具体到个人的决定，是地方政府中具体官员的决定，这也决定了一种理念、一项政策的实施能否成功。如果能够切实解决官员的问题，很多存在的问题就可以迎刃而解了。

那么如何实现规范官员行为，就是我们要尝试处理的问题。要规范官员行为，就要做到赏罚分明。首先，在舆论和价值取向的导向方面，需要对官员作为人民公仆的责任感进行强化，适当将官员一些方面的信息进行公开，如财产透明等，然后，可在社会中形成一种群众参与监督公权使用的氛围。其次，对官员进行量化考核也是很重要的。特别是应该在制度规范的基础上，建立科学合理的考核评价体系，摒除以"经济第一"为核心观念的考核体系，从而形成将科学发展观作为指导方针的，规范、绿色、全面、科学的政绩观。还要将节约和保护环境资源作为关键指标加入官员考核评价指标里。再次，不断扩大官员绩效评价的指向和范围，不要局限于某个行政区。很多地方政府官员受到"以经济为中心"理念的影响，对环境保护不重视，因此在经济得到迅速发展的同时，环境也遭到了严重的破坏。最后，惩罚是约束行为的最好方式，因此要严格治理不重视环境保护、无视相关法律法规的责任人及行为。通过惩罚制度，使政府各级官员意识到环境保护的重要性。

（二）建立长而有效的绩效评价和监督机制

改革开放以来，中央政府将 GDP 作为考量地方官员政绩的重要指标，许多地方的信条和口号是"无工不富"，因为发展工业制造业，能够为地方带来经济的迅速增长，因而许多地方的招商引资不设任何门槛，成为污染企业的"避风港"。但是，从 2011 年开始，太湖流域大面积地区出现严重雾霾，使人们对自然的刚性约束的认知发生了变化：我们每一秒钟都要呼吸新鲜空气。因此，关于太湖生态治理满意度的指标设计，可以从太湖的生存环境满意度、非政府主体参与协同程度、执行协同程度、绩效评价协同程度等方面来设计。完善内部控制机制、中央对地方监督机制、周边平级政府监督以及第三方监督机制，统一内部评价标准，改善各部门标准重合的现象。

第五章 巢湖保护和治理的长效机制构建

巢湖位于长江中下游，毗邻淮河，周边地区的经济发展使巢湖水污染问题日益严重。从20世纪后期，人们才将注意力转移到巢湖水污染问题上。"八五"期间，巢湖水质呈现重度富营养化状态，严重影响到周边地区居民的生活质量，国务院和安徽省各级政府才对此十分重视。"九五"至今，防治巢湖污染问题作为我国"三河三湖"重点污染治理工程之一，国家集中力量对其进行综合治理。并敦促安徽省各级政府行政部门出台、实施相应的巢湖水污染防治规划、巢湖综合治理方案以及一系列的治理措施。2015年7月，巢湖蓝藻再次肆意生长，使得巢湖变成"翡翠湖"。虽然近年来蓝藻的爆发次数相较于前几年来说已经有了明显减少，但是仍然严重影响到了周边居民的供水安全。尽管近几年巢湖水污染治理取得了一定成效，但受制约因素的影响，巢湖保护和治理仍存在不少问题，如治理主体单一、法律保障体系不健全等。因此，构建巢湖保护和治理的长效机制，改善巢湖水质，有效解决巢湖水污染问题，促进长江经济带乃至全国湖泊系统生态治理的持续开展具有必要性和迫切性。

第一节 巢湖基本概况与基本现状

一、巢湖基本概况

巢湖是中国五大淡水湖之一，因形状类似鸟巢并且在春秋战国时属于巢国而名巢湖。巢湖流域沿湖共有河流39条，其中较大的河流有南淝河、十五里河、派河、杭埠河、兆河、白石天河、双桥河、柘皋河等。巢湖流域内地形地貌较为复杂，有低山、丘陵、岗地、平原四种地貌类型，境内西高东低，岗、丘、圩、冲相间，河道纵横，塘坝水库星罗棋布。

巢湖流域占安徽省面积的10%，经济总量占安徽省的30%，流域经济和社会发展水平较高。巢湖流域自然资源丰富，北部拥有大量低品位的磷矿资源，同时硫铁矿、石灰石和磁铁矿等储量也巨大，是安徽省十分重要的矿产区域。巢湖流域农业经济比较发达，以种植业为主，水产养殖业为辅，是著名的鱼米之乡。随着城镇化和工业化水平的提高以及人口的增长，巢湖流域农业正逐渐改变以传统农业为主的经济发展模式，工业经济有了较快的发展并形成了一定的规模，尤其是流域内的合肥市城区和巢湖市城区。自 20 世纪 50 年代开始，伴随着流域内城市的快速发展、工农业的快速崛起、人口规模的集聚，巢湖生态环境受到严重影响，成为中国水污染重点防治的"三河三湖"之一。

二、巢湖基本现状

（一）巢湖流域水环境现状

巢湖流域水环境问题中，水体富营养化最为典型，一直是社会关注的焦点和研究的热点。巢湖自 20 世纪 60 年代就已经呈现较为明显的富营养化现象；到 70 年代中期水质恶化严重，水华现象频繁出现；80 年代巢湖湖水已经劣于Ⅲ类水质标准，湖区达到重富营养状态，富营养化已呈全湖趋势；90 年代以来，巢湖湖水劣于Ⅴ类水质标准，总磷和总氮浓度均值增加超过一倍，全湖已经处于重富营养状态；近年来，伴随着经济水平的高速发展，水体的富营养化也日益严重。随着该流域城市化水平的不断提高，生活污水和工业污水的排放不断增加，同时流域农业发展导致化肥、农药使用量不断增加，这些都加剧了巢湖水体富营养化。巢湖多次爆发大面积蓝藻水华更是引起了社会的广泛关注。巢湖严重的水污染态势引起国家和地方政府的高度重视，成为重点治理的"三河三湖"之一。

随着新一轮巢湖综合治理推进，三大标志性治理成效渐渐显现。巢湖平均水质由 2015 年的Ⅴ类转为Ⅳ类，2020 年一度好转为Ⅲ类，河湖水质持续提升，国控断面全部达标。与 2011 年相比，2020 年南淝河、十五里河、派河氨氮浓度分别下降 80.5%、94.7%、79.7%，总磷浓度分别下降 67.8%、90.8%、78.6%；巢湖湖区总氮、总磷浓度分别下降 13.4%、36.7%，有效遏制了蓝藻水华，沿岸异味减少。2021 年，巢湖首次出现蓝藻水华时间较去年推迟 56 天，截至 2021 年 9 月底，蓝藻水华发生次数较去年同期减少 13 次，下降 29.5%，累计面积减少 276km^2。生态环境逐步趋好、生物多样性不断恢复，已累计修复湿地面积约 10 886hm^2，累计扩大湿地面积 4 000 余 hm^2，湿地生态功能不断强化，巢湖湿地资源记录的植物数量由 2013 年的 211 种升至 275 种。

（二）巢湖水污染治理的历程回顾

自 1954 年至今，巢湖水污染治理可以分为三个阶段：传统管理阶段、跨区域治理阶段、独立区划综合治理阶段。在这三个阶段中，巢湖水环境保护以及水污染防治开始逐渐受到政府的重视，成立了相关的机构、部门以及制定了相应的法规条例。但是，巢湖水污染改善速度并不理想，巢湖水环境仍是各级政府心系的热点、焦点问题。

1. 传统管理阶段（1979 年以前）

20 世纪中期，巢湖区主要的行政机构负责巢湖渔业的发展，后来，省级政府撤消了巢湖区。20 世纪 70 年代，由于地跨多市的原因，巢湖湖泊管理局成立，该组织机构由两个市区负责，主要目标是联合可以联合的力量维持巢湖的安全，并在发展渔业的同时维护巢湖的渔业发展。之后，省级政府又建立了巢湖管理委员会，主要针对巢湖湖区进行综合管理。

2. 跨区域治理阶段（1979—2010 年）

该阶段，巢湖湖体水污染治理涉及了合肥和巢湖两个平级的市区，分别负责东西半湖的治理，划区域治理东西半湖容易出现步调不一致以及互相推诿扯皮的现象，这在一定程度上不利于巢湖水污染的治理。同时，防治污染不是一蹴而就的，需要时间和资金的支持。另外，合肥市、巢湖市只能管理各自辖区，无权对其他辖区进行管理，而有些合肥市所辖的企业对水污染政策采取忽视的态度，且对巢湖市所辖的东半湖的负面影响高过西半湖，为此两市政府常常相互推诿，不愿承担责任。这些都成了改善巢湖水质道路上的障碍。

1990—1995 年正处于"八五"期间，巢湖全湖的污染就已经达到了重度富营养化的程度，安徽省政府、合肥市政府以及巢湖市政府鉴于此才对巢湖水污染治理高度重视，而在此之前安徽省政府对巢湖水污染的费用投资、技术支撑、项目治理的关心和投入都是少之甚少。因此，在"九五"期间《巢湖流域"九五"水污染防治计划》中计划使用50 多亿元人民币，用于治理巢湖的企业污水、高新技术创新、农作物污水处理、水底淤泥清除和相关支流综合整治等其他辅助计划。但是，在此期间投资完成率是 45.6%。

自"十五"开始，安徽省政府和当地政府明显从治理力度和治理手段以及治理资金上增加了关于巢湖水污染治理的专项规划投入。"十五"期间和之后的五年投入的资金分别是 48.7 亿元人民币和 70.8 亿元人民币，相较于"九五"期间的资金支持情况，2006—2010 年间各级政府对防治巢湖污染的专项投资有了明显提升。2001—2016 年间、2006—2010 年间相应的投资完成率也增长至 62.2% 和 86.5%。这主要与政府对该阶段的治理状况清晰了解并做出了正确的、科学的治理措施规划有关。同时，从该阶段可以明显看出巢湖综合治理和巢湖生态建设已经提升到了一个新的高度。

3. 独立区划综合治理阶段（2011 年至今）

2011 年后，根据国家的总体规划，合肥市的市区范围得到了扩大，范围扩展至居巢区和庐江县，巢湖全湖都归入合肥市范围内，成为合肥市内湖，开启了综合治理征程。为了更好地防治巢湖水污染，安徽省政府设立了省派出机构巢湖管理局，其主要责任是统一规划、防治巢湖水污染，这在一定程度上缓和了之前合肥市和巢湖市以及其他市区在巢湖跨区域水污染治理上权责划分模糊的矛盾，共同为防治巢湖污染、改进防治巢湖污染方式、维护母亲河的健康以及维护巢湖生态平衡打下了基础。此外，合肥市成立了环巢湖生态示范区建设领导小组，设立环巢湖项目资金池，并按照"治湖先治河、治河先治污、治污先治源"的治水方略，通过创新体制机制、制定顶层设计、探索治理模式和集成关键技术，初步形成了点、线、面相结合的水污染防治体系，陆续实施环巢湖生态保护与修复一至六期工程。

2011—2015 年是巢湖水污染治理历程中一个崭新的阶段，在此期间巢湖专项治理规划投资增长到了 108.9 亿元人民币，即 2006—2010 年之后，有关于防治巢湖污染的资金支持日益增长，"十二五"期间的资金投入是 108.9 亿元人民币，相较于"十五"投资的 48.7 亿元人民币增长了 123.6%。在这一阶段里，资金支持增多，因此每个投资点都会相应增多，尤其是在综合治理方面，生态建设的投资从无到有。截至 2020 年年底，累计完成投资 260 余亿元人民币。

水污染治理是一项长期的社会公共事业，治理过程任重而道远，但是各级政府部门已经意识到仅仅单纯依靠政府是不能很好地治理巢湖水污染的，必须整合多方力量，包括政府、企业、公众、社会环保组织等一起共同努力、合作、互信、监督。2015 年 12 月出台的《合肥市水污染防治工作方案》总体目标是形成"政府带队、企业加入、市场激励、公众协商"的治理机制，并将各排污单位主体用切实可行的方法落实下来。国有企业及上市企业要带头落实，向社会公开对环境的承诺。这一目标的形成标志着以当地各级政府为主导、多元主体参与治理巢湖水污染阶段的开启。近年来，安徽省政府办公厅印发了《巢湖综合治理攻坚战实施方案》，合肥市政府印发了《巢湖综合治理绿色发展总体规划（2018—2035）》，等等，新一轮巢湖综合治理全面展开。

（三）巢湖水污染治理现状

就目前来看，巢湖水污染治理的主体依旧是政府，治理方式还是以政府管制为主，采取以法律规范和特定的"命令—控制"行政手段为主以及收取排污费经济手段为辅的传统治理方式。

1. 政府是巢湖水污染治理的权力中心

政府是防治巢湖水污染的权力中心。在"六五"到"八五"期间，巢湖水污染治理的权力中心是地方政府，主要由合肥市政府与巢湖市政府负责巢湖东西半湖的水污染治理。

自 1996—2000 年开始，中央政府是防治巢湖水污染的最高权力中心。"九五"期间，我国确定了水环境治理工作的重点是集中力量给社会大众提供一个健康、积极向上的生活环境，解决阻碍制约经济社会发展的环境问题。巢湖水质已呈现出下降的端倪，这立即吸引了各级政府的注意力。

在 2000—2005 年的计划方案中，国务院将巢湖污染治理列入其中，确定了包括城市污水处理工程等相应的项目计划投资，并要求各地方政府逐步实施完成。2000 年，中央政府投入 1 亿多元人民币，专门对整个巢湖排污清淤。

在中央行政机构的领导下，地方政府是防治巢湖水污染的主要政策落实者。1994 年至 1995 年初，按照国家相关的防治污水的规划，安徽省政府将规划的重点放到了市区排放废水污水上。2001 年上半年，安徽省政府根据国家对各地区环境的要求，制定了有关巢湖标准较高的污水处理收费和税费减免政策，加快了巢湖污水处理项目建设。

2011 年，巢湖全湖纳入合肥市后，合肥市政府确定了防治巢湖要先防治其支流，防治支流要先防治污染，同时防治污染要先解决源头问题的思路。因此，合肥市政府强力推进"河长制"，将汇入巢湖的主要河流都由其各县（市）区、开发区党委主要领导担任"河长"牵头巡查。截至 2014 年年底，合肥市有很多支流、河道都遵循该制度并且积极地疏通了出现问题的排污口。作为"河长"，其不仅需要为每条河流制定不同的治理策略，还要对河道的环境、水质等负责。另外，合肥市政府计划完成八大综合治理工程。

安徽省政府根据当前的行政区域的划分调整，成立了安徽省巢湖管理局和环巢湖生态示范区领导小组及其办公室，以此更好地统一管理巢湖及其相关事项。并且在 2014 年修订了相关条例①，规定省级环保部门负责防治巢湖流域水污染的统一监督管理。

2. 制定巢湖水污染治理的法律法规

法律法规是防治巢湖水污染的主要依据。在巢湖水污染治理中，安徽省合肥市出台了地方性法律法规和行政规章标准，以规范污水处理厂、企业、政府的行为，推动水污染治理顺利开展。

在污染物排放方面，20 世纪末，安徽省行政机关印发了相关条例，如《关于加强我省淮河、巢湖流域水污染防治工作的决定》。2015 年 3 月，安徽省环境科学研究院编制的《巢湖流域城镇污水处理厂及重点工业行业主要水污染物排放限值（修改稿）》规定了一系列有关于污染物的要求。该条例规定了巢湖沿湖企业、工业污水的排放量和排放物的浓度限值和城镇污水处理厂的实施标准。这在一定程度上加大了对巢湖水环境保护的监管力度和严厉处罚了违规排污行为。在环境问责方面，2015 年 12 月出台的《合肥市水污染防治工作方案》规定了严格目标考核。不仅有对防治项目中推进情况的考核，还会有对监管部门、行政人员的考核。

3. 各级政府部门按照命令—服从模式执行治理措施

各级政府行政部门在巢湖水污染治理中按照自上而下的等级格局，采用命令—服从模式执行巢湖水污染治理措施。

省级行政部门根据国家对巢湖综合治理的批复，省级行政部门在 2008 年制定并通过了防治巢湖的《巢湖流域水环境综合治理总体方案》，其主要针对综合治理过程中的项目进行规划，主要目标是将巢湖水质保护在一个可以接受的范围内或者将其提升到新高度。安徽省环保厅和安徽省水利厅立即督促合肥市加快对巢湖综合治理的规划。2012 年，合肥市全面启动了环巢湖地区生态保护修复工程，成立了巢湖生态环境保护机构，负责制定巢湖综合治理制度，并将巢湖管理局列为巢湖综合治理的"牵头羊"。巢湖管理局根据相关目标制定了《巢湖综合治理"八大工程"总体方案》，并细化了"八大工程"规划。合肥市水务局、合肥市环保局则根据"八大工程"规划，编制环巢湖防洪工

---

① 2014 年安徽省巢湖管理局和环巢湖生态示范区领导小组及其办公室修订了《巢湖流域水污染防治条例》。

程、环巢湖入湖口截污工程规划方案。合肥市环湖办、环湖县级政府，巢湖市环保局、巢湖市水务局等行政部门则根据其规划进行具体项目实施。截至 2021 年年底，已建设多个污水处理厂和管网项目，用来实现对湖边地区的污水的全收集、全覆盖、全处理。

在巢湖综合治理取得一定成效的基础上，2018 年 12 月，安徽省合肥市正式印发了《巢湖综合治理绿色发展总体规划》（2018—2035 年）。巢湖流域 16 个县（区、市）人民政府是该规划实施主体，市发改委、农委、生态环境、气象等 12 个部门各自承担相应职责。该规划明确气象部门承担的工作包括空气质量改善、流域生态监测、"数字巢湖"建设等内容。该规划指出，要加快改善区域空气质量，增强大气环境质量保障，气象、环保等部门加强协调联动，切实做好天气预报和大气污染的预警应急工作，实行区域重污染天气应急联动机制；整合、完善现有监测力量和点位，建设涵盖大气、水、土壤、噪声、辐射、生态等要素的巢湖流域生态环境质量监测网络，全面、客观、及时、准确地反映流域生态环境质量状况；参与"数字巢湖"建设项目，集成水质、水文、气象、生态、用排水、污染源、湖盆地形、湖区流场等大数据，构建"数字巢湖"流域资源生态环境大数据平台，提高流域管理科学化水平。同时，气象部门还在巢湖防洪减灾、巢湖流域生态文明先行示范区建设等方面提供气象保障。

4. 巢湖治理的阶段性成效

总体来说，2011 年后的综合治理使巢湖水污染程度得到了一定的缓解，水体的富营养化程度也在一定程度上下降了。另外，经过一段时间的整治，巢湖周边地区的环境也有所好转。这在一定程度上说明巢湖综合治理起到了一定的成效。具体从安徽省生态环境厅发布的 2019 年度《安徽省水污染防治工作方案》实施情况，可以看到巢湖治理取得了一定的成绩。2019 年安徽省积极推进《安徽省水污染防治工作方案》的实施，以改善水环境质量为核心，加快推进水污染治理，落实各项目标任务，全省水环境质量总体持续向好。

一是强化水质目标管理。以"预警通报、专项督导、环评限批、定期会商"为抓手，按月通报各市国考断面水质目标完成情况，对不达标断面下达预警函，督促推进水质不达标问题整改；对南漪湖流域、沣河流域、焦岗湖流域、怀洪新河流域、瓦埠湖流域实施涉水建设项目环评限批。2021 年，全省地表水水质优良比例达到 77.4%，好于 2019 年度目标 5.7 个百分点，好于 2020 年度目标 2.9 个百分点；劣 V 类水体断面比例为 0.9%，好于 2019 年目标 0.9 个百分点，达到 2020 年目标要求；地级及以上城市建成区黑臭水体消除比例达到 90% 以上；地级城市集中式饮用水水源水质达到或优于Ⅲ类的比例为 94.9%，达到 2020 年目标要求；地下水质量考核点位水质极差比例控制为13.16%，好于 2020 年度目标 5.26 个百分点。[①]

① 安徽省生态环境厅发布 2019 年度《安徽省水污染防治工作方案》实施情况 [EB/OL].（2020—07—23）[2021—06—05].
https：//hddc.mee.gov.cn/hdyq/ahs/202007/t20200723_790822.shtml.

二是推进落实水污染防治工作。2019 年，合肥市小仓房污水处理厂、合肥市胡大郢污水处理厂等 10 座污水处理厂先后完成建设或改建，污水日处理能力年增加 54 万 m²。全省地级城市建成区 231 个，黑臭水体消除比例超过 90%。全省 16 个省辖市、61 个县均已基本完成备用水源建设，全省累积计划确立县级及以上集中式饮用水水源保护区 143 个、农村"千吨万人"水源保护区 1 086 个。全省新增完成 950 个建制村环境综合整治任务。全省畜禽粪污综合利用率达 80% 以上，规模养殖场粪污处理设施装备配套率达 86% 以上。持续推进新安江第三轮生态补偿工作，新安江水质连续 8 年达到补偿要求；全省地表水生态补偿断面水质类别提升共计 611 次，产生生态补偿金近 2.87 亿元；断面超标共计 111 次，产生污染赔付金 0.89 亿元。①

第二节　巢湖保护和治理的困境与制约因素

近十年来，在巢湖流域 GDP 翻了两番多、城镇人口增加近一倍的发展背景和巨大压力下，巢湖综合治理取得阶段性成效，成绩来之不易。然而，大型湖泊治理是世界性难题，不可能一蹴而就，更不可能一劳永逸。我们要清醒看到，巢湖水质不稳固、水华不可控、生态不平衡等状况尚未根本扭转。巢湖治理面临新形势：河湖水质虽已明显变好和逐步变清，但尚未达到稳定变好和根本变清；近年来湖区蓝藻水华爆发频次和强度虽有明显减轻，但氮磷浓度仍处在触动蓝藻水华爆发的区间波动；"九龙治水"格局虽明显改观，但上下游协同治污、超额洪水调度、跨区域水资源配置等矛盾仍未有效缓解；高质量发展、长江大保护战略对巢湖治理提出了新的更高要求；等等。巢湖保护和治理仍面临一定程度的困境和制约因素。

一、巢湖保护和治理的困境

（一）缺乏利益相关者参与

各级行政机构在防治巢湖水污染的过程中，一直是将投资污染防治和监督其运行作为自己的重要任务。政府的全权包揽很可能造成治理效率低下，水污染治理的投资不能完全获得应有的经济效益和社会效益。巢湖水污染治理的参与者很少涉及农户以及社会环保组织。因此，政府在防治水污染的过程中有时会缺乏执行政策的自觉性。

① 安徽省生态环境厅发布 2019 年度《安徽省水污染防治工作方案》实施情况 [EB/OL].（2020-07-23）[2021-06-05].
https://hddc.mee.gov.cn/hdyq/ahs/202007/t20200723_790822.shtml.

（二）部门职能交叉与信息不畅

巢湖管理局的设立是传统行政体系改革的一大进步之举。但是，从目前来看，巢湖水污染治理有时会出现条块分割、部门职能交叉、东西半湖管理不统一的问题。比如，在湖体监控方面，巢湖管理局负责监控东边湖体，而西边湖体则是由合肥市生态环境局负责监控。另外，各横向部门之间存在一些管辖范围和职能重复的问题，对水污染治理造成了不利影响。

另一方面，治理巢湖水污染的各级环保部门的管理结构是自上而下的纵向管理结构，其方向为：省生态环境厅—巢湖管理局—市生态环境局—县生态环境局。决策是由最高级别的行政机构制定出来的，并传递给下级政府机关执行实施，这可能导致信息的衰减、丢失甚至扭曲。另外，各级部门依托各自的行政权力可能垄断控制水污染信息资源，并且各级部门对各自管辖范围的水环境监测标准和体系都是不一样的。一旦巢湖水污染发生突发问题，就会导致各级部门监测的数据不一致，甚至导致部门之间出现不和谐的问题。同时，各级政府部门因为没有可信赖的沟通和交流平台，可能导致水污染防治费用一直居高不下，从而会降低水污染防治效率。因为，在彼此信息不通畅和环节重复的情况下，更容易产生浪费现象。

（三）法律法规不健全

现行的相关巢湖水污染防治条例有《安徽省环境保护条例》《巢湖流域水污染防治条例》等条例，根据不同的水污染防治对象有形式各异且分散的条例条款，却没有统一条款，缺乏对巢湖湖体东西半湖的划分和界定。因此，巢湖管理局和合肥市生态环境局分别治理东西半湖时，会产生许多问题。

目前，各级行政机关出台的各种涉及水污染的法律条款基本上是从中国所有湖泊河流的角度出发的，只有很少的条例涉及巢湖，而关于巢湖生态环境重建的条例则是少之又少。另外，关于巢湖污染治理的法规多、法律少，经济处罚多、刑事处罚少，权威性不强。

（四）执行效果不佳

在巢湖成为合肥的内湖后，合肥市和其县级巢湖市的政府在水污染监管方面会比以往在治理水污染问题上较少出现步调不一致的问题，且地方政府与巢湖管理局的关系相较于之前的跨区域管理关系更为清楚。但是，在防治巢湖水污染的实践中会出现各级政府职责混杂并互相推诿的现象。

多年来，巢湖水污染治理形成了决策协调、执行落实的总体效能不高的局面，主要表现为决策协调乏力，执行落实不畅。在决策协调方面，治理目标、决策是由中央政府、省政府来制定的，合肥市政府、巢湖市政府以及其他县级政府在服从和执行上级决策的过程中，有时会产生执行效果不佳的问题。

二、巢湖保护和治理的制约因素

（一）水污染治理主体单一

从治理主体上看，巢湖水污染治理的主体不足，以地方各级政府为主，地方政府在水污染防治中处于权力核心地位，而当地企业在水环境保护和治理方面则缺乏承担负责的意识，加之第三部门力量弱小，并不能被人们所熟知。

1. 政府是唯一的治理主体

在我国，政府一般掌控着公共权力，并且会把公共事务和公共活动积极纳入规划范围，提供或生产社会公众所需的资源、服务、物品。水资源也包含其中，并被国家管理。

目前，防治巢湖水污染的投资方式是非常局限的，仍然以行政部门投资为主，市场几乎不能发挥作用，大量的社会闲置资金和金融机构的资金无法进入水污染防治领域。一方面，政府在防治水污染的过程中承担了大部分的责任，这会给政府部门带来很大的压力。另一方面，资金利用率不高，只有小部分资金的运行引入了市场机制，造成资金效率低下。

2. 企业缺乏社会责任感

为了防治水污染，有些企业会主动购买新设备除污，而有些企业则是在强压下偷工减料，被动减排，更有甚者只关注眼前自己可以获得的利益，忘记了环境保护义务。企业在这种只追求利益作为目标的传统理念下，不仅会造成巢湖水质污染，公众生活用水水质下降，还会损害企业自身的名誉。在认知不断进步和人们对环保的日益关注下，企业应该勇敢地承担起的社会责任，做到责任和利润的双赢。

（二）治理结构碎片化

巢湖水污染治理纵向行政部门涉及很多部门，与巢湖管理局分割管辖，会造成利益分割、条块分割、部门分割、权力分散、资源得不到很好的整合、权责体系不清、浪费行政资源等后果，这样就直接导致了涉巢湖水污染治理机构部门间的矛盾，增加了行政成本。

防治巢湖水污染行政体系看起来就是一个正三角形，这种结构的特点是顶端小，底端大，即制定防治巢湖水污染的决策是位于顶端的行政部门的任务，而他们不能清楚地了解决策是怎样被底端的行政部门执行落实的；而底端的行政部门最了解防治中所缺乏水污染过程的资源和出现的问题，但是因为位居底层，没有决策权力，同时不能将了解到的信息原封不动地传递给顶端的行政部门，从而可能导致信息的滞后和不畅等问题。

第三节 巢湖保护和治理的长效机制

纵观巢湖治理的历史进程和取得的阶段性成效，笔者由衷欣慰，亦对"五大工程"的实施成果充满憧憬。但巢湖治理是持久战，要久久为功。因此，针对巢湖保护和治理的困境与制约，笔者提出改进与优化巢湖流域生态治理、构建巢湖保护和治理的长效机制，辅助"五大工程"的施行，希望为巢湖流域生态的文明建设贡献一分力量。

一、运行机制

（一）明确巢湖保护和治理的目标

（1）加快环湖十大湿地建设。着力构建湖滨生态缓冲带，扩大派河口中山杉试种成果，选择环湖若干湖内滩涂区域继续试点种植，规划建设环湖林带，构建城市与巢湖湖区的生态缓冲区。并设立湿地观鸟区域和鸟类保护区，规范开展鸟类监测，减少冬季湿地的人为扰动。

（2）在安澜工程方面，应提高流域总体防洪标准。提高重点城镇、环湖大堤、重要圩口防洪标准。着眼"排洪"，畅通巢湖入江通道。推动高标准加固裕溪河、牛屯河、兆西河等泄洪通道堤防，推动实现铜城闸泄洪达到设计流量。推动规划建设裕溪河口对江排洪泵站。推动加快凤凰颈新站、神塘河站建设。推进凤凰颈站重建。建设流域主要闸站联合调度平台。

（3）着眼"蓄洪"，规划建设生态湿地蓄洪区。其中，将肥西县滨湖联圩、蒋口河联圩中的三河湿地等湿地范围，庐江县十联圩、金蔡联圩，巢湖市沿河联圩规划开辟为新建蓄洪区，与现有的白湖东大圩、肥东十八联圩蓄洪区联合运用，有效应对流域超额洪水。

（4）绿水青山就是金山银山。为实现发展"高质量"和生态"高颜值"有机统一，应加快推进绿色发展美丽巢湖建设。应科学推动环巢湖区域城镇化建设，不断优化城镇空间布局和空间形态。围绕合肥综合性国家科学中心，扎实推进滨湖科学城、骆岗生态公园、环巢湖科技创新走廊建设等。

（5）重新梳理原有环巢湖旅游规划，调整与现有规划冲突部分，在规划许可的范围内，合理布局各类旅游要素与配套公共基础设施。继续推进环巢湖国家旅游休闲区创建以及姥山岛5A级景区的创建，推进休闲度假类旅游项目的建设。有序开展一级保护区外并符合巢湖风景名胜区规划要求的生态旅游、乡村旅游，推动农旅融合，举办低碳环保的环巢湖体育赛事。

（二）划分任务

1. 调整流域产业结构，优化经济发展布局，建立可持续发展模式

应以巢湖水环境承载力为基础，改变流域粗放型经济增长方式，发展低能耗、低污染的产业和技术，改善与调整经济结构，减轻资源环境压力，降低水污染，使一、二、三产业健康协调发展，逐步形成以农业为基础、高新技术产业为先导、基础产业和制造业为支撑、服务业全面发展的格局。

应在不新增农田面积的基础上，调整农业产业结构，全力发展生态安全、高效农业，提高农产品产业化和规模化水平，以无公害、绿色、有机农产品的发展为重点，优化农作物布局，充分考虑农作物的适应性，合理调整农作物结构和空间布局，选择适宜的种植布局模式；逐步实现畜禽养殖规模化，降低污水和粪便等废弃物的流失；逐步取消围网养殖推广布局，发展合理的池塘循环水生态养殖技术，不投或少投饵料，以保护和净化巢湖水质。

应在转变经济增长方式、推进产业转型升级的同时，调整工业产业布局，重点发展电子信息等现代工业，大力发展新兴技术产业、先进现代制造业及环保产业，升级改造纺织服装等优势传统产业，提高产品竞争力。尽可能地将布局分散、市场前景好的小企业引入工业园区、开发区，发挥工业集群优势，发展循环经济，提高资源综合利用效率，减少污染物的排放，提高工业污水集中处理率。

应大力发展第三产业，在流域内逐步形成具有丰富的服务内容、配套服务对象及与服务功能相协调的现代服务业体系，发展以现代物流、金融服务、科技服务、信息服务、咨询服务、国际服务外包等为重点的生产性服务业。创建人与自然和谐相处、经济与环境协调发展的服务业新模式。

2. 实现分区分期流域营养物减排

应以巢湖营养物分级标准和水环境承载力为基础，科学规划巢湖流域营养物削减目标，在综合考虑水期差异、容量总量控制要求等的基础上，对湖泊流域制定近期、中期和远期的营养物削减目标。调整工业结构，严格控制工业点源，设计流域排氮磷企业环境准入条件；提高污水处理厂的运行效率和脱氮除磷的能力，减少其尾水排放营养物负荷；统筹规划流域内经济发展、城乡建设、资源开发以及旅游、养殖、航运等，满足分期控制目标。

用生态补偿机制等措施对湖区及上游的营养物排放总量进行控制及优化配置管理。构建巢湖流域不同分区单元工业污染防治分期治理、农村生活和面源污染治理的营养物削减与管理体系。

3. 优化土地利用方式和城乡布局，形成有利于控制巢湖富营养化的空间格局

应形成工业集聚、居住集中、城乡协调、具有创新性的土地利用模式；通过人均城镇工矿用地面积的适度降低维持建设用地总量，提高土地的集约化水平。应加大流域污染土地治理及湿地保护力度，合理利用和优化开发流域土地，保护水田等优质耕地。应优化流域城乡布局，发展紧凑型都市圈，合理规划乡镇布局和规模，使城乡功能网络不断完善，实现城市与区域的整体联动，使区域治污设施共建共享，有利于环境综合治理的城乡布局的形成。

4. 强化流域"水－陆"生态修复措施，建立流域"清水产流机制"

对富营养化严重的巢湖的综合治理，控制外源污染是基础和根本。应控制在外源污染的基础上，对巢湖流域失衡失稳的生态系统（包括陆生生态系统和水生生态系统）进行生态恢复，使湖泊陆地生态系统、湖滨缓冲带和湖内水体得到恢复，是保证巢湖流域清水产流和控制巢湖富营养化的重要措施。

5. 建立流域综合管理体系

应对巢湖实行一体化开发利用与保护的管理政策，在流域内实行协调性综合管理。加强环境法制建设，逐步落实政府环保目标任务责任制，使环保监督检查保障机制不断完善，促进环境问题重大决策监督与责任追究制度的建立。

二、府际协同机制

（一）建立综合协调机制

应鼓励通过建立综合协调机制，加强流域内各政府部门间的联系、协调与合作，有效治理巢湖流域水环境问题，鼓励公众参与。巢湖保护和治理牵涉多个政府部门。因此，需完善巢湖流域水环境管理体制，加强对不同部门之间、行政区之间、上下游之间、治污责任主体之间等突出矛盾的有效协调，从整体上恢复和改善流域水环境生态系统。同时，要加强对公众的环境教育，提高全民参与的积极性，培养公众监督意识，从根本上实现对湖库的保护。

（二）加强信息共享平台的建设

应加强巢湖流域信息共享平台的建设，积极推进巢湖流域数字化管理，加强巢湖水质及富营养化综合分析评估，逐步实现对巢湖流域水质、水量、水生态的联合调控。

巢湖流域应构建富营养化防控信息平台，实现数据共享和信息公开。建设数据采集及传输系统，实现各部门的数据交换；构建气象、水文、生态等基础数据库、水环境监测预警数据库，形成流域生态环境数据中心；建立入湖河流和湖体水质监测断面管理、水质自动监测数据管理、重点污染源自动监控管理、部门信息管理等子系统，形成流域环境与生态综合管理信息平台，实现对数据的综合分析利用，建立跨部门、跨地区的信息共享与维护运行机制。

（三）构建巢湖蓝藻水华监测预警体系

加强监控预警及应急，构建巢湖蓝藻水华监测预警体系，实现实时、准确地监测与预警蓝藻水华的发生。

应鼓励综合利用卫星遥感、自动在线和人工监测以及计算机模型模拟等主要监控技术构建水陆空三位一体的监测预警体系。综合研究环保、水利（务）及气象监测（观测）等信息，对蓝藻水华的发生发出预警并制定分级应急方案。近年来，我国也开展了湖泊蓝藻水华监测预警技术的研发与应用，并在太湖流域得到了应用，取得了显著的效果。因此，建议构建巢湖蓝藻水华监测预警体系，实现实时、准确地监测与预警蓝藻水华的发生，为政府科学决策提供依据，降低水华发生带来的危害。

（四）建立流域生态补偿机制

可以借鉴推广新安江流域生态补偿机制试点的经验，大力实施全流域生态补偿，有序引导流域各地减少排污，促进上游地区减少排污、改善水质。应探索建立用水权、排污权初始分配及交易机制。应建立双边、多边区域生态补偿基金。探索"造血型"的生态补偿机制，使环境资源保护区的受补偿者充分发挥其发展经济的潜能、积极性和主观能动性，使外部补偿转化为自我积累和自我发展的能力，以最大限度地解决经济发展潜能的激活和环境资源的保护之间的矛盾，实现可持续发展。一是划分禁止开发区。流域上游水源地、环湖缓冲带禁止开发建设，以绿色 GDP 评价当地的发展政绩；二是设立生态补偿专项资金，按照"使用资源付费"和"谁污染环境、谁破坏生态谁付费"的原则，在流域上下游、左右岸地区之间建立生态补偿机制。

三、支持保障机制

（一）进一步健全和完善法律法规

着手制定巢湖保护和治理相关的法律、法规。用生态文明的理念引领和推动立法，把促进生态文明建设的各项重大政策、措施纳入法制领域，形成较为完备的生态文明法规体系，建议由省人大以立法形式调整和规范示范区经济发展与生态环境保护的关系，对巢湖流域生态、环境、资源领域的基础性问题，包括自然资源的规划制度、核算系统、补偿机制和监督体系做出整体性的安排。相应地建议合肥市中级人民法院成立环境审判庭，依法强化对行政权力的约束，规范行政主体的行为，划定行政权力发生作用的范围，保证行政权力对自然资源的调节不被任意扭曲和扩大。应建立损害赔偿和责任追究制度。在巢湖流域建立最严格的生态损害赔偿和责任追究制度，对于污染、破坏环境的任何企业或个人，处以巨额环境损害赔偿罚款，让违法者付出沉痛的代价；对那些不顾生态环境造成严重后果的人，必须追究而且终身追究其责任。

严格依法保护。探索按流域设置环境监管和行政执法机构，建立条块结合、各司其职的执法体系。加大应执法力度，逐一排查流域内排污单位的排污情况，对超标和超总量排放的企业依法限制生产或停产整治；对整治仍不能达到要求且情节严重的企业依法停业、关闭。严厉打击违法行为，对造成生态损害的责任者严格落实赔偿制度。严肃查处巢湖流域水环境保护区内违法违规建设行为。

应引导企业、居民节约用水，实现源头减排。逐步建立常态化、稳定的财政资金投入机制，健全多元化环保投入机制。积极推动和实施绿色发展美丽巢湖法治建设，推动健全巢湖保护治理地方性法规体系。

（二）构建巢湖治理和修复技术体系

在污染源系统治理方面，应实施源头减排的产业结构优化与调整技术、清洁生产技术、农田种植结构调整与控碳减排技术；实施污染源工程治理减排的工业废水提标改造技术、农村村落污水处理技术、农田面源污染控制技术、污泥的无害能源化与资源化处理技术；应开展巢湖流域低污染水深度净化技术及入湖河流水质强化净化技术的研究与示范应用。

在内源污染防治方面，应开展巢湖污染底泥原位处理技术的研究、有毒有害与高氮磷污染底泥环保疏浚技术的研究、疏浚关键设备的研制、湖泊底泥资源开发利用的研究；开展蓝藻水华收集与浓缩设备的研发、蓝藻处理与处置技术的研究与应用、中低浓度蓝藻水华浓聚与处理技术的研究。

在水生生态修复方面，应开展湖泊缓冲带划定与构建技术的研究、多样性湖滨带生态修复技术的研究与应用、湖滨带维护管理技术的研究；开展水生生物恢复与资源化利用技术的研究与应用；开发针对巢湖流域特征的水生生物资源化利用的技术及相关装置。

（三）加强社会监督

应以省级巢湖湖（河）长制为统筹，建设巢湖流域湖河信息发布系统，公布流域生态环境状况，巢湖及主要河流水环境质量、蓝藻预警监测、沿湖饮用水水源地水质状况等环境信息，要接受社会监督。应充分发挥新闻媒体和网络媒体的作用，通过媒体曝光、电视问政等方式，督促流域各地、各部门履职尽责。深入推动环保宣传教育进社区、进学校、进企业、进乡村，大力宣传生态优先、绿色发展的理念，提高公众对河湖保护工作的责任意识和参与意识，推动形成建设绿色发展美丽巢湖的浓厚氛围。

四、绩效评价机制和责任追究机制

水环境是合肥生态环境的灵魂，良好的水环境对合肥打造"大湖名城、创新高地"、建设长三角世界级城市群副中心具有特殊的重要意义。水环境整治直接关系人民群众的生活质量和健康水平、关系城市发展的承载能力。水环境治理任务重、战线长、时间久、难度大，必须持之以恒、久久为功。要明确工作目标，排查梳理问题，清醒认识现阶段抓什么、怎么抓；强化责任，严格考核问责，主要负责人亲自抓，层层传导压力，确保任务落实。

2019年安徽省修订了《巢湖流域水污染防治条例》，加大问责力度。规定巢湖流域水环境保护实行目标责任制和考核评价制度，将巢湖流域水生态环境保护执法情况、年度工作目标完成情况、生态环境质量状况、资金投入使用情况、公众满意程度等作为各级人民政府及其负责人考核评价的内容。考核评价结果作为领导班子和领导干部综合考核评价、奖惩任免的重要依据，考核评价结果应当向社会公布。对超过重点水污染物排放总量控制指标或者未完成水环境质量改善目标的地区，省政府环境行政主管部门应当会同有关部门约谈该地区人民政府的主要负责人，暂停审批新增重点水污染排放总量的建设项目的环境影响评价文件，约谈情况应当向社会公开。县级以上人民政府及其负责环保监督管理职责的部门、机构违反本条例做出相关行为的，对直接负责的主管人员和其他直接责任人给予记过、记大过或者降级处分；造成严重后果的，给予撤职或者开除处分，主要负责人应当引咎辞职；构成犯罪的，依法追究刑事责任。

《巢湖综合治理攻坚战实施方案》也指出，加快建立以改善生态环境质量为核心的目标责任体系，分流域、分区域进行年度考核，并作为对领导班子和领导干部综合考核评价的重要依据。对未通过年度考核的，约谈政府及其相关部门负责人；情况严重的，依法实施建设项目环评区域限批。对因工作不力、履职缺位等导致未能有效应对水环境污染事件的，依法依纪追究有关单位和人员责任。严格执行《党政领导干部生态环境损害责任追究实施办法（试行）》，对不顾生态环境，盲目决策，造成严重后果的领导干部，严肃问责、终身追责。

由此可见，在巢湖治理中，政府非常重视绩效考评和责任追究，但并未对如何构建科学合理的绩效评价机制和责任追究机制做出详细规定和制定实施细则，使绩效评价和责任追究流于形式。因此，笔者认为，可以按照以下方式构建巢湖保护和治理的绩效评价机制和责任追究机制。

（一）绩效评价机制

1. 建立绩效评价机构

地方政府的绩效评价不仅应当包括自己系统内部的自我评估，还应当接受广泛的社会监督与评价。由于灾害预防、灾害应急预案的拟定制定并不是一劳永逸的，灾害应急管理的评价反馈也并不是只有在灾害后才有必要进行，因此建立应急管理计划机构和评价机构是非常有意义的，同时也是非常有必要的。其实，应急管理计划机构和评价机构可以合二为一，这是因为应急管理计划者非常了解计划实施的目的、要求以及要点优劣，应急管理计划者能够更好地完成评估工作。另外，评价机构和计划机构合二为一，并不意味着评价工作都由计划机构单独完成，应急管理咨询系统、相关专家意见等都是要考虑的重要因素。

2. 设置合理的巢湖治理绩效评价指标

设置合理的巢湖治理绩效评价指标应当坚持恒定性与弹性兼顾的原则。所选取的任何一个指标都应当具有相对稳定性。在原则上，评价指标一旦确定，轻易不应该进行修改，特殊情况规定与不可抗力突发事件除外。然而，由于不同区域、不同机构和不同部门面临着不同情况，因此应该考虑不同层级、不同区域地方政府的发展现状，根据实际情况修订巢湖治理绩效评价指标。

巢湖治理绩效评价指标要包括两个部分，即过程指标和结果指标。以生物生态型灾害为例，过程指标包括生物生态型灾害的预防、预测和预报；灾害管理准备（如灾害管理预案、物质准备、技术准备、人员准备）；灾害应急；灾后恢复重建等。结果指标包括地方政府生物生态型灾害处理的总体情况、地方主要生物生态型灾害处理绩效、地方政府协作能力绩效；等等。

3. 运用科学的生态治理绩效评价方法

以往凭借经验和直觉对地方政府应急管理能力认定和应急管理绩效评价的方式是不科学的，要想克服传统评价方法的不足，就必须利用多指标定量综合评价方法的优势。因此，要充分综合数理统计学、系统工程学、运筹学、人工智能技术以及企业绩效评价等多种学科和方法，来构建科学的绩效评价方法。譬如，在运用数据分析统计法对灾害应急管理进行评价时，就需要量化核算应急处理过程中的一系列情况，并结合政府行为、企业效益、形象、公众的认可及社会利益等因素，在这个基础上进行统计和换算，来总结工作中成功的经验和失败的教训；再譬如，利用实效调查法实地走访各当事人，从不同当事人的角度来对应急管理处理方法和措施的成本得失进行分析、评价，了解应急管理的实际效果。

4. 强化生态治理绩效评价的运作机制

主要可以从三个层面来说。一是价值层面。要以巢湖流域群众满意度为根本目标来推进绩效评价。提高湖区群众满意度、增进公共利益、突出政府公共服务职能和责任应当成为地方政府治理巢湖绩效评价的首要目标。二是制度层面。要建立巢湖治理绩效评估激励、约束制度，保证绩效评价工作的正常开展，确保政府公共责任实现，确保公众民主参与。地方政府在应对巢湖保护和治理时，究竟做得怎么样，湖区民众应该具有非常直观的感受，所以采用湖区群众来参与评议的方式，也是一个衡量地方政府治理水平的重要方式。三是技术层面。要依托网络技术进行绩效评价。发达的网络技术、电子政务等手段使得政府治理巢湖绩效评价各要素无缝隙整合，应充分利用各种现代网络技术和电子信息技术（比如绩效信息统计技术、绩效信息处理技术、电子政务信息技术等），有利于绩效评价目的实现，可以保障与增进公众利益。

（二）问责追责机制

1. 明确巢湖治理问责主体，重视问责公平，防止责任主体无限泛化

首先，应该确定问责对象的范围。无论是领导还是普通科员，无论是上级领导机构还是下级执行机构，全部都应当纳入问责对象的范围。其次，消除部门之间权力交叉重叠的现象。坚持"谁主管，谁负责"，严格分清权力界限，尤其是要明确党与政府的权责界限，确保党委和政府各负其责、权责统一；按照党政职能分开原则，明确划分党组

织和政府的职能，对完全属于政府职责范围内且党组织未介入的领域，要直接追究政府及其官员的责任。最后，遵循"有权必有责，用权受监督，违法要追究，侵权要赔偿"的原则，做到权责对等。权力与责任是分不开的，只有权责统一，才能做到问责公平。

2. 拓宽巢湖治理问责路径，强化异体问责，建立多元化的问责机制

目前的问责体制主要还停留在等级问责上，即行政体系内部的上级问责下级。这种问责方式在效力上虽然具有较强的优势，但是却存在一个弊端，就是上级问责下级，那么上级的责任由谁来问责，这是责任体系中根本环节的缺失。因此，要建立同体问责和异体问责相结合的方式，强化异体问责，建立多元化的问责机制。这种多元化的问责方式，更具公信力、更符合民主政治要求，也是对地方官员更有效、更有威慑作用的方式。

3. 健全巢湖治理问责程序，完善实施环节，强化制度执行的针对性

如在应对重大自然灾害应急管理时，地方政府要奖励好人好事，弘扬正气。要实现问责公正，就必须拥有正当的问责程序，在问责过程中，要坚持程序正义，做到信息公开。一是要注重问责的启动。问责启动的方式及其规范性都是要关注的重点，可以由当地人大、民主党派、司法机关、新闻媒体以及公众来充当问责的启动者。二是注重问责的程序步骤。在进行问责时，要注重对问责信息的公开，进行事实说明。三是注重问责的监督。要保证问责的透明性和公开性，对问责的全过程开展监督。

4. 界定巢湖治理问责标准，明确问责事由，合理划分问责事项范围

在传统环境下，地方政府在进行应急管理问责时，单纯注重"有过"追责，仅对发生的重大自然灾害与事故、滥用职权的行政作为、经济领域的安全事故，对犯了法和有了错问责。为了进一步开展好地方政府的问责管理，其追责制度应当向既追究"有过"又追究"无为"转变，在向"有过"追责的同时，也要加强故意拖延、推诿、扯皮等行政不作为，对能力不足、履职不力、施政不佳、执政不力、乱作为等"无为"方面的问责。

为此，各级地方政府可以签署自然灾害应急管理的责任书。目前，湖南省洞庭湖区各县市已经基本上结合自身具体情况，拟定责任书，将各项责任落实到具体部门和个人，以书面的形式发放到下级各单位。以汨罗市的防汛工作为例，该市拟定了责任书，并明确规定县人民政府充当监督者和考核者，对各镇防汛工作开展情况进行监督检查，针对不同的"有过"和"不作为"情况追究责任。例如：执行不力者，给予通报批评的追责；造成严重损失者，视情节给予降级或者撤职处分的追责；玩忽职守造成严重后果和恶劣影响者，依法追究责任人的刑事责任。在此基础上，各乡镇应依据县级单位下发的责任书，制定更明细、更具体的乡镇一级责任书。对于玩忽职守，不履行职责，造成严重灾害的负责人将进行责任追究。针对巢湖保护和治理，安徽省可以借鉴湖南省洞庭湖治理的经验。

第六章 洞庭湖保护和治理的长效机制构建

洞庭湖地处长江中游，是我国第二大淡水湖，是长江中游最重要的集水湖盆与调洪湖泊，其独特的区位优势和生态基础决定了洞庭湖区生态保护和生态治理的重要性与价值性。尤其是在洞庭湖生态经济区被批准为国家级经济区的情况下，如何充分利用洞庭湖自然环境与资源优势，构建和完善洞庭湖保护和治理的长效机制，实现湖区生态治理的科学性和有效性，是湖区地方政府一项非常重要的政治任务，意义重大。

第一节 洞庭湖基本概况与基本现状

一、洞庭湖基本概况

洞庭湖是我国第二大淡水湖、"长江之肾"以及国际重要湿地，是长江重要的通江调蓄湖泊，处于长江经济带的核心位置之一。2012年11月，《洞庭湖生态经济区规划》通过了专家组评审。洞庭湖生态经济区跨湘、鄂两省，包括岳阳、常德、益阳3市，长沙市望城区和湖北省荆州市，共33个县市区。

（一）自然资源

洞庭湖湖区三面环山，湘中丘陵多条干支流汇聚的湘、资、沅、澧四水齐聚，向北开口汇入长江的湖泊水网地区。由于长期的围湖造田与垦荒，洞庭湖湖域内的平原区土地垦殖较多。但河流汇入与河网较多聚集在平原区的地势最低处，造成了水系的向心状分布。洞庭湖生态经济区的湿地处于水生生态系统和陆生生态系统的界面及其延伸区域，湿地资源丰富，包含洞庭湖水系和宜昌至湖口干流水系。在洞庭湖生态经济区范围内，有31个国际或国家级湿地自然保护区和湿地公园等重要湿地。

（二）社会经济

洞庭湖区自古以来是我国著名的鱼米之乡，具有举足轻重的地位，如今洞庭湖区依然是我国重要的商品粮基地，农业发达。因洞庭湖生态经济区跨湘、鄂两省，湖南省和湖北省的统计指标、统计尺度和界定标准存在一定程度的差异，较难合并起来进行讨论，因此本书参考洞庭湖生态经济区行政区划中湖南省的社会经济数据[①]，以下简称"湖南省洞庭湖地区"。自 2012 年洞庭湖生态经济区通过了专家组评审以来，截至 2019 年，湖南省洞庭湖地区部分社会经济指标变化情况如表 6-1 所示。

表 6-1　2012—2019 年洞庭湖生态经济区部分社会经济指标变化表

社会经济指标	2012 年			2019 年			2012—2019 年	
	数值	增长率（%）	占全省（%）	数值	增长率（%）	占全省（%）	增长率（%）	年均增长率（%）
常住人口（万人）	1 615.89	0.6	22.3	1 596.35	-0.2	23.1	-0.01	2.44
GDP（亿元）	5 633.58	12.2	25.4	9 197.06	7.7	22.7	0.63	445.44
人均 GDP（元）	34 971	11.8	—	57 478	7.8	—	0.64	2 813.38
农林牧渔总产值（亿元）	1 243.85	4.7	25.4	1 868.61	3.2	29.5	0.50	78.10
规模以上工业利润总额（亿元）	467.03	23.3	26.1	523.42	13.5	23.5	0.12	7.05
城镇居民人均可支配收入（元）	20 811	13.2	—	34 454	8.2	0.66	1 705.38	—
社会消费品零售总额（亿元）	1 734.69	15.3	21.9	3 804.39	10.3	22.8	1.19	258.71
进出口总额（亿美元）	153 625.46	24.3	7.0	883 732.145	51.5	14.1	4.75	0.70

二、洞庭湖基本现状

洞庭湖区由于其生态资源的特殊性，湖区在维持长江流域生态安全与生物多样性保护、促进湖区经济发展等方面具有重要的功能，但是由于生态功能发挥得不平衡和当前对生态环境的破坏或过度开发，湖区整体生态功能有所弱化，野生动植物栖息环境遭到破坏，生物多样性锐减，制约了湖区生态环境治理和湖区经济生态区建设的发展。

（一）洞庭湖区水环境现状

1. 洞庭湖水质

目前，洞庭湖污染情况总体为轻度污染，水质状况总体上为Ⅳ类水质，其中最主要的超标因子是总磷。湖水富营养化状态处于中营养等级，其营养状态指数大于 48.2。从洞庭湖区国控监测断面水质情况来看，11 个断面均为Ⅳ类水质。从分布情况上来看，东洞庭湖水质相对于西洞庭湖和南洞庭湖较差，总磷超标倍数较高，富营养化状态级别为轻度富营养等级。洞庭湖区湖滨湖水质状况相比于洞庭湖水质状况更为严峻，主要原因是湖水相对封闭，自净能力较差，以及长期以来水产养殖的污染情况较为严重。湖南境内的 14 个主要湖滨湖水质为Ⅲ类水质的仅占 28.57%，Ⅴ类水质的占 7.14%，劣Ⅴ类

[①]　数据来源于《湖南省统计年鉴 2013—2020》。

水质的占 14.29%，劣 V 类水质湖泊主要有大通湖、珊珀湖。

2. 污染物排放情况

从流域范围看，洞庭湖流域主要污染物化学需氧量排放量为 110.87 万 t / 年、氨氮排放量为 14.24 万 t / 年、总磷排放量为 5.87 万 t / 年。从图 6-1 可以看出洞庭湖流域水环境化学需要量、氨氮、总磷等主要污染物主要来自农业污染，其次来自生活污染，其中超过 85% 的总磷排放来自农业污染。

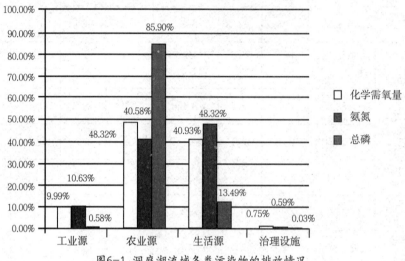

图 6-1 洞庭湖流域各类污染物的排放情况

从洞庭湖区看，据统计数据显示洞庭湖区主要污染物化学需氧量排放量为 33.50 万 t / 年、氨氮排放量为 4.27 万 t / 年、总磷排放量为 2.18 万 t / 年。从图 6-2 可以看出洞庭湖区水环境化学需要量、氨氮、总磷等主要污染物主要来自农业污染，其次来自生活污染，其中近 90% 的总磷排放来自农业污染。

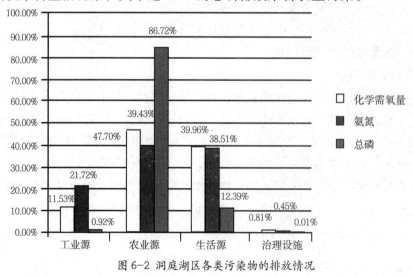

图 6-2 洞庭湖区各类污染物的排放情况

3. 主要污染源

（1）农业面源污染。洞庭湖区是我国重要的大宗农产品生产基地、最大的水稻产地和商品粮调出地。2017 年，洞庭湖区第一产业占比达 26.5%，远高于全省 5.9% 的水平。洞庭湖区目前农药利用率低，使用总量大，亩均用量超过全国平均水平的 20%。这一数据反映出农药在使用上过多过滥。据调查数据显示，洞庭湖区农药的有效利用率低于 30%，农药和化肥的使用方法落后导致其利用率较低，未能有效利用的农药及化肥通过土壤、水体等渠道进入环境，对水环境造成严重污染。

（2）畜禽、水产养殖业污染。洞庭湖区畜禽养殖业与水产养殖业较为发达。一方面，农村畜禽散养的情况较为普遍，散养农户在资金和技术相对缺乏的情况下，畜禽养殖过程中产生的畜禽粪便等废弃物往往未经任何处理直接排放到自然环境中。另一方面，规模化畜禽养殖场仍未普遍配备养殖场污染防治设施，畜禽粪便等废弃物的处理能力和回收利用能力有限，仍然有大量污染物直接排放到自然环境中，对生态环境特别是水环境污染严重。目前，洞庭湖区禽畜养殖污染情况比较严峻，规模养殖场粪污处理设施装备配套率仅有 56.91%。

（3）生活污染。洞庭湖区生活污染主要包括生活垃圾和生活污水两大污染源。湖区城市生活污水、生活垃圾收集处理设施比较完善，但农村地区生活污染比较严重。生活垃圾方面，目前，环洞庭湖地区仍存在"垃圾山""垃圾岛""垃圾围村"等问题，农村垃圾收运处置体系建设覆盖率仍需提高。生活污水方面，湖区乡镇污水处理设施覆盖率为 14%，湖区无害化卫生厕所普及率为 45%，生活污水没有实现有效收集和处理，导致对地表水体造成了严重污染。

（4）工业污染。洞庭湖区工业污染包括城市和乡镇工业生产活动产生的环境污染。从图 6-2 洞庭湖区污染物排放情况可以看出，工业污染经过近年来的治理已经得到了明显的改善，湖区水环境污染排放主要来自农业污染和生活污染，但值得注意的是，洞庭湖区仍有 21.72% 的氨氮排放、11.53% 的化学需氧量排放来自工业污染。目前，洞庭湖区仍有部分重工业企业未完成清洁化生产改造，其中造纸、化工、印染等重污染行业仍有 25 家企业未完成清洁化改造。从洞庭湖区工业污染排放行业分布情况来看，岳阳市以造纸以及化工工业为主，常德市以食品烟草饮食业、造纸以及化工工业为主，益阳市以造纸业、纺织以及食品业为主。工业废水排放总量中，以造纸行业废水排放量最大，为洞庭湖湖区污水排放大户。[①]

（二）洞庭湖区水环境治理成效

洞庭湖是中国第二大淡水湖。党的十八大以来，湖南省大力推进洞庭湖地区经济转型升级和绿色发展，洞庭湖水环境治理工作取得了明显进展和成效。

---

① 杨涛，曾少龙. 洞庭湖湖区的水资源开发状况分析 [J]. 南方农机，2017（23）：63-65.

1. 洞庭湖水环境治理

自 20 世纪 50 年代湘江流域首次检出铅、镉、砷等重金属后，湖南省对湘江流域和洞庭湖区的保护与恢复工作从未停止过。近年来湖南省投入大量资金，出台了一系列治理计划，从污染源着手治污，重点整治重污染企业，同时投入大量资源用于生态环境修复，并出台了一系列条例和规范性文件，用法律制度的力量保护洞庭湖。

湖南省财政累计投资 200 多亿元用于开展洞庭湖区水环境综合治理。其中，2015 年以来，开展了洞庭湖农业面源污染防治工作。2016 年启动了洞庭湖农村生活垃圾治理五年专项行动。2016—2017 年开展了沟渠塘坝清淤增蓄、畜禽养殖污染治理、河湖围网养殖清理、河湖沿岸垃圾清理和重点工业污染源排查及治理五大专项行动。2018 年，湖南省印发了《洞庭湖生态环境专项整治三年行动计划》，并配套出台了奖补方案，用以支持生活污染治理、饮用水源保护、黑臭水体治理、农业面源污染治理、血吸虫病防治等工作的开展。

2. 水环境治理成效

经过近年来中央以及湖南省政府的巨额资金投入，并开展了一系列治理行动，洞庭湖区水环境治理工作在供水安全保障、水资源保护和水污染防治以及生态恢复等方面取得了明显成效。

（1）城乡供水安全保障能力明显提升。经过多年来对洞庭湖区水环境的治理，湖区目前已形成蓄、引、提、调水源工程相结合，排灌渠系相配套的水资源综合利用体系，防洪减灾能力得到明显提升，城乡供水安全进一步得到保障。已累计完成约 1 155 万人安全饮水工程，巩固提升 180 余万人饮水安全，新建和改造供水管网 1 251km，新增日供水能力 97.5 万 t。

（2）水污染防治取得明显成效。2016—2017 年，湖区开展沟渠塘坝清淤增蓄、畜禽养殖污染治理、河湖围网养殖清理、河湖沿岸垃圾清理和重点工业污染源排查及治理五大专项行动。截至 2018 年年初，累计完成大中型沟渠疏浚 4.3 万 km；完成 8 678 户畜禽养殖场退养；基本完成天然湖泊矮围网围拆除工作；完成河湖 4 613km 岸线整治工作，累计清理垃圾 38 万 t；全面排查工业企业排污情况，累计整治 2 860 家不达标企业。加强城乡污水垃圾处理设施建设，总磷、COD、氨氮等主要污染物排放总量得到有效控制，呈逐年减少趋势。2016 年以来洞庭湖水水质稳中向好，从主要污染物浓度来看，2016 年总磷浓度较 2015 年下降 15.7 个百分点，2017 年较 2016 年下降 13 个百分点，总磷浓度达 0.073mg/L。从监测断面水质来看，2016 年，在 11 个国控监测断面中，Ⅳ类水质断面有 10 个，Ⅴ类水质断面有 1 个；2017 年，所有断面均为Ⅳ类水质。

（3）水生态保护取得积极进展。洞庭湖区划定了重要生态功能区，实施了湿地保护、生物多样性保护、自然保护区建设等工程，水生态保护力度不断加大。推动水土保持重点治理及防治工程建设，水土流失严重地区的治理取得了一定成效。

第二节　洞庭湖保护和治理的困境与制约因素

一、洞庭湖保护和治理面临的困境

经过多年的不断努力，政府在洞庭湖保护治理上取得了一定成效，但是相对于西方发达国家湖泊流域治理来说，总体上还是较为落后的，尤其是在洞庭湖保护和治理长效机制建设方面还存在一些问题，面临一定困境，譬如在洞庭湖保护和治理的任务履行机制、府际合作机制、保障机制、绩效评价以及责任机制等方面尚有欠缺，具体主要表现如下。

（一）任务履行机制不科学

第一，湖区政府生态治理职能不明确。生态文明建设是当前党和国家的重要战略，是地方政府的重要职能。洞庭湖作为长江流域的特殊生态系统，在我国生态文明建设中具有重要地位和作用，加强洞庭湖区环境保护和生态治理是湖区地方政府的重要职能和责任。洞庭湖区主要分布在岳阳、益阳、常德三市。这种行政体制和地域特征，使洞庭湖区生态治理主体多元化，行政权力和行政责任分散，因而也必然存在着生态治理职能不明确的问题，难以形成统一的生态治理格局。

第二，湖区政府生态治理主体单一。洞庭湖区在生态治理的过程中主要是政府"唱独角戏"，缺少在政府主导下的社会、企业以及第三方机构的积极参与。在政策主体上，政府对湖区生态治理实行了全部包干制，其既是政策的制定主体也是政策执行主体，虽然一些社会团体或组织参与了湖区生态保护和治理，但是由于缺乏相对的权威性，其生态治理行为具有随意性和主观性，因而其效果也难以保障。与发达国家相比，我国在公众参与环境保护和生态治理上尚有差距，公众参与程度不高，未形成政府主导的多元治理模式。这种长期"政府包干型"生态治理模式造成了洞庭湖的生态治理严重依赖政府，治理主体单一。譬如在环洞庭湖区造纸行业污染整治的过程中，虽然政府在此过程中力推造纸污染治理，但未充分发挥环洞庭湖造纸产业协会、湖南省造纸协会以及中国造纸流通协会等行业组织的作用，没有形成政府和行业组织共同治理的局面。

（二）府际合作机制不通畅

第一，沟通协调不顺畅。洞庭湖区位于湖南和湖北两省境内，在湖南省主要分布在常德、益阳和岳阳三市。可见，洞庭湖区生态治理是一个系统工程，需要湖区各级政府统一思想、统一认识、统一行动，实现最大限度的区域间府际协同合作。但是，现实情况不容乐观，由于受到传统行政体制的限制，目前区域协同沟通非常不顺畅，这在一定程度上严重制约了湖区的府际协同合作。政府区域协同的沟通协调不畅主要表现在三个方面：首先，沟通协调渠道不完善，基本上采用传统的集体磋商形式，尚未建立统一的湖区生态治理沟通协调组织机构，专门负责湖区政府生态治理的沟通协调工作；其次，沟通协调机制不健全，没有形成规范化和制度化的沟通协调机制，缺乏一套科学合理的沟通协调制度，使得区域间沟通协调不顺畅；最后，沟通协调平台不配套，没有建立统一的沟通协调平台，区域政府间的条块分割和各自为政的现象仍然存在，阻碍了区域协同合作的开展。

第二，利益整合不理想。利益整合是洞庭湖区政府协同合作的首要前提，是推动政府合作的根本动力。在现实中，利益整合仍然不理想，不能有效地调动湖区部分政府生态治理的积极性和主动性，制约了湖区生态治理的效果。利益整合不理想主要体现在以下三个方面。首先，生态资源的公有性决定了生态资源本身具有非竞争性和非排他性，长此以往，将会形成不良的"搭便车"现象，客观上将严重制约区域合作的良性循环发展。其次，利益整合机制不健全，没有形成统一的利益整合机制，洞庭湖区隶属于不同的行政区域，各自都有各自的管辖范围，如果没有大家认可的利益整合机制做保障，就不能很好地整合不同区域地方政府的利益需求，进而就难以实现区域协同合作。最后，利益整合监督制度未建立，有效的监督制度能够为利益整合机制保驾护航，能够确保区域政府利益整合的顺利实现。

第三，信息共享机制不完善。洞庭湖区政府的协同合作离不开信息资源的有力支撑，只有最大限度地实现信息资源共享，才能有效扫除区域协同合作的障碍，进而提高洞庭湖区政府生态治理的效率。目前，区域协同的信息共享机制不完善。一方面，信息基础设施建设滞后。城市的信息基础设施建设较好，基本能满足信息共享的需求。较之而言，农村的信息基础设施建设相对比较落后，缺乏信息共享的硬件和软件资源，存在供电设备陈旧、网络电缆尚未全覆盖等问题，甚至有些地方不能保证全天候供电。另一方面，尚未建立区域协同生态治理信息共享数据系统，没有统一的信息共享平台，信息共享效率势必会受到一定程度的影响。

第四，区域生态协同治理法律制度不健全。科学合理的法律制度是确保洞庭湖区政府区域协同合作有效实施的重要保障，加强法制建设是提高洞庭湖生态治理效率的必然举措。但是，目前区域协同法律制度的不健全影响了区域协同合作的顺利推进。一方面，国家宏观层面的区域协同法律制度较少。据资料显示，国家和政府尚未颁布与生态治理区域协同合作相关的法律法规，洞庭湖区域协同合作方面的法律制度尚存在空白，有待于进一步加强。另一方面，洞庭湖区域协调合作微观层次的法律制度仍然不健全，不能用法律制度规范政府区域协同行为，不利于政府协同合作的有效推进。

（三）保障机制不健全

第一，基础设施建设相对滞后。基础设施建设是洞庭湖区生态治理的前提条件，也是生态治理的重要保障。没有良好的基础设施，生态治理就将成为无源之水、无本之木。

但是，从目前现实来看，湖区环境保护和生态治理的基础设施建设还不完善。从交通基础设施来看，环湖地区之间没有直接的快速通道连接；环洞庭湖城市圈与长三角地区的快速通道没有直接高速连通；铁路、公路、航空和航运四大运输体系没有形成直接的快速联运通道；现有国省道和农村公路网络等级和运输能力低下；水路交通的优势也发挥得不够，港口码头规模分散，主要港口配套设施不完善，县市区码头建设滞后，湘江航道枯水季节逐年延长严重影响船舶通航，新墙河、汨罗江、藕池河、华容河等地方航道淤塞严重。环湖地区农田水利基础设施大部分修建于20世纪六七十年代，设备普遍陈旧、老化，渠泵淤塞。

第二，政策支持少，经费投入总体不足。尽管国家近年来加大了对洞庭湖的综合治理力度，但不管是从区域发展战略来看，还是从具体项目支持力度上来看，洞庭湖的优势地位、品牌价值、资源禀赋、要素聚集功能没有得到应有的彰显。相对于湖南省的长株潭"两型社会"改革试验区、湘南承接产业转移示范区和武陵山片区的国家级区域战略，国家对洞庭湖区生态保护和治理的投入还较为有限。

第三，创新能力低，技术尚存欠缺。洞庭湖区生态治理主要是针对湖区出现的生态危机进行的，其目的是保护和修复生态环境，实现人与自然的和谐发展。现在湖区的生态危机主要有湖泊日益萎缩、水污染严重、生物多样性遭到破坏、湿地面积减少、自然灾害频发等，要想解决这些生态危机，势必要求政府运用相应的生态治理技术。然而，当前洞庭湖区生态治理技术尚存欠缺，既有的技术也相对落后，远远满足不了生态环境治理的需要。

（四）绩效评价机制不合理

第一，评价主体比较单一。评价主体是构建评估机制的重要内容，它直接或间接地决定了评价的原则、标准、方法、指标体系、对结果的利用等。我国当前已构建了多元化的政府绩效评价主体体系，评价工作正逐步常规化和制度化，但政府生态治理评价主体仍然比较单一，洞庭湖区绝大部分地区的政府生态治理评价主体为政府自身，缺乏企业、公众和新闻媒体的广泛参与，大多数评价以政府系统内部"自上而下"或"自下而上"的评价形式进行，缺乏有效的监督，容易使评价流于形式，进而影响评价质量。

第二，评价指标体系不完善。我国生态保护治理评价起步较晚，目前，洞庭湖区政府尚未建立完整的评价指标体系，现有的评价指标缺乏系统性、全面性、层次性和代表性，未能很好地将定性指标和定量指标结合起来，缺乏相应的灵活性。同时，现存的生态评价指标权重分配尚不平衡，以政府主导的生态政府治理评价指标占有较大的权重，而其他指标所占权重较少，这不利于生态政府治理评价工作的顺利开展，影响了评价工作的客观性和公正性。

第三，评价配套制度不健全。科学合理的评价制度是洞庭湖区生态保护治理评价工作有效实施的重要保障，当前湖区生态治理评价制度尚不健全，缺乏相应的评价配套制度。湖区生态政府治理评价"重过程、轻结果""重形式、轻效果",部分评价只是"花架子",评价形式大于评价内容,缺乏有效的群众监督和相应的评价配套制度,评价效果很不理想。一般而言,科学的评价配套制度应该包括评价监督制度、激励制度、问责制度、奖惩制度以及结果运用制度等,在这些配套制度相对缺失的情况下,合理的政府生态治理评价机制很难建立,制约了生态治理评价工作的顺利开展。

(五)责任机制不完善

第一,实施依据不科学。在洞庭湖区生态治理中政府要实施追责问责制,必须要有科学的原则和依据作为指导。但现实中,在湖区生态治理中政府责任追究制度不完善,导致缺乏实施依据,主要问题表现在以下几方面。一是制度全面性、统一性不够。中央和地方政府制度不一,标准化程度不够,操作实施责任追究时很难找到合理依据。二是制度科学性和有效性不足。在责任追究的过程中存在推卸责任、无故担责、责权不等情况。

第二,定责机制不合理。责任认定是实现责任追究的前提和基础。政府作为生态治理的主体,在生态责任认定中扮演着重要角色,既要确认生态责任主客体,也要确认责任的构成要素、范围和行为。现实中,一旦政府治理责任认定机制不严格,对责任范围、行为和程度的认定缺乏严格的执行程序,就容易导致责任认定难。

第三,问责机制不健全。责任追究主要通过政府问责实现。但目前洞庭湖区政府生态治理责任追究机制仍不强健,存在诸多问题。主要的原因是问责制度体系不完善,我国问责法制建设起步较晚,虽然目前中央法规和地方性法规都有涉及,但问责机制的统一性和全面性不够。

二、洞庭湖保护和治理面临的制约因素

从上述分析来看,洞庭湖保护和治理长效机制在建立和运行的过程中还存在着较多的问题,影响了洞庭湖保护与治理的科学性和有效性,究其原因,既有主观原因,也有客观原因;既有历史原因,也有现实原因。具体来说,主要包括以下方面。

(一)政绩观念偏差

正确的政绩观,是以人民为主体的政绩观,是为了实现广大人民群众最根本利益的政绩观,这就要求既要防止政府官员不作为,又要防止其乱作为,要在工作岗位上有所为、有所不为。然而现实情况是,部分官员的政绩观存在偏差,譬如,过去为了追求眼前利益和短期效应,急功近利,唯 GDP 是从,忽视环境保护,等等,这些在客观上弱化了洞庭湖区的生态治理价值。其实,发展 GDP 本身并无可厚非,但过去一些地方在设置考核体系的过程中,过度或是片面强调发展速度,强调"唯 GDP 论",使一些干部走向发展的误区,忽视了生态发展、统筹发展、均衡发展。

(二)制度建设滞后

制度是洞庭湖保护与治理的关键内容,也是洞庭湖保护和治理长效机制建设的基本

保障，有利于确保洞庭湖保护和治理的科学性和长效性。然而现实中，由于洞庭湖区的生态价值功能尚未得到重视和发掘，湖区环境保护和生态治理的制度体系尚未健全，或者一些法律制度、政策规划等未达到生态文明建设要求，在一定程度上制约了洞庭湖保护和治理工作的开展。生态治理制度是否完善、是否有效实施，决定着生态治理质量与效率的高低。但是，由于洞庭湖保护和治理还处于探索阶段，科学合理的制度体系尚未完全建立。

（三）体制机制缺陷

从当前来看，洞庭湖区虽然已经上升为国家级生态经济区，但是由于传统的政府行政理念和模式，环湖部分地方政府或政府部门在湖区生态治理体制机制建设中缺乏整体规划和调整，影响了湖区生态治理效率的提高。

第一，统筹规划的体制尚未有效建立，湖区分区规划思路不清晰。洞庭湖生态治理的目的之一是要推进湖区经济发展，建立洞庭湖流域生态经济区。事实上，生态经济区建设的重点是要推进形成主体功能区、优化国土空间布局、转变经济发展方式和从根本上理顺区域发展关系。目前，洞庭湖地区主体功能区的规划思路还不是特别清晰，直接影响了其他专项规划的设计和实施，制约了洞庭湖生态经济的发展。

第二，生态文明和经济文明有机结合的外部市场体制与内部市场体制还不健全。从治理生态环境、发展生态经济以及建设生态文明的要求来看，目前尚未形成洞庭湖生态经济发展的长效机制。在市场体制方面，与发达地区也有很大的差距。资源价格等市场体制改革是全国性的，不可能在洞庭湖地区单独建立一套资源价格体制。发展生态经济，必然会抬高资源使用成本和环境保护成本。由于受到历史和资源性产品行业管理体制等方面的制约，资源性产品价格改革滞后，资源价格存在扭曲，体现在资源性产品价格市场化程度较低、资源性产品价格构成不完整、生态补偿机制不健全上。简言之，在资源性产品价格体系尚未理清的前提下，洞庭湖地区经济建设将面临外部市场体制与内部市场体制不统一的艰难障碍，严重影响了湖区经济社会的发展。

第三，环境监管体制效力不高、执行力不强。政府在洞庭湖区生态治理中占据主体地位，政府是生态治理的责任主体，因此地方政府对环境监管具有重要的地位和作用。但是，由于现有的生态环境治理监管体制尚未完全建立，所以使得环境监管缺乏有效的制度保障，进而削弱了环境监管政策的执行效力。有些环境监管政策不能很好地落实到位，有些环境监管政策不能发挥应有的效力。

（四）政府监督不严

责任政府建设必然建立在有效的民主监督之上。洞庭湖区生态治理责任的履行和实施必然要求建立相应的监督机制。然而，在现实中由于部分地方政府生态监督意识不健全和监督能力不足，政府生态治理责任履行不到位。洞庭湖区生态责任监督不严主要表现在几个方面：一是生态责任监督管理体系不严，还没有完善的政府监管指标体系和制度，对生态责任主体约束性不强，监管的公正性和严肃性有待提高，以致在生态治理实践过程中虽然出现一些失职或失责情况，却难以开展公正有效的生态问责和责任追究；二是生态治理监管和治理程序不严，会发生相互推诿的现象；三是监管法制不严，虽然相关法律法规涉及的监管范围广泛，但监管可操作性不强，监督标准不健全，使得对生态治理责任的定位缺乏可行性依据，导致在生态治理政府责任认定、问责和追究中缺乏制度性依据，随意性大，而且难以形成长效机制。

第三节　洞庭湖保护和治理的长效机制

根据前文所述，长江经济带重要湖泊保护和治理的长效机制包括运行机制、府际协同机制、支持保障机制、绩效评价机制、责任追究机制等方面的内容。下面笔者将结合洞庭湖区的具体情况，就如何构建适合洞庭湖区生态保护与治理可持续发展的长效机制，提出可行性策略。

一、优化洞庭湖保护和治理的运行机制

（一）明确洞庭湖保护和治理的责任主体

1. 明确政府的核心主体地位

作为经济社会发展的主导和核心，政府部门已经成为公认的生态环境建设和治理的核心力量与核心主体，在洞庭湖区生态环境治理过程中承担着重要责任。

（1）宏观层面需要党委部门的有力领导。洞庭湖区党委部门需要从区域长远发展的大局出发，深远谋划、布局，把生态保护问题作为党领导社会主义和谐社会和社会主义现代化建设的一项重要政治任务，切实加强对洞庭湖区生态治理工作的有力领导，确保湖区生态治理工作能够按照国家生态文明建设的总方针有效、稳步推进。

（2）中观层面需要政府部门的执行措施。目前，洞庭湖生态经济区已纳入国家生态治理战略，生态建设和生态发展已经成为当地的重要战略任务。洞庭湖区地方政府作为湖泊生态治理的主体，在发展生态经济和完善生态治理中具有核心职能。一是政府要将湖区生态保护和实现可持续发展列入政府决策重点，列为政府官员职责和考核的内容。政府要用更多的人力、物力和财力维护好生态，推进可持续发展。二是政府部门应制定切实有效的产业政策、环境政策、技术政策、投资政策、外贸政策和消费政策等，引导、规定、维护、激励社会重视生态，朝可持续发展的方向迈进。三是政府要制定、执行相关政策和法规，规范和监督社会和市场，建设生态文明，打造生态湖区。

（3）微观层面需要政府公务人员的积极落实。政策和制度的生命在于执行，政府

公务人员作为洞庭湖保护与治理责任的具体落实者，必须要以高度的责任感和使命感，不折不扣地落实党委部门的统一部署及政府部门的具体要求。一方面，制定公务员执行生态政策的要求与规定，以制度的形式确定公务员在洞庭湖保护与治理中的具体任务、执行程序、责任规制等；另一方面，强调公务员积极履行生态职能和生态管理责任，要深入洞庭湖区进行生态治理和生态监督，完善湖区生态执法。

2. 构建多元主体的治理体系

从国外湖泊流域生态治理的实践来看，生态治理要想有更高的效率和质量，需要政府、企业、社会组织和个人的共同参与。现代公共管理理论认为，随着民主政治发展，政府在公共事务管理的过程中，逐渐由直接管控转变为积极引导社会公众参与，并且一些非政府组织、社会团体和个人也逐渐开始关注公共事务管理，起着重要的作用。因此，政府要积极引导社会多元主体参与洞庭湖保护和治理实践，构建以政府为主体，企业、社会组织和个人共同参与的治理体系，提高洞庭湖保护和治理决策的科学性与生态治理实践的有效性。

（二）规范洞庭湖保护和治理的任务要求

洞庭湖是我国首批加入国际《湿地公约》的 7 块重要湿地之一，已被列入国际重要湿地保护名录。而当前洞庭湖区的生态环境遭到了严重破坏，各种深层次和叠加性问题突出，治理任务重、周期长、见效慢，要坚持政府主导与责任分担的原则，分工合作、协同治理才是长久之道。

第一，完善洞庭湖保护和治理的制度建设与制度安排。洞庭湖区生态环境破坏的根本原因是制度的缺陷，制度的不完善或制度偏差导致在湖区开发利用的过程中出现了一些破坏生态的行为，但又得不到制度的规制。应通过建立健全和完善洞庭湖区生态环境保护的各项法规，加强对排污者经济处罚、行政制裁以及刑事责任的综合整治，以提高其环境交易成本。因此，湖区地方政府首先要从制度上对生态治理的相关问题进行规制。其次，湖区政府要积极根据市场经济要求，制定生态治理成本与效益的激励和约束机制，使湖区企业、公众参与环境保护和生态治理。最后，要严格制度约束的权威性和严肃性，对于违反生态保护的责任主体严格按照制度进行追究。

第二，明确洞庭湖保护和治理的财政责任与提供经费支持。洞庭湖生态治理问题是一项涉及方方面面的系统工作，要实现洞庭湖保护和治理的科学性和有效性，必然要加大政府对洞庭湖保护和治理的财政支持力度，以保证洞庭湖保护和治理的基础建设、基本运营等。首先，明确政府在洞庭湖保护和治理过程中的财政责任，包括建立洞庭湖保护和治理的财政投入机制等，为洞庭湖生态治理提供经费保障；其次，政府要强化对洞庭湖保护和治理经费的监管和考核，资金的投入必然要求有一定的绩效并对生态治理起到正向作用，政府要加大考核和监督，确保资金利用的合法性和有效性；最后，湖区地方政府要设立洞庭湖保护和治理的专项经费，如水污染治理专项经费等。

（三）强化洞庭湖保护和治理的职能履行

第一，加强洞庭湖保护和治理的宣传教育职能。首先，要明确宣传的重点和宣传内容，政府要将生态治理中的相关政策、法律、制度等向社会广泛宣传，让社会工作树立生态价值观念；其次，创新宣传途径，目前通信技术手段非常发达，在宣传中可以积极运用新的技术手段和方式对生态治理进行宣传，包括传统的报纸、电视，以及网络、微信平台等新媒体；再次，畅通政府与公众的沟通机制，形成政府与社会公众在生态治理工作过程中的互动，譬如建立环境保护和生态治理信访机制，完善生态保护的投诉渠道，等等；最后，合理界定中央政府和湖区政府在生态治理过程中的职能。洞庭湖区处于我国中部地区，是典型的湖泊流域生态系统，从宏观层面来说，洞庭湖生态系统既是国家生态系统和生态安全的重要组成部分，也是我国长江流域生态系统的重要部分；从微观层面来说，洞庭湖处于湖南省北部，主要包括岳阳、常德和益阳三市及周边市区，洞庭湖生态系统在该区域内也具有非常重要的生态功能。因此，在洞庭湖保护和治理的过程中，要合理界定中央政府和地方政府的职能。一方面，中央政府要从宏观层面强化生态文明建设和洞庭湖生态治理的职能任务，并给地方政府充分的行政空间；另一方面，地方政府要积极作为，强化全中国一盘棋概念，维护中央权威，并根据洞庭湖的实际情况明确保护和治理的职能分工。

第二，构建洞庭湖保护和治理的生态补偿机制。生态补偿理论是实践研究的一个热点问题，受到普遍关注。流域生态补偿作为生态补偿的重要组成部分，主要是指通过一定的政策手段实现对流域生态保护和治理的外部性的内部化，让流域生态保护成果的受益者向受损者支付相应的费用，实现流域生态保护的合理回报和支出，以激励流域利益相关者积极投身流域生态保护和治理。一般来说，流域生态补偿方式和形式主要包括财政转移支付、建立生态补偿基金、异地开发和排污权交易等。洞庭湖作为长江经济带的重要湖泊，构建和完善洞庭湖生态补偿机制，对洞庭湖保护和治理具有重要的意义。

（四）严格洞庭湖保护和治理的执行监督

第一，加强党内监督。党内监督是指各级党组织和广大党员依据党章、党规党纪和国家法律法规，对党员干部，特别是各级领导干部的监督。中国共产党对行政权力的制约和监督负有全面责任。2011 年 9 月 12 日环境保护部、发展和改革委员会、财政部、住房和城乡建设部、水利部联合印发了《长江中下游流域水污染防治规划（2011—2015年）》，将洞庭湖生态治理纳入国家发展战略，这是国家生态治理的重要任务，任何政府部门和领导干部都不能疏忽，因此必须加强党内监督，这是落实洞庭湖保护和治理决策和政策的根本保障，可以确保高质量和高效率地完成洞庭湖保护和治理工作。

第二，加强人大监督。人大通过检查行政工作、听取和审议政府工作报告、质询政府工作等，对政府进行监督，并有权对同级政府违法违规的行政人员进行撤换和罢免。人大应该加强对洞庭湖专项治理工作的监督、检查和巡视，加强对其财务和报告的审计，确保"好钢用在刀刃上"，尤其是对洞庭湖保护和治理过程中的各项职能任务的具体完成情况、考核情况等实现及时检查、巡视。此外，要定期对负责洞庭湖保护和治理工作的政府部门和领导干部进行询问和质询。

第三，加强民主监督。政协通过听取政府工作报告、讨论经济社会发展的方针政策和各项重要工作、视察政府工作、对政府工作提出意见和建议等形式，对行政权力运行和政府工作进行监督。民主监督是一项有效的监督方式，尤其是现阶段以来，由于民主监督群体的构成特殊，在生态文明建设、生态治理方面的监督更加能够体现生态治理的科学性、有效。湖区政协要积极主动地关心洞庭湖保护和治理工作、真正地把洞庭湖生态环境保护作为重要的职责内容实施监督，积极参与湖区治理工作的规划讨论，积极为政府提供高价值的参考信息，积极提出洞庭湖保护和治理的意见和建议，确保洞庭湖保护和治理工作的科学开展。

第四，加强行政监督。行政督查与监督作为重要的领导环节和组织方法，督查监督工作已经成为推进行政权力和行政职能落实、提升政府执行力的重要保障。政府部门作为洞庭湖保护和治理的主体，针对当前在洞庭湖保护和治理过程中存在的部分分头作战、效率低下或不作为、乱作为的问题，应该切实履行洞庭湖保护和治理的责任与职能，把已经论证的洞庭湖保护和治理决策、政策、制度等通过政府的行政行为执行到位，切实提高政府行政执行力。譬如，岳阳市为了治理湖区河道乱采砂行为，组建市、县河道采砂综合管理机构和联合执法队伍，抽调精干力量，成立了 8 个专门小组，对湖区采砂点进行专项治理与督查，取缔非法采砂船只 233 艘，拆除非法淘金船只 63 艘，取缔非法砂场 277 处，清理砂石尾堆 138.7 万 t，有效确保了生态治理政策的执行落实。同时，政府还要加强对洞庭湖保护与治理的审计监督与控制，审计部门必须加强对人力、物力和财力工作的审计，保证物尽其用，真正发挥人、财、物的作用。

第五，加强司法监督。环境保护和生态治理的行政机关或者执法行为需要司法监督来保障其行为的合法性和有效性，这是由国家权力机关的特征和部门间的制约关系所决定的。洞庭湖保护和治理一方面是政府的行政行为，另一方面又是一种生态执法行为，生态治理执行力的实施过程很大程度上是生态执法过程。湖区政府要强化环境执法和司法的衔接，规范生态治理中的执法行为，提高生态治理政策的制度性和严肃性，保护环境和生态。

二、构建洞庭湖保护和治理的府际协同机制

（一）建立洞庭湖保护和治理的府际沟通协调机制

洞庭湖区跨湖南、湖北两省。由于传统"行政区行政"属地治理模式，各个地方政府在洞庭湖保护和治理中有时会出现各自为政、难以协调等问题，甚至地方政府间为了自身的经济利益，相互推责，或阻碍生态执法。因而，在洞庭湖保护和治理的长效机制

构建过程中，要科学、有效地提高治理能力，有必要实现湖区政府间的府际合作，构建洞庭湖保护和治理的府际协作沟通协调机制。

第一，建立权威的湖区府际合作协调机构。建立权威的湖区府际合作协调机构，能够客观公正地组织召开生态治理协调会议，能够有效地实现区域之间的良好沟通，解决纠纷。目前，很多国家和地区都在探索建立跨流域生态治理府际合作协调机构，譬如美国和加拿大政府1955年根据《五大湖流域协议》成立的五大湖委员会，莱茵河流域各国1950年成立的"保护莱茵河国际委员会"及我国成立的水利部珠江水利委员会等。目前，建设洞庭湖区生态经济区上升为国家战略，湖区地方政府就洞庭湖保护和治理已经取得了共识，各地市都明确提出要保护洞庭湖，2009年成立了湖南省洞庭湖区域经济社会发展研究会，这为洞庭湖区合作治理打下了很好的基础，但这尚属于学术组织，还要在政府和管理层面予以强化，建立洞庭湖生态治理府际合作的专门机构。

第二，建立科学的湖区府际合作沟通机制。一般来说，跨流域府际合作，仅仅依靠上级政府部门的管理是不够的，最为关键的是要构建流域地方政府间的协调机制和合作治理体制。洞庭湖区地方政府要在政府自愿合作的基础上，建立和完善洞庭湖保护和治理的协调机制。一是公共事务磋商机制。在湖区政府间建立湖区公共事务磋商机制，协调处理湖区决策谈判、生态治理、政策执行等事项，甚至针对一些重大跨区域公共事务可以成立岳阳、常德、益阳市长联席会议制度，促进区域生态治理分工合作，谋求构建区域合作的长效机制。二是生态信息沟通机制。对湖区生态信息，包括水文、水质、环境等信息实现信息通报和信息共享，尤其是针对重大环境污染事件，要对污染源、污染区域、治理进展等信息进行通报和公布。三是资源投入和生态补偿机制。针对湖区生态治理的防污、排污等基础设施建设的资源投入，要求根据属地原则和利益分享原则进行合理的分配与安排，同时对为生态保护而受到损害的企业、个人进行生态补偿。四是联合生态执法机制。湖区政府要构建针对跨流域生态破坏行为的联合执法机制，确保洞庭湖生态执法整体一盘棋，不推诿、不包庇，实现洞庭湖生态执法无死角。

（二）建立洞庭湖保护和治理的府际利益整合机制

第一，建立利益共享机制。利益是府际合作的根本，只有建立利益共享机制，才能推动府际合作的顺利实施。府际合作是否发挥作用绝大多数情况下取决于各方利益是否达到平衡，要促成湖区生态治理府际协同合作，就必须处理好彼此之间的利益关系，建立生态治理利益共享长效机制，通过平等互利和互助合作等方式来确保区域府际合作双方都能公平公正地共享生态治理带来的利益，从而实现最大限度的利益共享。利益共享机制是一种平等、协作、互利的新型区域利益关系，要以区域利益共享来实现生态治理，最终实现共同富裕。客观上讲，洞庭湖保护和治理的府际合作利益共享机制的建立，有利于保证湖区各政府共享合作成果，通过合理的利益分配能够有效提高洞庭湖保护和治理合作的积极性和主动性，发挥府际合作的创造性，保证府际合作的长期性，实现区域生态合作治理中的利益共享。

第二，建立利益补偿机制。在洞庭湖区域协同生态治理的过程中，不可避免地将会出现一方政府受益另一方政府受损的现象，为了促进府际协同合作的顺利开展，就必然要弥补受损方的经济损失，所以我们必须积极建立健全利益补偿机制。利益补偿要注重适度原则，充分考虑当事双方的客观需求，尽力满足受损方的需要，只有使当事双方相互满意，才能保证府际协同合作的有效推进。建立利益补偿机制应坚持几个基本原则。一是要坚持"谁受益、谁补偿"的原则，这样能够减少国家财政的压力。在生态环境治理过程中，谁获得了最大的收益，谁就应该主动承担起补偿受损者的责任。二是要坚持"公平、公正、公开"的原则，在利益补偿机制构建中要全方位地贯彻落实这个基本原则，利益补偿一定要讲究实效，必须做到公平、公正和公开。三是要坚持利益补偿，以实际需求为导向。利益补偿的形式多种多样，包括经济补偿、政治补偿以及文化补偿等，要采取何种形式的补偿应该视具体情况而定，总之要符合利益补偿双方的现实需求，尽力做到"所补即所需"。此外，还要积极争取国家和政府的支持，建立由国家主导的新型利益补偿机制，通过国家财政补贴使合作中利益受损的一方得到合理的补偿。同时，要完善生态补偿立法工作。用法律的形式明确规定生态补偿范围、补偿标准以及补偿程序等，以确保生态补偿工作落到实处。

（三）建立洞庭湖保护和治理的府际信息共享机制

1. 搭建信息共享平台

搭建信息共享平台是湖区府际沟通协调的基础，能够提高沟通协调的效率。首先，应大力发展电子政务，在电子政务的基础上建立专门的府际合作生态治理共享数据库，该数据库里有府际合作生态治理所需的各项信息，包括府际合作政策规章、府际合作各方的资料、多种府际合作协议、生态治理政策、生态治理成效、生态治理经验、生态治理通知公告等，府际合作的各方均可以获得相应的权限，能够无障碍地在共享数据库中发布信息和下载资料，随时能够补充和完善资料。其次，应建立独立的洞庭湖生态治理府际合作信息共享网站，该网站属于府际合作的官方交流平台，向全社会开放，任何人都可以免费获取该网站公布的各种信息资源，府际合作生态治理的各项信息应及时在此网站中公布，使府际合作生态治理置于广大人民群众的监督下，保证信息资源的合理流动和对信息资源的有效利用，从而提高生态治理的效率。此外，应搭建府际合作生态治理内部交流信息共享平台，便于各级政府方便快捷地获取各种洞庭湖保护和治理的基础数据。该平台具备信息发布、信息甄别和筛选以及信息入网标准化管理的功能。利用信息共享平台，各治理主体可以根据自身需要，在共享平台上挑选出大量对自己有用且符合自己区域发展需要的信息和数据。

2. 畅通信息交流渠道

为了保证洞庭湖保护和治理信息获取及时、快速和准确，就必须拓宽信息交流渠道，使广大人民群众能够方便快捷地获取生态治理各项信息资源。在畅通信息交流渠道时，要重点打破"信息孤岛"和"数字鸿沟"的限制，同时要注重信息交流的有效性。以计算机网络为平台，建设洞庭湖保护与治理府际合作的信息管理网络服务系统，如生态治理监督数据系统、生态治理协调数据系统、生态治理控制数据系统、生态环境保护基础数据系统、生态治理成果应用数据系统、生态治理政策管理数据系统等，搭建洞庭湖区政府间合作交流的信息网络，能够扫清府际合作信息交流的多种障碍，保证湖区信息交流顺畅，加快湖区信息化建设进程，最终实现以信息化带动生态农业和绿色工业的发展，促进洞庭湖生态环境的保护与治理，推动洞庭湖经济社会的可持续发展。

（四）建立洞庭湖保护和治理的府际法律约束机制

近年来，洞庭湖生态治理府际合作主要还是停留在非制度化的层面，大多数合作采取集体磋商的形式，尚未建立统一的府际合作组织机构，会议形成的府际合作方案难以贯彻执行。在执行力和约束力相对比较缺乏的情况下，洞庭湖生态治理府际合作的效果具有很大的不确定性。因此，必须制定法律，用立法形式实现合作。首先，从宏观上加强国家生态治理法律制度建设。必须通过相关的立法加强国家生态治理法律制度建设，用法律和制度的形式规范府际合作主体的行为，明确府际合作的内容、范围，规定合作各方的权利和责任，使府际合作有法可依，保证府际合作各项政策得到全面落实，保证各项环保政策的执行效力。其次，从微观上加强区域生态治理法律制度建设。应用法律的形式确定地方政府是府际合作生态治理的责任主体，同时明确规定地方政府对所辖区域的环境保护和生态治理应负有的责任，对政府违法行为必须依法追究其法律责任，以此来规范政府的生态治理行为，提高生态治理的效率。此外，还要不断完善地方政府府际合作生态治理法律。如前文所述，洞庭湖区域生态治理的法律法规尚比较缺乏，地方政府的府际合作无法可依，在缺乏法律法规支撑的前提下，地方政府的不合作行为得不到应有的惩罚，难以保证府际合作的顺利开展。鉴于此，为了推进府际合作的有效实施，保证区域合作关系的和谐发展，就必须建立一套科学合理的地方政府府际合作法，譬如建立一部《洞庭湖府际合作法》，该法应明确规范地方政府的行为，严格规定地方政府如不履行规范而造成一定损失必须承担相应的法律责任并赔偿经济损失，以此来促进府际合作交流的规范化、法制化和常态化。

三、健全洞庭湖保护和治理的支持保障机制

构建洞庭湖保护和治理的长效机制是一项系统工程，涉及湖区政府、社会、个人等方方面面。因此，要确保洞庭湖保护和治理长效机制的科学性和有效性，必然需要构建一套科学、完整的支持保障体系。主要包括完善洞庭湖保护和治理的政策法规体系、加大洞庭湖保护和治理的财政支持保障、提升洞庭湖保护和治理的人才技术水平、推动建立洞庭湖保护和治理的社会参与机制等方面。

（一）完善洞庭湖保护和治理的政策法规体系

洞庭湖保护和治理长效机制的实现除了要树立生态理念，还要有法律和制度保障，以制度建设提高生态政府治理的规范性和严肃性。我国自改革开放以来，生态环境保护立法速度明显加快，并且对环境污染和生态破坏行为在法律上进行了认定与追究。《国务院关于环境保护若干问题的决定》（1996）要求实行环境质量行政领导负责制；《关于加快推进生态文明建设的意见》（2015）要求建立领导干部任期生态文明建设责任制等，初步形成了生态治理的制度体系。与此同时，地方政府在湖泊生态治理实践中，也逐步建立了相应的生态法制体系，譬如江西省制定了《江西省鄱阳湖湿地保护条例》，江苏省制定了《太湖水污染防治条例》，云南省制定了《滇池保护条例》等，地方政府在湖泊流域生态保护中发挥了重要作用。然而，目前洞庭湖作为我国中部地区重要的生态区域却缺少相应的生态环境保护法规，这是需要湖区政府努力加强的方面。湖区政府应在国家已有的生态立法的基础上，借鉴其他地方湖泊生态治理立法的经验，结合洞庭湖实际，制定与洞庭湖保护和治理相适应的法律制度，推进构建洞庭湖保护和治理的长效机制。

（二）加大洞庭湖保护和治理的财政支持保障

环境保护和生态治理需要政府的财政投入。然而事实上，生态治理需要非常巨大的经费投入，并且很难在短期内见到成效和效益，导致地方政府在环境保护和生态治理过程中的经费投入往往是较少的，或者是"雷声大、雨点小"，这严重地制约了政府生态治理职能的正常履行。因此，要实现生态文明建设和洞庭湖区生态治理的科学性和有效性，加大洞庭湖保护和治理的经费投入是十分重要的。

一方面，应健全洞庭湖保护和治理的经费投入机制。随着市场经济发展，经费保障已经成为社会经济资源配置的核心，要保障湖区政府生态责任落实，关键是要完善生态治理经费政府投入机制。一是湖区地方政府应积极争取中央和省级预算资金安排，对湖区社会公益事业、高新技术产业、农田水利事业发展，继续给予支持，争取支持生态综合治理重大项目建设，在生态文明建设和发展循环经济思想的指导下，重点优选资源节约、环境保护、重点污染治理等项目，譬如洞庭湖湿地保护项目、城陵矶水利综合枢纽工程等；争取建立生态环境补偿制度，争取中央财政增加对粮食主产区的一般性转移支付力度；争取支持湖区生态保护专项项目建设，包括洞庭湖国际旅游度假区，环湖交通、水利等重大项目建设，以防大汛、大旱和地质灾害为重点的防洪减灾体系建设。二是湖区地方政府要建立湖区生态治理预算制度，保障政府在环境保护和生态治理过程中的政策资金供给。湖区政府要加大财政投入，对洞庭湖生态治理的基础设施建设、污水净化处理、生态补偿等分配合理预算。三是争取获得国家和省内的金融政策支持，建立完备的金融体系，批准湖区投资基金的设立，推进地方村镇银行与民间投融资公司的发展，寻求国际资本的金融支持，营造生态类建设项目的良好投资环境。

另一方面，应探索洞庭湖保护和治理多元经费筹资模式。一般来说，政府投资是生态治理的主要经费来源，但仅仅依靠政府的投入是不够，湖区政府要积极利用市场规律、以市场为导向，积极鼓励和引导社会资金进行洞庭湖生态治理。一是要搭建社会公益资金筹资平台。生态文明建设和生态治理工作已经越来越被社会公益组织或个人所重视，其有着积极参与环境保护的意愿和自觉。因此，湖区政府要利用这种良好的生态保护志愿氛围，积极与社会组织和个人进行沟通，争取社会团体、公益组织和个人的经费支持或捐助，包括国际性的组织、国家级的社会团体或组织、民间组织等对环保的支持。譬如岳阳市与国务院三峡办、世界自然基金会等机构和国际组织加强对接，扩大合作，建设生态保护资金平台。二是要积极引导民间资本进入湖区生态治理领域。投资环境保护和生态治理产业是当前国际积极鼓励和倡导，并大力扶持的投资方向，目前很多的投资商已经注意环保产业的潜力和商机，并有所行动。在洞庭湖区升格为国家级生态经济区之际，洞庭湖生态经济有着非常好的发展前景，湖区政府更要善于因地制宜地利用区位优势，以此吸引民间资本的进入，譬如通过洞庭湖区的产业升级引进环保企业参与洞庭湖区的生态治理，以洞庭湖区的生态旅游商机引进高端有实力的企业打造洞庭湖生态景观旅游产业等。

（三）提升洞庭湖保护和治理的人才技术水平

从国内外实践来看，在湖泊流域生态治理过程中，治理技术的升级和专业人员的培训等是实现流域生态有效治理的重要因素。湖泊流域生态的污染和破坏实际上也主要是由于近代以来的工业经济发展和技术进步所造成的，产业布局的不合理和治理技术的不成熟是造成湖泊流域生态破坏的主要因素。因此，要实现洞庭湖保护和治理的科学、有效，具体要做到以下几点。

1. 加强技术改造和促进洞庭湖区产业转型升级

洞庭湖区由于经济、历史原因，湖区现有石油化工业和造纸业两大对生态环境影响比较大的产业。因此，洞庭湖区必须要以石油化工业和造纸业的产业升级为重点，推动洞庭湖区产业转型升级，走科技、生态、高效率的产业发展道路。特别是在洞庭湖生态经济区建设上升为国家战略的情况下，更要在经济发展中坚持"保护第一、生态优先"的原则，科学开发和合理利用洞庭湖资源，并且对环境污染比较严重的企业强制其进行产业升级转型。

2. 提升洞庭湖保护和治理的技术水平

导致洞庭湖生态破坏的重要原因就是沿湖工业的发展，工厂企业对在生产过程中的污染物，如废气、废水、废渣处理不当导致了湖泊污染。因此，要实现对洞庭湖的生态治理，必须有先进的生态治理技术。一是沿湖工业企业污染物排放处理技术。湖区政府应制定严格的污染排放标准，要求企业在生产过程中，必须将所产生的污染物采用先进的技术进行无害化处理，达标后才可向外排放。二是洞庭湖生态恢复技术。包括洞庭湖水体污染自净与修复治理技术、湖水水体富营养化修复技术、湖区土壤重金属污染消除与土壤修复技术、洞庭湖湿地生态系统修复技术。三是洞庭湖清洁生产技术。清洁生产是生态保护的根本，政府要以税收、补贴、生态补偿等政策手段引导企业优先使用清洁能源，采用能源消耗低、资源利用率高、污染排放量少的工业设备、工艺减少污染物产生。

3. 强化洞庭湖保护和治理的人才队伍建设

人才是生产要素中最重要的因素，是社会经济发展的宝贵资源，也是洞庭湖生态治理的重要保障。湖区政府要高度重视生态治理人才队伍建设，要紧紧围绕生态事业发展对人才的需求，强化人才战略。一是要重点加强对生态治理和环境保护系统内党政领导与职能部门干部的人才培养，提高生态治理能力和水平；二是要强化生态行政执法人才队伍建设，通过业务培训、专业指导，增强生态执法水平；三是要大力引进和培养生态治理与环境保护专业技术人才，一方面要引进高层次环保专家、技术骨干，另一方面要培养职业环保技术人才队伍等。

（四）推动建立洞庭湖保护和治理的社会参与机制

加强生态治理和环境监督，确保环境污染和生态破坏得到有效治理，落实政府生态主体责任制，仅仅依靠政府环保部门的力量是远远不够的，需要全社会共同参与和监督。公众参与是民主制度下环境保护的必然诉求。世界各国都非常重视生态治理的社会参与，我国也鼓励公众参与生态治理监督，并在《环境影响评价法（2018修正）》明确规定"国家鼓励有关单位、专家和社会公众以适当方式参与环境影响评价"。并对具体参与方式做了规定。因此，洞庭湖生态治理必须要健全公众参与的相关制度和措施。

1. 建立健全洞庭湖生态治理公众参与方式与政府回应机制

从公众参与方式来说，一是健全洞庭湖生态保护和环境影响评价的听证制度，湖区的重大决策可能影响湖区的生态环境，政府应举行听证会，让社会公众就生态保护和评价表达个人意见，维护公众环境权利；二是完善洞庭湖生态治理信息公开制度，应及时准确地向媒体、社会公开洞庭湖生态信息以及监测站监测的环境信息，维护公众环境信息知情权，应及时向社会公布突发重大污染事件的信息；三是鼓励洞庭湖生态保护公益性组织的发展和志愿活动的开展，悉心听取社会公益组织对湖区生态保护的意见与建议，与社会公益组织团体合作，构建社会生态"防火墙"。从政府回应机制层面来说，一方面要明确公众监督程序，包括公众生态环境监督涵盖哪些内容、公众应向哪个部门举报、举报的具体途径是什么、由哪个部门负责处置或向公众解释和说明，等等；另一方面，要确保公众监督的有效性，政府对于公众监督要及时回应，并立即制止企业或个人的违法行为，并依法做出相应的处理，以及公布处理结果，甚至给予公众监督奖励，明确政府对公众监督的重视和支持，激发公众监督的热情。

2. 建立和畅通公众举报制度，推进洞庭湖保护和治理的社会监督

政府履行生态责任，其中动力之一就是来自社会公众的监督，尤其是受到环境污染

影响的居民，必然会向相应的部门举报或向媒体曝光，以督促政府制止企业的污染行为。因此，要让公众参与举报制度成为政府和企业保护生态的真正动力和压力。目前，洞庭湖地区已经将环评不合格或停产的企业名单以及举报电话向社会公布，要求各级环保部门和湖区公众一旦发现企业擅自恢复生产或继续排污等行为，立即举报查处。

3. 提高社会生态责任意识

从目前来看，我国公众环保意识普遍偏低，对环保认知存在一定的偏差，或者是对政府环保行为认知不足，导致公众对环境保护和生态治理缺少重视，因而谈不上对政府生态治理责任的监督，更谈不上运用生态否决权。因此，洞庭湖区政府应当积极做好对当地民众生态保护的教育与宣传，激发和增强民众自觉保护生态环境的意识与参与度，强化公众生态权益意识，形成对政府生态责任强有力的监督。

四、创新洞庭湖保护和治理的绩效评价机制

（一）完善洞庭湖保护和治理的多元评价主体

评价主体直接或间接地决定了评价的原则、价值取向、方法、指标体系、对结果的利用等。洞庭湖区的生态治理涉及政府、企业、公众和新闻媒体等多个主体，为了使评价结果更加科学、合理、有效，必须构建一个由政府、公众、媒体、企业等主体共同参与的多元评价体系，本书认为洞庭湖保护和治理的评价主体应该包括政府部门、企业单位、社会公众、第三方专业机构和新闻媒体。

第一，政府部门。政府部门是洞庭湖生态治理的主要承担者和治理评价的发起者，它可以运用规则制定者的角色优势，来真实客观地评价现实存在的疑难问题，并通过制定科学的解决问题的方法，采用实操性较强的评价制度，来达成评价目标。这是政府部门具备的独有优势，因此在具体的评价过程中必须将政府自身纳入评价主体。

第二，企业单位。洞庭湖生态区分布着众多企业，这些企业在制造和生产产品的过程中必定会消耗湖区的生态资源，并且可能会给湖区的生态环境带来影响，包括积极影响和消极影响。积极影响是指企业支持湖区生态治理工作，为该项工作提供资金和技术支持等；消极影响是指高耗能和高污染类企业对湖区的生态环境造成破坏等。因此，企业单位也是洞庭湖治理责任的承担者之一，它们影响着洞庭湖生态治理的效果和当地的经济发展状况，所以必须将企业单位纳入评价主体。

第三，社会公众。社会公众参与评价既是政府部门治理效果被评价的过程，也是社会公众表达自己利益诉求的过程。当社会公众作为评价主体时，最能体现出评价的价值取向，最能反映评价的结果满意度。所以政府要畅通渠道，让公众能够有效地评价政府的承诺与行为。

第四，第三方专业机构。保证政府湖区治理能力评价的完整性、科学性和客观性的有效途径之一就是让第三方专业机构参与评价。第三方专业机构从功能上来看能满足评

价的科学性要求，从视域来看能满足评价的中立性要求，其结果往往具有较高的可信度。由于第三方专业机构的组成人员大多来自高校、科研机构，不仅具有专业的技能知识和评价经验，而且引进第三方参与评价也有利于强化评价结果的公信力。所以，在保证中立立场的前提下，引入第三方专业机构，能帮助政府治理洞庭湖区生态环境做出科学、客观的判断。

第五，新闻媒体。新闻媒体是对报纸、广播、电视、互联网等的总称，是传递信息的重要渠道和载体。新闻媒体通过反映社会公众对政府生态治理的评价，不仅能真实地表达公众意愿，也能帮助政府及时了解和传递信息。新闻媒体往往具有较高的专业素养，能够敏锐地发掘民众的诉求，了解政府的价值导向，有效地连接起前后两者，并且能对政府生态治理的过程进行及时的监督，其对洞庭湖生态治理的评价有着不可忽视的作用。

（二）科学遴选洞庭湖保护和治理的评价指标

指标体系的构建和评估指标的选取是绩效评价的关键要素，建立洞庭湖生态治理的绩效评价体系，涉及如何选指标、选哪些指标等问题，这些问题得不到解决就无法开展绩效评价。在指标遴选的过程中必须坚持全面性与代表性相结合、系统性与层次性相结合、定性指标与定量指标相结合、独立性与关联性相结合、稳定性与灵活性相结合的原则。

（三）合理优化洞庭湖保护和治理的评价方法

良好的评价程序和方法是良好的评价体系的重要内容，有利于促进评价工作有序、科学地开展。通过多种途径和方法优化评价的程序和方法，对于提高评价结果的科学性和权威性有重要作用。

五、完善洞庭湖保护和治理的责任追究机制

强化政府生态责任，实行政府生态问责制是生态文明建设和责任政府建设的内在要求。尤其是 2015 年 5 月制定的《关于加快推进生态文明建设的意见》第二十六条，明确提出要完善责任追究制度；2015 年 8 月，《党政领导干部生态环境损害责任追究办法（试行）》正式施行，对党政领导干部生态环境损害责任追究做了具体规定等，标志着我国政府生态治理责任追究制度建设进入新的阶段。洞庭湖区政府在进行生态治理责任建设的过程中，既要做好责任落实评价，也要对责任落实过程中的失职行为或损害生态利益的行为进行责任追究。因此，构建洞庭湖保护和治理的责任追究机制是完善政府生态治理职能的重要保障。

（一）严格洞庭湖保护和治理的责任追究认定机制

完善洞庭湖保护和治理责任追究机制，首先要对政府的生态责任进行认定，明确政府生态责任主客体要素，对政府生态责任的范畴、生态责任失范行为以及由此造成的生态破坏等进行归责认定。责任认定是实现责任追究的前提和基础。因此，需要进一步严格落实洞庭湖生态责任认定工作。首先，洞庭湖区政府必须要先通过立法或制度等形式

明确规范责任主体及其权责，进一步明确责任追究的权责体系，将生态治理中具体的职能和责任任务落实到相关的地区、部门和个人，建立层次清晰的生态责任主体和责任清单，包括"一把手"在内的政府部门工作人员都应该成为生态责任追究的主体对象。其次，洞庭湖区政府必须要以生态责任考核为依据。一是将生态责任考核与政府行政监察、审计等措施结合起来，将生态责任追究的事由、对象、结果及惩处措施等向社会公布。二是将生态责任考核与湖区实际情况结合起来，根据洞庭湖区生态特征，科学设置湖区生态治理责任考核量化指标，使其能较为准确和真实地反映洞庭湖区政府的生态责任，以使得考核结果能真实反映政府在生态治理中的实际行为，譬如洪水灾害等自然灾害对生态的破坏，可以不纳入考核等。三是将生态责任考核结果与政府评价及其公务人员晋升制度相结合，譬如可以把政府工作人员在生态治理中的责任履行情况作为其职务晋升的重要依据，从而防止政府在生态治理过程中的"责任缺失"或"无为而治"行为。

（二）强化洞庭湖保护和治理的责任追究问责机制

政府生态问责制是生态文明建设的重要内容和关键环节，备受关注。在国内外生态治理实践中，生态问责制被普遍应用，并取得了良好效果。一般来说，责任追究主要是通过政府问责来实现的，问责的目的就是对政府行政失范行为进行责任追究，以减少生态治理中的政府行为失范和责任缺失，督促政府部门及其工作人员在生态行政过程中将生态职能和生态责任放在重要位置并积极落实。

首先，洞庭湖区政府要积极在国家现有的生态制度和法律基础上不断完善相关制度体系建设。一是建立政府生态治理目标责任制。洞庭湖区政府可根据洞庭湖区实际建立生态治理目标责任制，通过确定生态治理目标，量化考核生态治理成果，把目标实现与否作为考核地方政府生态职能和生态责任的重要指标，切实履行"党政一把手亲自抓、负总责"。二是完善政府生态治理责任清单制，对洞庭湖生态治理的各项内容根据职能分工划分到具体的政府、部门和人员，明确责任单位和参与单位，并对具体要求进行量化，确定考核标准和责任追究措施。三是强化湖区政府领导干部生态责任，依照"做好应该做的"和"不做不该做的"原则，出台洞庭湖区政府领导干部生态损害责任追究相关条例。四是实行离任生态审计制，对于离任干部，需要通过资源、环境、生态等内容的离任审计来考察其在工作期间是否完成了任期生态责任目标。五是严格生态环境损害责任终身追究制。生态环境的破坏很多时候具有滞后性和潜在性，要倒查生态责任，实施终身追究制，要使领导干部转变政绩观，树立"功成不必在我"的观念。

其次，积极拓展洞庭湖生态问责途径。生态问责既是一套实体性规范，也是一套程序性规范，需要不断完善问责途径和手段。从目前来看，随着"异体问责"逐渐被认可，其也成为一种更具有公信力和有效性的问责方式，因此洞庭湖区政府在实施生态问责制的过程中，也应强化异体问责，扩宽问责途径。

最后，科学设计洞庭湖区生态问责方式。洞庭湖区政府在实施生态责任追究制的过程中，可以创新生态问责的方式。一是强化行政问责。行政问责是政府实施生态问责的主要方式，是一种源自政府系统权力层级约束力自上而下的等级问责，是上级部门或机关对下级部门或机关的问责，属于行政问责范畴。行政问责主要是对在生态责任落实不到位的政府工作人员，或行政不作为的政府工作人员给予相应的行政处分。二是严格法律问责。法律问责是运用法律手段来对政府生态责任履行中的违法行为进行责任追究，其主要依据是国家相关的法律条款，洞庭湖区政府对于某些部门或个人在生态行为中出现营私舞弊、贪污受贿等涉嫌犯罪的要移送司法机关，依法追究法律责任。另外，在生态问责中还包括政治问责和道德问责，主要是针对政府领导在治理生态中的不当行为进行道德和政治上的问责。

第七章 鄱阳湖保护和治理的长效机制构建

鄱阳湖作为我国最大的淡水湖，是长江中下游重要的水资源宝库，是国际著名的重要湿地和白鹤等候鸟的越冬栖息地，在保障江西乃至长江中下游地区社会经济发展、维护健康长江的过程中发挥着重要作用。近年来，鄱阳湖生态有所改善，但湖泊生态保护与经济社会发展之间依然存在诸多矛盾，特别是跨行政区生态治理面临严峻的挑战。当前，鄱阳湖生态治理形势十分紧迫：近15年来鄱阳湖水位迅速下降，水资源利用形势更加严峻；由于农业面源污染、生活污水排放量增加、工业废水污染、过度采砂等，水环境形势不容乐观，当前鄱阳湖出口湖口断面水质为IV类；受水文情势变化、水质变差、过度捕捞、工程建设等因素影响，鄱阳湖生物多样性呈下降趋势。

党的十八大以来，江西省各级政府坚决贯彻落实习近平生态文明思想，牢固树立"四个意识"，不断提高政治站位，坚决扛起生态文明建设的政治责任，深化生态环境保护党政同责和一岗双责，加快了鄱阳湖治理步伐，在法律法规、治理机构和组织体系、治理方式、治理重点方面采取了许多有效措施，特别是在河湖长制方面进行了大胆探索，也取得了非常显著的治理成效，鄱阳湖的生态环境有了很大改观。但是鄱阳湖跨行政区生态治理依然存在治理行为有偏差、治理合力难形成、治理能力不充分的困境。鄱阳湖跨行政区生态治理存在的问题有"公地悲剧"的内在矛盾，也有治理机制方面的不完善。本书结合鄱阳湖生态治理实际，借鉴国内外湖泊保护和治理的经验，从运行机制、府际协同机制、支持保障机制、绩效评价机制和责任追究机制五个方面构建鄱阳湖保护和治理的长效机制，鄱阳湖生态环境的治理不是一个简单的公地悲剧和囚犯困境博弈问题，通过一般的行政机制难以实现对鄱阳湖生态环境的有效治理。针对鄱阳湖生态环境建设和经济发展这一问题，本书提出了相关建议，希望可以更好地协调好鄱阳湖生态环境与经济发展两者之间的关系，为长江经济带湖泊生态治理提供理论参考。

第一节 鄱阳湖基本概况与基本现状

一、鄱阳湖基本概况

鄱阳湖位于江西省的北部、长江中下游南岸，古称彭蠡泽、彭泽、扬澜，是中国第一大淡水湖。与赣江、抚河、信江、饶河、修水五条河流尾闾相接，并承接清丰山溪、博阳河、漳田河、潼津河等区间来水，调蓄后经湖口注入长江，为长江流域重要的一个过水性、吞吐型、季节性的浅水湖泊。鄱阳湖流域由鄱阳湖、五河水系（赣江、抚河、信江、饶河、修河）、独流入湖的小河（青峰山溪、博阳河、樟田河、潼津河等），以及其他季节性的小河溪流和丘陵山地等构成独立完整的流域自然地理单元。鄱阳湖流域范围涉及江西、湖南、安徽、福建、浙江和广东6省18个设区市的108个县（市、区）。

南部湖区，为鄱阳湖主体，约占湖泊总面积的五分之四。除汇纳赣、抚、信、饶、修五大河流来水外，环湖区流域面积大于 $200km^2$ 的直接入湖河流有 4 条。西、南部为河流泛滥平原，沿岸湖港密布，底质多为沉积性泥沙。东部鄱阳、都昌沿岸，沼泽滩地多，地势平缓，湖岸弯曲。中、北部为鄱阳湖大水体，水天相连，渺无际涯。

北部湖区为鄱阳湖入长江水道。湖区都昌、星子、湖口一带为低山丘陵，岸多岩壁，底质大多是石砾、细沙和粉沙。湖区名胜古迹众多，与庐山国家风景名胜区交相辉映，是著名的旅游胜地。

鄱阳湖流域自然环境优良，孕育着丰富的生物，为全球最重要的生态敏感区之一。其流域内物种繁多，是长江流域物种资源的重要组成部分，对维持区域生态平衡和维护全球生物多样性都具有十分重要的意义。湖区自然保护区 7 处，鄱阳湖是我国最早列入国际重要水禽生境名录的湿地保护区之一。鄱阳湖湖区已记录到鸟类 310 种，其中有13 种世界濒危鸟类，10 种国家一级保护鸟类，44 种国家二级保护鸟类。[1] 鸟类不仅种类多，而且种群数量大，白鹤越冬种群数量近 10 年都稳定在 2 000 只以上，占世界总数的 95% 以上；白枕鹤数量稳定在 2 500 只以上，占世界总数的 50% 以上；鸿雁数量达 3 万只，占世界总数的 60% 以上；白额雁数量达 3.2 万只，占亚太地区总数的 60%以上。如此数量众多的候鸟，使鄱阳湖成为世界关注的焦点。除数量巨大的越冬候鸟外，鄱阳湖流域的渔业资源也很丰富，是我国最大的淡水渔业资源产区。鄱阳湖流域共发现

---

① 吴英豪. 江西鄱阳湖国家级自然保护区研究 [M]. 北京：中国林业出版社，2002.

鱼类 205 种[①]，其中鄱阳湖湖区累计记录到鱼类 136 种[②]，鲤科鱼类占 65%。经济鱼类较多，如鲤、鲫、青鱼、草鱼、鲢、鳙等。湖区是众多洄游或半洄游鱼类的重要越冬和繁殖场所，对鱼类种质资源的保护及种群的维持有重要意义。

鄱阳湖作为调节长江洪水的吞吐型湖泊，也是一个水陆交互作用的巨大生态系统，其在流域防洪、水土资源、生物多样性和生态系统服务功能方面的突出作用决定了其在长江流域的重要地位。鄱阳湖及其流域是全球水安全和生物多样性保护的关键区域之一，也是我国主要商品粮、油、棉和水产品的重要生产基地。

鄱阳湖作为国际重要湿地，拥有丰富的生物和物种资源，对维持生物种群特别是重要经济物种和珍稀濒危种具有难以估量的价值。因此，鄱阳湖流域的生态健康维系着流域内及长江中下游的生态安全，是我国经济、社会、生态可持续发展的重要保障。但与此同时，鄱阳湖也面临着各种挑战：（1）长江干流和五河流域内大中型水利工程的建设导致鄱阳湖和整个流域内自然水文特征发生变化；（2）流域内生物多样性受到严重威胁；（3）地表径流和五河携带的污染物排入湖区，水环境开始恶化，鄱阳湖已局部具备了发生富营养化的氮磷条件，有逐步向富营养化发展的趋势；（4）全球气候变化加剧流域内降水强度和频率规律的改变，流域内水文过程受气候变化和地表人类活动的双重影响；（5）血吸虫病传染风险依然较高。

二、鄱阳湖基本现状

鄱阳湖作为重要的生态经济保护区，一直受到国家和地方政府的高度重视，特别是在 1949 年以后，政府先后多次对鄱阳湖进行了生态治理，在发展当地特色经济的同时，维护生态环境的平衡。第一阶段，20 世纪 80 年代中期，江西省政府开始建设"山江湖工程"，该工程以"立足生态、着眼经济、综合开发、系统治理"为建设原则。鄱阳湖借助这一时机，大力开展综合治理工作，在治理过程中贯彻生态环境与经济发展相协调的方针。第二阶段，21 世纪以来，随着地方经济的大力发展，生态环境遭到破坏，鄱阳湖的排污量也在逐年增加，严重影响了水质。第三阶段，近些年来，随着国家政策导向的改变，工业的转型升级，政府加大了对地方生态环境的治理工作，鄱阳湖的环境问题特别是水质问题得到了极大的改善，但是在枯水期阶段，鄱阳湖的水质还是较差，情况不容乐观，仍须加大治理力度。

（一）鄱阳湖生态现状

1. 水资源利用形势更加严峻

近年来，受长江水位影响，鄱阳湖水位迅速下降。2011 年 5 月，自有卫星记录以

---

① 郭治之，刘瑞兰. 江西鱼类的研究 [J]. 南昌大学学报（理科版），1995（03）：222-232.

② 张堂林，李钟杰. 鄱阳湖鱼类资源及渔业利用 [J]. 湖泊科学，2007（04）：434-444.

来，鄱阳湖的水域面积减至最小，只有 1 326km²。2018 年 9 月 26 日 8 时，鄱阳湖标志性水文站点星子水文站水位为 10.76m，往年同时期的水位一般为 15.72m，同比下降了 4.96m。鄱阳湖水位的下降造成水域面积缩减，当天早上 8 点，通江水体面积仅为 986km²，容积减至 20.4 亿 m³。另外，水源的流进与水源的使用存在时间上的不一致性，也造成了水资源得不到合理利用。根据鄱阳湖往年的统计数据来看，该区域的用水高峰期集中在每年的 7 到 9 月，这三个月的用水量占全年的一半左右，但是同期流入的水源只占全年的五分之一左右。另外，7 至 9 月，鄱阳湖的枯水位的变动幅度较大，最高时达到 10m，这也加剧了水资源的利用困难。特别是近些年来，受到全球气候变暖的影响，鄱阳湖的枯水期提前，更加使得沿湖区域的城镇用水困难，给周边居民的生产和生活带来了较大的影响。

鄱阳湖的生态环境之所以遭到破坏，主要有以下几个方面的原因：第一，降水量随着时间而改变，造成各个时期的湖水量不同，有时充沛，有时干枯；第二，长江上游建了大批的库坝，导致上游流入鄱阳湖的水源减少，从而导致鄱阳湖水资源紧缺；第三，水资源的不足造成鄱阳湖的植被面积也相应减少，这种减少不仅体现在数量上，还体现在种类上；第四，鄱阳湖水体的自净能力不如从前，水源质量也相应降低；第五，水位降低造成鱼类的产卵场和鱼饵场的数量也减少，间接影响了鱼类的活动空间，增加了捕鱼的容易度；第六，来此栖息的鸟类可食用的食物减少，造成来此栖息的候鸟越来越少。综上所述，鄱阳湖水资源的减少直接或间接地影响了鄱阳湖的生态环境，导致沿湖居民的生产和生活都受到了影响。

2. 水环境形势严峻

近些年来，社会经济快速发展，但在发展的同时忽视了生态环境，加剧了环境污染，注入鄱阳湖的污染物也在逐年增加，生态环境治理迫在眉睫。20 世纪 80 年代，鄱阳湖的水质划分为 II 类，到了 90 年代就降低成了 III 类，进入 21 世纪以后，鄱阳湖的水污染问题越发严重，水质更差。近些年来，鄱阳的枯水期的水环境问题之所以越发严重，是因为枯水期时低枯水位造成水环境的容量降低，降低了水源的自我净化能力。在生态治理的过程中，鄱阳湖的水质得到了一定的改善，但是，我国的水环境形势仍然严峻。2018 年 6 月 19 日，审计署发布 2018 年第 3 号公告《长江经济带生态环境保护审计结果》，报告显示，我国 5 个国家级的重要湖泊，如湖南的洞庭湖、江西的鄱阳湖等在持续性的治理下，水源的质量没有得到较大的改善，仍然为 IV 类及以下，主要原因是生态治理措施执行不到位，没有按照预期推进。

《长江流域 2018 年 10 月份水资源质量公报》显示，鄱阳湖出口湖口处的水质属于 IV 类，断面的营养化程度属于轻度，低于 III 类水质标准的污染物为总磷。导致鄱阳湖近些年来水源质量较差的原因主要包括以下四个方面：第一，农业生产带来的水污染，鄱阳湖周边村镇较多，当地的农民将种植农作物所使用的化学肥料排入湖中，导致湖中的氮、磷的数量增多；第二，周边城镇居民生活污水排量增多，加上污水处理厂普遍不能够完全做到污水脱磷，造成排入湖内的磷量增加；第三，工业生产排放大量的污水，鄱阳湖周边新设了许多工业园，园内的企业多为生产型企业，易出现污水超标排放，甚至偷排的行为，导致水源质量降低；第四，鄱阳湖常有采砂船工作，在采砂的过程中不断地搅动湖底，导致泥中的磷进入湖水中，加剧了鄱阳湖的磷含量。

3. 湖泊湿地生物多样性下降

生物种类与当地的生态环境息息相关，近些年来，鄱阳湖的生产和生活建设造成水源质量下降，加上水文情势的改变，导致当地的生物种类减少。尤其是鄱阳湖当地的湿地植被受水位的影响，导致部分地区的湿地类型发生改变，从而间接地使得鄱阳湖的湿地生态系统发生改变，不再是候鸟栖息的最佳选择地。

（二）鄱阳湖生态治理的主要措施

进入 21 世纪以来，世界各国对水资源的环境保护工作越发重视，江西省也出台了相关的法律和制度，以期望通过明确相关的负责部门、治理措施、推进步骤等内容来提高其水质。

1. 健全相关政策法规

针对水源保护，江西省先后出台了多项法律法规，各部门也出台了相应的规章制度，其中包括针对鄱阳湖的《江西省鄱阳湖湿地保护条例》，该条例的出台有助于促进环鄱阳湖地区的自然与经济协调发展，真正做到生态经济的可持续发展。另外，2012 年颁布的《鄱阳湖生态经济区环境保护条例》通过法规的形式将鄱阳湖区内的生态环境治理措施确定下来，是江西省第一部针对鄱阳湖区域的地方性法规，该条例的出台不仅提高了地方政府对鄱阳湖环境保护的重视程度，同时加快了该区域的经济发展速度。

《关于在湖泊实施湖长制的工作方案》于 2018 年 5 月正式印发，该方案要求江西省要做好国家级的生态文明试验区的相关工作，针对湖泊治理，要求推行湖长制，加大对湖泊的保护力度。湖长制相对之前的河长制而言，其更加细致化和精确化，在具体的操作过程中更加具有针对性和可行性。在对湖泊管理实行河湖长制后，江西省先后出台了一系列相关的配套制度，如事项督办制、日常会议制、事中督察制、事后验收制、结果考评制等。另外，江西省将河湖长制作为考核指标纳入考评体系，如对省直部门的绩效考核、对市县科学发展的综合考评，以及领导干部的年终述职考评等。《江西省实施河长制湖长制条例》（以下简称《条例》）于 2018 年 12 月通过，该《条例》对江西省的湖泊治理来说具有里程碑意义，将湖长制这一治理措施法律化、常态化。

2018 年 6 月，江西省政府印发了《鄱阳湖生态环境综合整治三年行动计划（2018—2020 年）》，重点推进工业污染防治、水污染治理、饮用水水源地保护、城乡环境综合整治、农业面源污染治理、岸线综合整治、生态保护和修复 7 个方面的重点工作。①
结合《鄱阳湖流域水环境综合治理规划》深入实施综合治理行动。

2. 健全治理机构和组织体系

早在 20 世纪 80 年，江西省在鄱阳湖就成立了候鸟保护区，该区域属于国家级保护
区，专门对湖区内的候鸟进行监控和保护。进入 21 世纪后，江西省专门设立了鄱阳湖
国家级自然保护区，并分设了该保护区的管理区，通过明确机构部门，来推进鄱阳湖的
生态治理工作。该自然保护区的主要工作是保护区内的自然生物和自然资源，并且协助
开展相关的研究工作。从行政隶属的角度来看，该保护区为正处级别的参公单位，由江
西省林业厅直属管理。

根据《关于在湖泊实施湖长制的工作方案》，鄱阳湖的河湖长制主要的架构是由省、
市、县、乡、村这五个级别构成，分别设立湖长，确保每个级别都有相应的负责人，做
到责任在人，分工到人。鄱阳湖各级的河（湖）长的担任人员如表 7-1、表 7-2 所示。
该方案在确定了河（湖）长制的组织体系的基础上，还明确了各岗位的具体职责，要求
湖长作为第一责任人，要做好湖泊相关的统筹与协调工作，制定本级目标和措施，依法
处置违法排污、超标养殖等现象，以及协助其他部门解决与湖泊治理相关的其他问题。
另外，乡村两级的湖长相对省市级而言，工作更为细致，要做好湖泊的日常巡护工作，
发现问题要立即处理，超越权限或不能处理的要立马上报上级政府，做好衔接工作。

表 7-1　2018 年江西省省级河长、湖长

1	省委书记	江西省省级总河长、总湖长
2	省委副书记、省长	江西省省级副总河长、副总湖长
3	省委副书记	赣江省级河长
4	省人大常委会副主任	抚河省级河长
5	省人大常委会副主任	信江省级河长
6	副省长	饶河省级河长
7	副省长	鄱阳湖省级湖长
8	省政协副主席	修河省级河长
9	省政协副主席	长江江西段省级河长、太泊湖省级湖长

① 鄱阳湖生态环境综合整治三年行动计划（2018—2020 年）- 北极星环保网 [EB/OL].（2018-06-08）[2021-06-08].
https://huanbao.bjx.com.cn/news/20180608/904501.shtml.

表7-2 某县级市市级、乡镇级、村（社区）湖长

	市级湖长	乡镇	乡镇湖长	村、社区	村、社区湖长
鄱阳湖	副市长	南康镇	镇长	大塘村	村党支部书记
				蓼池村	村委会主任
				西湖社区	党支部书记
				迎春桥社区	居委会主任
				坡头社区	党支部书记
				城郊社区	党支部书记
				黄泥岭社区	党支部书记
		海会镇	镇长	长岭村	村党支部书记
				五洲村	村委会主任
				光明村	村委会主任
		白鹿镇	镇长	秀峰村	村党支部书记
				河东村	村党支部书记
				波湖村	村党支部书记
				大岭村	村党支部书记
				梅溪村 交通村	村党支部书记 村党支部书记
		温泉镇	镇长	钱湖村	村党支部书记
鄱阳湖	副市长	星子镇	镇长	蓼花村	村党总支记
				三角圫村	村党总支记
				幸福村	村党总支记
				胜利村	村党总支记
		蛟塘镇	镇长	龙溪村	村党支部书记
				槎圫村	村党支部书记
				西庙村	村党支部书记
				铁门村	村党支部书记
		蓼南乡	乡长	渚溪村	村负责人
				新池村	村党支部书记
				新华村 南阳畈	村委会主任 村党支部书记
				和公塘村	村党支部书记
		沙湖山管理处	主任	马颈站	村党支部书记
				长湖村	村党支部书记

3. 采取了流域一体化综合治理方式

江西省根据治理需要，成立了山湖开发治理委员会，该委员会的负责人由省领导兼任，委员由各个相关部门派人担任，并下设办公室专门负责处理日常事务。治理委员会主要负责鄱阳湖流域的开发和治理工作，对包括生态环境治理、自然资源的开发以及对

该流域在经济发展的过程中所面临的问题提出建议，并为政府的有关决策提供现实依据，并在日常管理工作中落实各项政策规定，协调和处理好各级政府、各部门的关系，发挥统筹组织的作用。例如该委员会在生态环境治理方面，组建了专门的科学实验室来负责各类型的科学研究，并将研究成果进行推广；在自然资源利用方面，委员会可以利用人才和科技优势，主动与国外发达国家开展合作交流工作，引进国外新技术，在试验区进行示范推广；在具体的开发方面，委员会起到了牵头作用，组织和审核各类规划，包括山湖工程类和资源开发类规划。

4. 明确了七大治理重点

2017—2018 年，环鄱阳湖区共确定了 19 条流域生态综合治理的示范流域或河湖段，开展流域生态综合治理项目 26 个，总投资约 41.62 亿元。通过综合治理，鄱阳湖南矶山等地生态环境优良，当地群众已从中收获生态红利。2018 年 6 月，江西省政府发布了《鄱阳湖生态环境综合整治三年行动计划（2018—2020 年）》，明确了鄱阳湖生态环境整治的 7 项重点工作。

第二节　鄱阳湖保护和治理的困境与制约因素

党的十八大以来，江西省各级政府坚决贯彻落实习近平生态文明思想，牢固树立"四个意识"，不断提高政治站位，坚决扛起生态文明建设的政治责任，深化生态环境保护党政同责和一岗双责，鄱阳湖生态治理取得了一些成效，但是仍然面临一定程度的困境和制约因素，还有许多的路要走。

一、鄱阳湖保护和治理的困境

（一）治理行为有偏差

鄱阳湖的生态治理要取得好的效果，首先各级地方政府要在自己的行政区内各尽其责，挑起鄱阳湖生态治理的担子。随着生态文明建设纳入五位一体总体布局，鄱阳湖流域各级政府对生态治理比以往更加重视，治理行为更加积极，但是与生态文明建设的要求相比，与广大人民对鄱阳湖生态治理的期望相比，依然存在差距，其中政府治理行为的偏差尤为明显。地方治理行为的偏差就是地方政府在鄱阳湖生态治理问题上，没有充分发挥主观能动性，没有完全尽到应有的责任，存在慢作为、不作为甚至乱作为的现象。

中央环保督察组 2016 年对江西进行了环保督察，指出了江西省在环境保护方面存在的 60 多个问题；2018 年 6 月又对江西的整改情况进行了"回头看"，由于鄱阳湖流域与江西省界基本吻合，对江西进行环保督察也就基本是对鄱阳湖流域进行环保督察。

环保督察组的两轮行动都十分关注鄱阳湖的生态治理，"回头看"时还对鄱阳湖开展了专项督察。中央环保督察组反馈的鄱阳湖环境治理存在的问题，很大一部分就是治理行为的偏差。

地方政府治理行为的偏差可以分为两类。一类是地方政府在鄱阳湖生态治理中，本应该采取行动有所为，而实际上没有作为或者没有尽力而为。有的地方政府针对中央环保督察组指出的鄱阳湖流域的生态问题，虽然出台了整改方案，但是对问题研究与分析得不够，没有抓住相关问题的实质和关键，方案本身并不合理，有些整改措施并没有真正落到实处，整改提出的鄱阳湖流域清洁水系工程依然停留在文件上，没有真正实施，甚至不少相关的省直部门根本不了解工程情况。环保督察组在"回头看"时发现鄱阳湖周边的鄱阳县、余干县、万年县每天约有 14 万 t 污水直排，鄱阳湖流域的九江、鹰潭、景德镇中心城区的污水大约只有一半得到收集处理，其余大量污水直排。鄱阳湖流域各级政府也没有按照要求编制畜禽污染防治规划，鄱阳湖许多养殖场的配套设施不足，污水排放不达标。这都是由于各级地方政府在鄱阳湖生态治理中作为不够所致。

（二）治理合力难形成

除了行为偏差的问题，鄱阳湖跨行政区生态治理还存在区域协调难、治理合力难以形成的问题。各级政府各尽其责只是确保鄱阳湖生态治理的一个必要条件，却不是充分条件。鄱阳湖是一个典型的跨市级行政区湖泊，其流域范围包括 3 个地级市 10 多个县区。即使各个县区全力以赴聚焦区域内的生态治理，地方政府都办好了自己的事，如果没有很好地协调，也会造成 1+1<2 的结果，使治理效果大打折扣。

鄱阳湖日常治理主要是依据湖面管理，九江、南昌、上饶 3 个地市以及下属各级政府管理各自行政区范围内的水域和岸线。从管理范围来看，上饶的几个县据湖区上游，九江的几个县据湖区下游，但是对于上下游之间如何协调行动，没有有效的强制性措施，也没有有力的监督办法。各个地级市和县区发展程度不一样、发展定位不一样，对鄱阳湖生态治理的重点也就不一样，采取的治理措施和行动也就会有差别。在各县区交界地区、"插花地带"，往往也是生态治理相对混乱的区域。违规采砂、猎杀候鸟等违法犯罪行为的实施者也喜欢选择在行政区的交界地带作案，就是抓住了在这些区域各行政区生态治理合力薄弱的特点。按照目前的治理机制，某一县区的执法人员发现在交界地区存在采砂非法作业，该县需要向上一级乃至省水政总队汇报，再与邻县相关部门联系，然后与邻县的执法人员采取共同执法行动。这显然增加了执法的难度和成本，让违法者有可乘之机。同一行政区内涉及鄱阳湖生态治理的职能部门有环保、农业农村、水务、环卫等单位，相互之间有职能交叉，也存在职能空白的领域，难免发生部门利益的冲突，而单打独斗很难实现"一湖清水"的治理目标。政府和非政府组织的治理合力也难以形成。成立于某个县区的环保组织，也许得到了当地政府的扶持，可以为保护鄱阳湖生态发挥影响力，但是当它继续壮大，试图将扩展到其他县区时，就面临着诸多的障碍。

（三）治理能力不充分

生态治理体系和治理能力的现代化是国家治理能力现代化的一个重要方面。目前，鄱阳湖生态治理的主要力量是湖区各级政府，政府几乎囊括了鄱阳湖生态治理的所有事务，如制定相关的规划、开展执法行动、整治河道、造林绿化等，政府既要掌舵还要划桨，有无限责任，事事都要亲力亲为。这就对政府的生态治理能力提出了非常高的要求，况且鄱阳湖的生态治理问题本身就十分复杂。相关主体生态治理能力不足，治理的效果当然差强人意。

政府的生态治理能力和当地的经济社会发展状况是密切相关的。经济社会发展水平高，政府的生态治理能力也就相对较强。西方发达国家走了一条"先污染、后治理"的道路，我国沿海发达地区也是在经济建设取得巨大成就之后，才开始重视生态治理，无论是发达国家还是我国沿海发达地区，在生态治理过程中都有雄厚的财力、技术等资源支撑。其中，政府的财力就是其生态治理能力的关键因素之一。只有经济建设取得了比较显著的成就，政府财力比较充分，政府的生态治理能力才会有保障。虽然鄱阳湖区的南昌、九江经济发展水平在江西省内排名前列，但是与国内其他地区相比，发展的压力还很大，许多县区的财政依然是"吃饭财政"，鄱阳湖沿湖的地市显然无法将如此众多的财力投入其中。鄱阳湖湖区面临着生态治理的压力，也面临着经济发展的压力。特别是位于湖区上游的鄱阳县、余干县，都是人口大县，地区生产总值低，财政总收入少，需要通过省级财政转移支付的方式才能维持。在这种情况下，生态治理缺乏持续的资源投入，地方政府在处理垃圾、处理污水、整治湖区养殖场方面都会面临重重困难。

二、鄱阳湖保护和治理的制约因素

个体忽视公共资源的整体可持续发展的特性，最终将导致公共资源走向"公地悲剧"。鄱阳湖跨行政区生态治理存在的问题有"公地悲剧"的内在矛盾，也有当前治理机制等方面的制约因素。

（一）政府合作机制不够完善

在江西省政府的统筹领导下，鄱阳湖区各级政府在跨行政区生态治理方面建立了一定的合作机制，但是还不完善。正是政府间合作机制的缺陷，导致政府生态治理合力难以形成，也削弱了政府的生态治理能力。

1. 鄱阳湖周边地方政府政绩观念的束缚

政绩，顾名思义，即是为政之绩、成绩、功绩、实绩。由此可见，科学的政绩观，是以人民群众为主体的政绩观，是为了实现最广大人民群众的根本利益的政绩观，这就要求政府官员既要防控不作为问题，又要防止乱作为现象，在工作岗位上既要有所为，也要有所不为。事实上当前部分官员的政绩观仍然存在偏差，为追求眼前利益和短期利益，急功近利，忽略了生态环境。因此，这些现状在客观上削弱了鄱阳湖区的生态环境治理意义。而且由于受到政府考核目标的影响，各级政府的工作重心仍为发展经济，而忽视了生态环境。当发展经济与生态环境发生冲突时，仍不由自主地选择了发展经济。由此，部分政府工作人员为了晋升，对经济发展进行片面的理解，而忽略了发展的可持续性，有些官员甚至以牺牲环境为代价换取经济的快速发展。

2. 政府合作的组织体系不完善

跨行政区的生态破坏事件发生之后，所在地的政府需要逐级汇报，由共同上级进行协调，虽然程序严谨但是效率低下。在鄱阳湖跨行政区生态治理方面，目前行政区之间通过召开调度会、推进会、交流探讨会、论坛等形式进行合作，如鄱阳湖区联谊联防工作年会、鄱阳湖生态环境专项整治工作推进情况专题调度会、鄱阳湖省级湖长巡湖督导座谈会等。同一地市的县区之间交流较多，如九江召开鄱阳湖九江段河长制湖长制工作推进会，但是地市之间、跨地市的县区之间就交流较少。领导小组是在处理跨行政区的生态问题时经常采用的行动方式，但通常是临时性的、任务性的，如鄱阳湖生态环境专项整治工作领导小组主要是针对中央环保督察组"回头看"发现的问题而组建起来的。这类议事协调机构组成人员来自相关职能部门的主要领导，容易达成共识，但是具体的实施却依然需要各牵头部门自己协调，依然没有解决好部门之间的利益冲突。所以容易出现表面一团和气，实际决而不行、信而无果的现象。跨行政区政府之间没有有效的合作组织体系，没有健全的合作机制，合作行动就难以开展。由于缺乏完善的组织体系做保障，政府之间的机会主义行为、短视行为就无法得到有效遏制，进一步的合作就缺乏动力。同时，在跨行政区政府生态治理合作方面，政府之间缺乏信任，合作的一方如果不遵守承诺，另一方也只能无可奈何。

3. 政府合作的利益协调机制不完善

在同一层级的地方政府之间，不存在隶属关系，其合作行动要么来自共同上级政府的干预，要么来自利益驱动。前者是强制的要求，后者却会引起自愿的行动，这就好比"有形之手"与"无形之手"。然而，即使是上级政府的强制要求，如果与当地利益相冲突，当地政府也可能利用政府间的信息不对称采取上级政府难以觉察的消极行为。如果地方政府之间有共同的利益，即使上级政府没有强制的要求，地方政府间也可能主动寻求合作，实现各自利益的最大化。因此，政府合作的利益协调机制至关重要。

在当前的体制机制下，鄱阳湖湖区各级政府实行环境分区负责制，财政"分灶吃饭"，经济增长是地方政府最显著政绩，可支配财政规模最大化则是地方政府追求的重要目标。生态治理往往与地方政府追求的目标相左，各行政区政府相互之间进行利益博弈，做出最符合当地利益的决策，最后却并不符合整个湖区和流域的利益，陷入"囚徒困境"。要调节政府行为就要建立相应的利益调节机制。其中，对政府的目标考核更加突出生态治理的权重就是对地方政府利益的一种调整方式。但对于地方政府合作而言，更重要的是地方政府之间的横向利益调整机制，即生态补偿机制。在湖区乃至整个流域的上游地区，政府投入资源进行生态保护，既有投入的成本，也有为了生态保护而牺牲的产业发展的机会成本，但是生态保护带来的利益并不仅限于当地，甚至往往下游地区收益更大。如果没有生态补偿机制，上游地区的生态产品就会供给不足，对生态治理重视不够，甚至以牺牲生态来谋求发展。虽然下游地区也可以进行生态治理和修复，但是湖区的生态治理又是在上游比较容易。上游也许通过鄱阳湖区生态获得了1亿元的经济收益，下游地区要消除这种破坏带来的影响却要花费数亿甚至数十亿元的投入。在鄱阳湖沿湖的三个地级市中，笔者发现位居上游的上饶市的工业企业数量要远远大于湖区中下游的南昌市和九江市，但是上饶市的工业产值却是三个地级市中最低的。在缺乏生态补偿机制的情况下，三个地级市都缺乏限制工业发展的动力。在上级政府统一的环境整治和治理行动中，总是倾向于瞄准上游地区，要求上游地区承担更多的生态责任，但是没有相关的利益来驱动，无论是上游还是下游地区都没有动力全力以赴地做好湖区生态治理。西方国家的生态治理经验告诉我们，生态补偿机制是解决上述问题的一个很好的办法。我国从2005年就开始提出要建立生态补偿机制，2013年明确了生态补偿机制的原则。2015年11月，江西省在全国率先出台了流域生态补偿办法，到2018年年底已经筹集分配流域生态补偿资金近80亿元。但是目前生态补偿没有专门的法律依据，各地还在试点探索阶段，生态补偿的主体、生态补偿的标准等很多关键问题还没有得到有效解决，没有具有普遍意义上的实践模式。

（二）市场调节机制不够成熟

当前的湖泊生态治理中，政府几乎是唯一主体，承担所有责任。这种状况下如果发生重特大污染事件，政府能够快速应对。但政府在生态治理中也有许多力不从心的地方。例如，政府在生态政策的决策中经常面临信息不充分的情况，难以做出理想的决策；政府在采取生态治理行动的过程中，会耗费大量的行政成本。过多的规制反而可能增加权力寻租的机会，陷入腐败的怪圈。一方面，需要完善政府内部的治理机制，另一方面，也需要在政府之外寻求解决的办法和途径。这一点具体体现在以下两方面。

1. 第三方治理市场发育不成熟

政府部门的治理能力往往有限。比如，在湖区打击非法捕捞、非法猎杀候鸟和非法采砂方面，湖区各行政区执法部门不可谓不尽力，但是由于自身人员数量有限，往往是顾此失彼，顾得了白天就顾不了夜里，管得住水上又管不牢岸上，抓得了湖区禁捕又丢了市场贩卖，虽然执法人员左右开弓、经常加班，但还是给违法犯罪分子留下了可乘之机。从发达国家的经验来看，市场在生态治理中具有不可替代的作用。在鄱阳湖生态治理中，政府治理合力难以形成和治理能力不充分与第三方治理市场发育不成熟有着密切联系。

在鄱阳湖流域，第三方治理市场还非常小，环境公用设施、排污比较集中的工业园区和养殖场，生态服务的供给者要么是政府，要么是污染企业自身，市场第三方企业参与提供生态治理服务的占比非常小。一方面是政府的生态治理方式有待改善，没有将大量生态服务外包和委托给第三方企业，也没有在环保设施方面进行大量的公私合作建设。另一方面，由于市场规模偏小，提供生态服务的市场主体也不多，没有形成很好的竞争。鄱阳湖流域第三方治理企业比较少，江西省环保产业规模偏小，其中环境服务业在环保产业中所占的比例也偏小。

2. 生态产权交易市场不成熟

生态产权交易市场为调节行政区之间的利益提供了路径。近年来，有关二氧化碳、主要污染物等生态要素的交易市场迅速成长，鄱阳湖流域在这些方面也有探索，江西省从 2016 年 6 月开始推行排污权有偿使用和交易，但是现在仍在试点阶段，试点交易的污染物只有化学需氧量、氨氮排污权、二氧化硫、氮氧化物四种，而且限制在少数几个重污染行业，截至 2018 年 12 月中旬，全省尚未正式实施交易，未产生交易信息。排污许可制度和排污权交易之间有着密切关系，只有两者有效衔接才能使排污权交易顺利实施，但是目前的机制还有不少断裂之处，二者在排污指标量、主体范围、有效期限等方面存在许多不一致之处。排污权市场有一级市场、二级市场之分。一级市场就是政府对排污权进行初次分配，在政府和企业之间进行交易；二级市场则是在企业之间进行排污权交易。目前，鄱阳湖流域在排污权交易方面主要还停留在一级市场，对二级市场的发展不够重视，二级市场缺乏活力。有些地方政府甚至限制二级市场的交易，比如为了当地工业发展，想方设法限制区域内的企业将排污许可权出售给其他区域的企业，甚至进一步干预交易的价格。其他省份已经开始探索排污权的融资工具，如排污权回购、排污权租赁、排污权质押贷款，但是鄱阳湖流域基本缺乏这一方面的工具。

（三）公众参与机制不够健全

生态治理必须打"人民战争"，公众的参与必不可少。缺乏社会公众的有效参与正是导致鄱阳湖跨行政区生态治理合力难形成、生态治理能力不充分的重要原因。具体有以下几点。

1. 公众参与氛围不浓

鄱阳湖的生态状况和湖区人民的生产生活密切相关，湖区人民的生态意识、权利意识越来越强，对于生态治理的要求越来越严格，但是社会公众在很大程度上依然还是鄱阳湖生态治理的旁观者而不是参与者，公众参与治理的氛围并不浓厚。

2. 社会组织力量不强

社会组织是生态治理中的一股重要力量，能够弥补政府和市场在生态治理中的不足。环境保护部在 2010 年就已经发布了《关于培育引导环保社会组织有序发展的指导意见》，支持环保组织在生态治理中发挥作用。但是当前在鄱阳湖生态治理中，相关社会组织的力量还十分薄弱。事实上，江西省整体的社会组织发展在全国也是相对滞后的，2017 年全省各类社会组织 2.26 万个，远少于湖南、湖北、安徽等相邻省份，其中环保组织更是发育不足。社会组织和地方政府之间的关系也非常不平等，社会组织的独立性比较低，对地方政府有较强的依赖，参与生态治理的模式比较单一，地方政府与社会组织没有形成成熟的合作模式。而且社会组织也和地方政府一样，受到行政区的分割，不同行政区的社会组织要采取合作，在很大程度上受到相关政府和政府部门的影响。如果地方政府之间难以合作，两地的社会组织也难以开展合作，这就使社会组织本能够弥补政府失灵的作用大打折扣。有一些跨区域的大型的社会组织，在湖区生态治理中能够发挥较大的作用，促成地方政府之间的合作，但要推动跨行政区生态治理依然困难重重。

3. 社会参与渠道不畅

公众参与机制的不完善还表现为社会参与渠道不畅，正是湖区生态治理中社会参与渠道不畅，限制了政府和公众、环保组织的合作，制约了治理合力的提升。现实中，公众参与不足固然和公众的参与氛围不浓有关，但是社会参与渠道不畅也是一个重要方面。即使民众和环保组织想积极参与湖区生态治理，也缺乏相应的途径。有关环保问题的决策，在相关问题上很少有普通公众能够发挥影响的平台，缺乏制度化的参与机制。

（四）保障湖区水域健康的制度规范保障性弱

目前，鄱阳湖水域的环境治理相关制度规范保障性相对较弱，生态环境治理政策架构仍不完整。鄱阳湖的自然地理环境特殊、江河湖泊水系复杂，因此鄱阳湖生态环境治理较之其他水域的难度更大，受到了政府的高度关注。鄱阳湖区生态环境治理是一项复杂的系统工程，必然要求拥有强大的生态环境治理政策体系做支撑，健全的生态环境治理政策架构是鄱阳湖区生态环境治理的基本保障。政府政策体系主要涵盖社会政策、财税政策、融资政策、环境保护政策、产业政策、科技政策等方面，然而当前鄱阳湖区还没有建立起一套较为完整的生态环境治理政策支撑体系，当前江西省在鄱阳湖的治理中多依托《水环境整治条例》《湿地污染整治办法》等，而未出台针对鄱阳湖污染特征的治理方案。在政策的科学制定和政策落实领域仍存在一些问题，而此类问题在鄱阳湖区是较为突出的，多数问题在国家的宏观层面同样存在，主要表现在以下几个方面：其一是对生态环境治理以及生态经济建设发挥关键调节作用的税收机制尚不完善，其二是目前的污染排放政策对生态环境治理的作用仍然有待继续强化，其三是鄱阳湖区经济发展和生态环境治理亟待出台规范的土地政策。伴随着区域一体化步伐的不断加快，鄱阳湖所涉及的区域内部各行政部门之间经济上的合作与协同需各类资源要素的相互协调。然而，当经济发展到一定程度时，土地作为区域发展基本的资源要素，便会出现难以调和的矛盾，因此亟待出台与之相匹配的土地政策来解决此类问题。

制度的保障性较弱是政府在鄱阳湖生态环境治理中面临的一大困境。而治理制度是否完善、是否奏效，在一定程度上决定着生态治理的质量与效果。然而，由于鄱阳湖生态治理仍然处于探索阶段，科学合理的制度体系仍未建立。依据党的十八大文件精神，鄱阳湖区的生态环境保护制度建设仍需进一步完善。生态治理的各个领域均需相关制度的切实保障，以制度的形式固定生态治理的成果，是当代社会发展的必然要求，是鄱阳湖生态环境治理的必由之路，与鄱阳湖区经济发展的需要相适应，和国家可持续发展战略的总体部署相协调。一般来讲，健全的生态环境治理制度体系应当包含生态环境治理考核制度、珍稀资源保护制度、生态补偿制度、生态环境保护、生态治理问责制度规范、环境损害赔偿制度、国土资源开发维护制度、耕地资源的保护制度、水环境管理与协同治理制度、自然环境保护规范制度、治理责任追究惩戒制度、生态文明宣传教育制度等。换句话说，今后鄱阳湖区的生态治理制度体系构建应以生态保护与修复为基本目标，以提升鄱阳湖区民众生活水平以及生活质量为基本标准，同时采取有效的对策措施确保此类制度的健康运行。

（五）生态环境治理的绩效评价机制不健全

由于我国生态环境治理的绩效评价发展较晚，到目前为止，仍然没有建立一个较为科学、合理的评价体系。现有的体系普遍存在着单一性、不稳定性、缺乏代表性等问题。未来的发展方向是在建立全面性、体系性的指标体系的同时，优化定量指标与定性指标之间的内在联系。我国的评价体系整体趋向于使用以政府为中心的评价指标，而缺乏其他外界因素所引发的各项评价因素，导致政府评价的占比过重，整体分配不够均衡。社会公益组织和民众的意愿没有得到充分的尊重，评价主体的单一化，事实上并不利于治理评价体系的有效发展。一方面，缺乏全面性的评价指标往往不具备较高的说服力；另一方面，当前我国对生态政府治理评价结果的运用也并不充分。在鄱阳湖的生态建设中加入环境治理绩效评价，是为了全面贯彻"以评促改、以评促建"这一理念。环境治理评价存在的意义与价值，是为了促进鄱阳湖的生态建设科学、健康、长期地发展下去，从而提高人们的生活质量、保护生态环境、促进经济发展等多个方面。总而言之，在生态环境建设中引入环境治理评价具备不可忽视的影响与作用。

生态环境治理的评价主体也存在单一性的问题。评价主体作为整个评估体系的主要因素，往往决定着评价的方式、机制、体系以及结果。虽然我国一直在向着多样化、多元化的评价主体发展，评价工作日益常规化和规范化，然而生态环境治理评价主体依然比较单一，作为评价主体的政府以及相关政府部门，依旧采取内部自我评价方式完成相关的评价流程，缺乏来源于社会各界的监督与管理。这种评价体系很容易引发评价结构不够客观、缺乏说服力的情况出现。不可否认，鄱阳湖区生态治理是一个系统性的大工程，在这一领域需要政府、企业、普通民众以及媒体、第三方组织的广泛参与。提升评价结果的科学性和高效性，应当加入来自社会各界的监管力量，组建一个由政府、企业、人民群众、媒体等多方面因素参与的评价系统。值得注意的是，有关于治理评价的配套制度尚未完善，很大程度上制约了生态环境的健康发展以及治理效率、治理能力的提高。实施治理评价工作的前提因素，是建立一个规范、合理的评价制度。而鄱阳湖的生态评价制度尚未完善，配套制度仍匮乏。鄱阳湖区生态治理评价"重过程、轻结果"以及"重形式、轻效果"等问题较为显著，使得评价形式大于评价内容，群众监督、评价配套制度的缺失使得评价效果更加不理想。

第三节　鄱阳湖保护和治理的长效机制

根据前文对鄱阳湖治理现状、面临的困境和制约因素的分析，本节有针对性地从运行机制、府际协同机制、支持保障机制、绩效评价机制和责任追究机制五个方面提出鄱阳湖保护和治理长效机制构建的优化路径，提升鄱阳湖生态治理的实效。

一、运行机制优化路径

（一）确立鄱阳湖生态治理的目标和任务

首先，补齐设施短板，加强社会科技创新与生态供给，保障生态环境的科技支持能力，把生态保护科学研究纳入科技发展计划，鼓励科技创新，积极培养生态保护科研人才。

其次，深化专项治理，利用专家的智慧与科技的力量。应加强与外界的合作，如重视与科学院、省级高等院校、研究所等单位的技术合作，与周边的地区加强合作交流，深化补齐短板，发挥专项资源优势，共商保护生态环境的策略。

最后，实现绿色发展，将生态环境治理纳入法制化轨道，健全与完善地方生态保护法规和监管制度。加强政策宣传，动员红线区域内的企业、社会组织参与生态环境治理。坚持示范引领与激励企业参与相结合，坚持部门帮扶与乡村联动相结合，激发市场的活力，参与生态共建。严厉控制生态污染指标，严厉打击过度危害生态环境的行为。

（二）推进社会监督

政府回应机制是健全鄱阳湖生态公众参与体系的必要一环，是鄱阳湖环境建设的既有要求。九江市政府在推进政府的单一治理方面做了诸多工作，九江市政府还成立了专门机构，来积极推进实施鄱阳湖流域生态修复领域试点工作。这一专门机构与各层级政府部门进行对接，具体落实新安江流域生态补偿机制试点工作实施过程中颁布的各项政策。由此能够看出，九江市在属地鄱阳湖生态环境治理过程中，无论是推进试点工作，还是推进污染治理工作，政府都在治理工作中发挥了积极作用，但未将其他鄱阳湖污染的治理主体纳入进来。从公众参与的角度来看，应该在相关重大决策上发挥公众的参与作用，应将对影响生态较大的事项纳入听证体系和公证体系，政府应举办听证会，为听取公众意见提供可靠的渠道保障，进而维护公众权利。应加快建构和完善湖区生态环境治理信息公开公示制度。应鼓励鄱阳湖区生态保护社会组织的发展以及志愿者活动的开展，耐心听取社会公益组织对湖区生态保护有益的意见和建议，与具备社会影响力的团体积极构建合作伙伴关系。同时，对违法行为应全面严打，依法处理。应建立和畅通公众举报制度，推进生态治理的社会监督。

生态保护的相关法律规范以及政府生态环境工作积极有效地推进，其中最为重要的动力机制来源于普通民众与社会媒体的监督，切身利益受损的民众更应该行使监督权、建议权、检举权，积极向政府公开渠道发声，或者向媒体曝光，监督政府落实生态环境治理行为。因此，让公众参与到鄱阳湖的生态环境整治工作中来，完善现有的举报制度是治理措施关键所在。当前，鄱阳湖流域内政府的信息公开已经落实到位，对不合格以及停产企业全面公布，提供举报渠道，各部门与民众享有举报权，对区域内排放超标污染物低容忍。调动普通民众、社会组织等相关公益人士参与生态环境治理的积极性，能够在很大程度上有效遏制鄱阳湖区的生态破坏状况。

二、府际协同机制优化路径

（一）推进跨行政区政府协同治理

政府始终是鄱阳湖跨行政区生态治理的主要力量，要进一步完善鄱阳湖跨行政区生态治理机制，实现良好的治理效果，必须推进跨行政区政府的协同治理。根据前文对其存在问题和原因的分析，当前的重点是完善统筹协调的组织体系、健全协作的利益分享机制和加快实现生态环境治理的信息共享。

1. 完善统筹协调的组织体系

跨行政区生态治理合作要以一定的政府统筹协调组织体系为基础。为解决跨行政区政府之间集体行动的困境，可以在实施河湖长制的基础上，成立鄱阳湖湖区综合管理机构。湖区综合管理机构规格要高，主要领导要高配。省级相关职能部门应将湖区涉及生态治理的各种职能，在不违反法律法规和上级有关规定的情况下，授权给湖区综合管理机构，由该机构统一行使职权。在湖区综合管理机构内，将政府管理的联合执法、信息共享、目标责任制等内容统一起来，对湖区统一规划、管理、开发。在建立高规格的湖区综合管理机构的同时，要对过去各行政区之间的协调、交流机制进行整合，实现常态化、规范化。要在地级市、县（区）两个层面建立鄱阳湖生态治理联席会议制度，由湖区党政主要领导参加，定期探讨湖区的生态治理问题，协调解决各行政区之间利益纠纷，商讨共同的治理行动，特别是联合打击盗采砂石、非法猎杀野生动物、治理跨行政区水污染等当前比较关键的问题。党政主要领导联席会议就重大问题进行协调，为各行政区相关职能部门的合作定调，形成鄱阳湖合作治理的共识，为合作治理奠定基础。湖区各行政区环保、自然资源、水务等相关职能部门应以党政主要领导联席会议形成的共识为基础，制订合作方案，确定合作项目，开展具体的合作行动。职能部门之间也可以开展定期或不定期的工作交流会。除上述措施外，各行政区政府也要进一步完善日常的沟通协调机制，减少沟通成本，提高沟通效率。各行政区可以在鄱阳湖生态治理工作上通过挂职、跟班学习等形式互派人员，增进了解，减少误会。各行政区可以在省级政府或者鄱阳湖生态治理综合管理机构的统筹下，建设统一的鄱阳湖生态治理信息管理系统，提高信息共享的效率。

2. 健全协作的利益分享机制

利益是协调各行政区政府之间合作的关键，要推动跨行政区生态治理，必须进一步完善各行政区之间的利益分享机制。跨行政区政府利益的分享要处理好短期利益和长期利益之间的关系。短期利益，如政府的政绩、生态环境治理的成本；长期利益，如区域产业的发展、经济社会发展的可持续性等。

跨行政区政府之间的利益分享先要解决好政府间短期利益的冲突。地方政府主要官员有一定任期，追求任期内的显性政绩。这和官员任期内的财政收入和支出、项目建设、经济增长等因素关系比较密切。省级层面应加大对鄱阳湖生态治理财政转移支付的力度，设立湖区生态补偿资金，按照"谁受益、谁补偿；谁污染、谁付费"的原则，完善湖区乃至整个流域的生态补偿机制。补偿标准要与时俱进，充分考虑地方政府的需求，把资金补偿与政策补偿、产业转移等措施结合起来。可以把生态补偿与社会资本力量结合起来，建立鄱阳湖流域生态基金，扩宽补偿资金的来源和渠道。结合当前生态文明体制方面的改革，特别是环境税费改革、排污权交易等内容，加快探索生态补偿的多元化实现路径。

目前，其他地方已经在生态补偿方面进行了大量有益的探索，鄱阳湖流域可以借鉴并结合流域自身特点进一步创新。比如从 2012 年至今在新安江流域，安徽、浙江两省已经在生态补偿方面开展了两轮试点试验。在中央政府的支持下，中央、安徽、浙江以 3:1:1 的比例筹集 5 亿元资金，根据两省跨界断面水质的监测数据进行考核，确定补偿标准。如果年度水质考核结果达到考核标准，浙江转移支付给安徽 1 亿元，否则安徽转移支付给浙江 1 亿元，转移的资金专款专用，用在流域生态治理、产业布局优化上。新安江流域的生态补偿试点，跨越了省域，涉及安徽黄山、绩溪和浙江杭州等市县，实际情形比鄱阳湖更加复杂些，而鄱阳湖流域基本与江西省界吻合。鄱阳湖流域可以以鄱阳湖跨市、跨县断面水质的监测数据为考核依据，在省级层面决定生态补偿办法。

比跨行政区政府间的利益分享更深远和基础的是产业发展的协调。只有各地区产业真正发展了起来，经济社会发展有了支撑，生态环境的治理才会有保障。目前，各行政区之间产业发展缺乏统筹，不少地区存在较强的产业竞争关系，而且产业发展层次较低，处于产业链的底端，因此，湖区部分地方政府对于进一步加强生态治理合作动力不强。各行政区要在产业发展布局和产业合作利益补偿等方面加强探索。产业发展涉及的利益面比较广，因此对沿湖各行政区的产业进行颠覆式的重新调整不太现实，也未必划得来。产业的调整是一个长期的过程，需要长期的努力。省级层面要对沿湖的产业发展进行规划，限制上游地区发展高污染产业的同时，支持上游地区发展服务业。要统筹考虑各行政区的产业发展，减少产业发展的同质化竞争，形成优势互补的产业发展格局，提高资源配置效率。鄱阳湖生态建设意义重大，关乎整个流域乃至长江下游，应该鼓励湖区重点发展生态产业，特别是现代农业和现代旅游业。各行政区之间可以充分利用各自的优势，以企业和项目为主体开展合作，也可以通过合作建设生态产业园、"飞地经济"等方式进行合作。

3. 加快实现生态环境治理的信息共享

首先应该以基础性设施的完善来促进信息流转，从而自下而上地建立生态治理的有效信息共享机制。鄱阳湖各个政府机关应用有效的信息共享工具实现平台级异步同调，信息平台在此便可发挥支撑作用，通过有关部门的协调实现实时有效的跨区域合作。

应用平台级别的电子政务可以帮助政府有关部门将跨级别的、跨部门的生态治理有关数据进行数据库共享，可以涵盖各级合作的框架性规章、跨域合作的诸多资料、跨府的交互合作协议等，还可以按照政府的不同层级设置相应权限，在权限范围内对规章进行修订发布、细则修改、资料上传下载，且可实现活动实践的全程可追溯等。

贯通无阻地进行信息交流是实现生态治理现代化、精细化的要点。要想让治理活动有的放矢，就需要实现信息上传和获取的实时、有效、准确，因此需要不断拓展信息交互渠道的覆盖度和增加其使用频率，让广大相关群众能够获取切实的、可信的、实时的生态信息资源。要架构起高效流转的信息渠道，打破信息垄断和信息壁垒，为人民群众解除信息孤岛，打破数字鸿沟，让信息物有所用。

在打破信息垄断性的同时应该做到注意信息流转的高效可信。应以信息化联动为基础进行生态建设的数据共享，统筹监测鄱阳湖，集成地方微观治理数据系统解析、生态信息并行处理、生态保护力量和资源统筹安排三合一功能，将生态治理的数据有效转化为对成果的支撑工具，从而及时对生态政策进行动态调整和以数据为管控目标的及时干预。通过积极的信息化建设，提升生态管理和民众参与水平，最终推动鄱阳湖可持续健康发展。

（二）加快探索生态治理市场机制

政府与市场有机结合才能够从根本上破解鄱阳湖跨行政区生态治理的困境。完善的市场机制能够降低治理主体间的冲突、风险和不确定性。具体有以下几点。

1. 积极培育第三方治理市场

要加快转变政府职能，推动湖区生态治理相关的职能部门由"划桨者"向"掌舵者"转变，主要承担引导、监督和宏观调控的职能，为第三方治理企业腾出生存和发展的空间。扩大政府购买服务的范围和规模，把原先的一些生态治理职能交给市场。为了减少湖区生态治理中的区域分割，鼓励跨行政区之间消除第三方治理市场的壁垒。对于一些跨行政区的治理项目，可以由共同的上级政府委托一家第三方企业实施，或者不同行政区的政府协商由共同的市场主体实施。

要加快推动整个湖区第三方治理市场的规范化建设。明确在第三方治理市场中排污企业和第三方治理企业各自的权利和义务，可以参照危险废物运输处置的责任认定方式，划分污染企业和第三方治理企业的责任。要建立第三方治理企业的市场准入和退出机制，鼓励符合门槛标准的企业参与湖区生态治理，同时淘汰不合规范、信用度不高、治理能力不强的第三方企业。强化行业自律，借助产业协会等机构平台，依照服务质量、业绩信用等建立准入门槛、绩效考核机制和纠纷仲裁机制。对违规企业在政府采购、工程投标、财政奖励补贴等方面依法采取限制或禁止措施。

对于不同的生态治理领域，要根据实际情况择优选择第三方治理的模式。对于环境公用设施，要进一步推广PPP模式，同时探索公建民营、特许经营等方式。打包购买监测、大气污染治理、水污染治理等服务，提高监管水平，加快区域污染防治的一体化进程。对于污染比较集中、企业数量多的工业园区，由园区与第三方企业签订合同，确定费用标准，委托第三方企业统一提供生态治理服务。对于排污企业，应通过合同能源管理、付费污染治理等形式，将需要达成的节能量或污染削减量交付第三方环保公司，借助专业化的节能改造技术或污染治理工艺，低成本、高效率地完成节能减排目标。

为了壮大市场主体，目前应当加大对第三方治理企业的扶持力度，给予政策、资金、税收方面的支持。比如，通过以奖代补的方式对效益高的第三方企业进行激励，利用江西省赣江新区绿色金融试点对第三方治理企业提供贴息贷款，并创新融资工具。

2. 创新开展排污权有偿使用和交易

应在湖区探索建立开放、公平、规范的排污交易市场，全面推行主要污染物排放权的有偿使用。完善污染物排污许可制和污染物排放总量控制制度，以提高环境质量为目的，将总量控制与排污许可制度一体化设计，与环评制度实现有效衔接，从而有效限制污染物排放和超湖区资源环境承载能力的开发。应建立"湖区污染排放权交易所"，企业购买或出售污染物排放权，用市场化的手段提高污染排放控制的自觉性。开展排污权有偿使用和交易就要以生态环境资源的价值观念替代生态环境资源可以无偿使用的观点，推动企业减少对生态环境资源的占有和攫取，市场化地解决生态环境资源长期无价和低价使用问题。建立排污权交易制度就是要以污染物排污权作为污染排放企业生产经营活动的前置条件，推动企业自觉减少对环境资源的占有量，从而使治污行为从政府强制转化为企业自觉，最终在市场机制的作用下实现环境容量资源的最优配置。对于企业新建、扩建项目，同样要通过排污权交易的方式有偿获得新增的主要污染物排污指标，以有利于这些新上项目能够主动改进工艺技术，从而减少污染物的排放。

（三）积极引导公众参与

在鄱阳湖跨行政区生态治理中，公众参与是必不可少的一股力量。积极引导公众参与，需要提高民众的生态文明意识，同时发挥好社会组织的作用，搭建公众参与的平台。

1. 促进公众生态文明观念的养成

要切实提高民众的生态意识，养成生态文明的观念。以各级政府的教育平台为载体，鼓励环保组织和自治组织开展形式多样的生态文明宣传活动，传播生态文明理念。要通过各种方式改变湖区民众的生活习惯，倡导对绿色环保生活的追求。要通过示范效应在湖区树立绿色消费的理念，引导公众健康的生态消费行为。湖区大部分是农村，要把对农村居民的宣传教育作为一项重点工作。要发挥好村两委的作用，对村民开展广泛的生态环境保护常识教育，让广大村民认识到湖区生态治理的重要性和个人生产生活行为对湖区生态的影响。要积极宣讲政府的环境保护和生态治理政策，比如某些行为是过去的习惯却被当前法律法规所禁止，要让村民明白违反环境保护相关的规定的后果。如果当地政府有惠民的环保项目和措施，要广而告之，让村民得到实惠，比如，有的政府对沿湖生产生活实施改造进行补贴。要特别注意对青少年儿童的生态文明教育，在学校开展教育活动。要在沿湖周边村镇以村规民约、"门前三包"责任书等形式，引导公众亲水、爱水、惜水、护水。在培育公众的生态文明观念时，除了宣传教育，还要注意对利益的引导。通过创新方式让公众从生活方式的改变中得到切实的利益，尝到"绿色"生活的甜头。在这一方面，安徽省黄山市进行了大量探索，值得鄱阳湖各行政区借鉴和参考。

2. 发挥社会组织的参与作用

公众是分散的，如果缺乏组织，公众力量会受到多方面的限制。环保组织通过组织活动，使热心参与生态和环境保护的民众在区域生态治理中扮演了重要角色。鄱阳湖作为我国第一大淡水湖，其生态治理状况受到很多个人和组织的关心。很多环保志愿者和环保组织投入到了当地生态保护的实际行动中去。环保组织与地方政府合作能够很好地弥补政府某些方面的不足。例如，2018 年 12 月，环保志愿者在对鄱阳湖水源地进行调查时，发现湖口县南北港水域 16 只国家二级保护动物白琵鹭疑遭毒杀。九江市公安局就此案发布的通报显示，接到报警后，该局立即启动重大案件侦查机制，抽调刑侦、森林警察等精干力量成立专案组。经查，浦某某等 6 人用投毒的方式毒死了 16 只白琵鹭。2018 年 12 月 31 日下午，专案组赶赴安徽安庆、南昌新建区等地，将潜逃在外的浦某某等 6 名犯罪嫌疑人全部抓捕归案。在这起案例中，正是环保组织及时发现了违法行为，为政府执法提供了线索。环保组织还通过其社会影响力让事件在微博广泛传播，引起了公众注意，对广大网民进行了一次环保教育和宣传，进一步凝聚了环保力量。

政府要根据湖区生态治理的需要，支持环保组织在湖区生态治理中发挥积极作用。要放宽对环保组织登记的限制，鼓励各界环保人士关心鄱阳湖生态，鼓励各界人士成立社会组织参与湖区生态保护。要鼓励和帮助跨行政区之间的环保组织相互沟通、合作，成立跨行政区的环保组织，减少行政分割带来的障碍。要加强与环保组织的合作，指导环保组织建立社会组织管理制度，帮助环保组织壮大发展，支持环保组织承担生态治理和环境保护的社会责任。为了壮大湖区环保社会组织的力量，各级政府可以为其提供优惠，如提供办公场所、提供交流平台等，将一些环保项目通过政府购买服务的方式委托给环保组织，让环保组织有更加充足的资金来源。要充分保障环保组织的知情权、监督权，让环保组织在参与湖区生态治理的行动中体现其价值。要充分尊重环保组织的独立法人地位，减少政府对环保组织自身事务的干预。鼓励环保组织独立地对政府和企业进行监督，让环保组织"有恃无恐"地曝光企业破坏生态的行为。各级政府要顺势而为，进一步提高环保组织的参与程度，发挥其应有作用。

3. 搭建公众参与的制度平台

要通过制度化的方法让公众有畅通的渠道参与湖区生态治理。要保障我国法律法规赋予公民的环境权。要保证环境保护相关政务信息的透明度。要完善鄱阳湖生态环境信息公开制度，整合协调沿湖各区在统一的平台发布与社会公众利益关系密切、民众普遍关心的相关信息，让公众能够方便快捷地了解到鄱阳湖整个湖区的生态治理状况，尽量避免各行政区自说自话，混淆视听。重大的生态事件、重大项目的生态影响评估结果要让民众知晓。要想方设法让湖区生态治理在公众的广泛监督下展开，确保公众的监督权有充分的实现渠道。对于湖区的生态管理、环境执法等信息要妥善保存、披露，政府要习惯于在受监督的条件下开展环境保护和生态治理工作。对民众的质疑，要及时回应；对民众发现的问题，要认真整改，让民众切实体会到自己的监督发挥了作用。要通过完善环境立法、规划、重大决策环境听证制度，拓宽社会大众对生态治理的意见建议表达渠道。在湖区生态治理相关的政府决策中，要通过听证会、民意调查、意见征询、座谈会等形式，听取广大民众的意见。在正式的决策过程中，人大代表、政协委员要深入湖区民众，将广大民众的心声汇聚起来，找到民意的"最大公约数"。一个地区的政府决策可能对湖区其他地区的生态造成影响，因此民意的听取不能仅仅限于当地，还要在共同的上级政府或者第三方力量的组织下听取其他行政区的民意，综合考虑各方面意见。

三、支持保障机制优化路径

（一）提高人力资源素质，逐步纠正环境治理中的传统政绩观念

要实现湖泊流域生态政府治理的科学性、高效性，强化人才储备建设对产业升级换代、技术继替等方面的发展很有必要，以此促进鄱阳湖全域的产业迭代。伴随着持续推动的生态治理进程，环保人才梯队建设和生态治理人才开始受到全社会的重视。政府官员的为政理念是政治活动中最为关键的因素，是社会经济发展最为宝贵的资源，也是鄱阳湖区生态环境治理的重要保障。因此，有必要加大力度强化湖区生态环境政府治理中高素质人力资源建设工作，改进政府工作人员的政绩理念。具体到供给侧改革上，事关整体执政和产业升级换代，这要求各个区域逐步淘汰低效工业企业。由于历史遗留原因，鄱阳湖存在纸业、石化业等水体污染大户。所以，湖区应以石油化工业等传统产业的升级为建设重点，整体推动湖区的产业升级换代，走科技、高效、生态环境协调发展的产

业推进路子。尤其是在建设鄱阳湖生态经济区上升为国家战略的背景下，更应该在今后的工作中谨慎开发、科学治理鄱阳湖，坚持生态先行、环境友好先行，对污染性企业提高准入门槛。

实际上，技术迭代水平低是环境问题产生的重要原因。正因如此，推进技术快速迭代利在当代，功在千秋。经济利益要求、环境保护要求与技术创新要求紧密绑定，就要从联动逻辑上改变单一追求物质利益的旧有观念，改为多元统一目标，即社会、生态、利益多合一目标的综合体。追溯过去，鄱阳湖的生态破坏大多由沿途工业发展产生的多种废弃物处理不当造成，污染了大片水体。因此，必须要求发展综合性生态治理，推动湖区经济与生态的多元发展。

（二）健全生态治理配套措施，强化保障体系

要清晰地认识到社会组织整合配置资源的功能优势，明确构建社会组织参与协同治理的社会管理创新模式，加强社会治理主体与功能的供给。

1. 提高社会组织的政治地位

应支持和培育与社会主义市场经济相适应的社会组织，江西省应培育多功能的团体，诸如行业协会、公益团体、学术性机构等社会组织，让其在不同领域发挥不同功能。

2. 营造良好的社会组织准入的社会经济发展环境

政府要将职能界定清晰，实现由"全能政府"向"有限政府""服务政府"转变，发挥社会组织自治功能，为社会组织提供必要的人力、财力、物质资源的支持，强化政策导向，激励更多企业、基金会对社会组织提供财务支持。

3. 优化政府定位与职能，创造社会组织持续发展与创新的社会空间

党的十九大提出"打造共建共治共享的社会治理格局"，要求政府转变职能，为社会组织提供法律保障。

4. 完善立法与制度安排

应逐渐弱化官办社会组织性质，使组织结构开放化、分权化，规范政府部门对社会组织的指导和监督，加强政府与社会组织的制度化合作，建立相应的对话机制和承诺机制，增进政府与社会组织之间的沟通与互相信任，增强政社合作的信任度。

5. 完善信息公开与问责制度

确保责任落实，应建立和完善政社协同的信息共享机制，政府应积极回应监督主体的质疑；强化社会组织与民众的联系，提高社会公众对其的了解、参与度及配合度；明确社会组织的公共责任，依法监管，定时评估，及时反馈，以此构建社会组织的责任机制，防止责任推诿，办事拖拉。

6. 杜绝封闭合作与寻租腐败

防止暗箱操作衍生，尤其是公益捐募组织以及各类基金会组织寻租腐败。发挥制度的引导和规范作用，激励多元主体参与监督，保证政府与社会组织合作治理健康有序地

发展。

四、绩效评价机制和责任追究机制优化路径

（一）建立健全多元评价的制度保障体系

应构建政府生态环境治理绩效的评价指标，评价指标应该具有全面性、科学性、代表性。政府的生态治理工作涉及众多主体，多层面、多维度，因此选取指标的时候应该考虑深入文献资料和实践调研中，保证多主体前提下指标的全面可靠，同时，在选择指标时除了显性指标也应该考虑隐性指标，坚持定性定量综合考虑的原则以及灵敏度和稳定性相结合的原则。在具体实践方面，当地政府在实际绩效评价的过程中不再将工业等污染相对较重的各项经济指标作为关键性的考核指标纳入考核的范围，这在一定程度上为当地实施生态环境治理以及生态补偿给予了考核上的保障以及鼓励。

（二）强化对湖区环境治理效果评价结果的应用

政府部门应客观地认识并尊重评价结果，对政府在鄱阳湖生态环境治理中的绩效评价结果进行分析和总结。一方面应积极鼓励民众检举、举报生态环境违法行为；另一方面，也要充分发挥好新闻媒体的监督功能，使广播、报刊、电视等媒体积极关注生态环境违法行为、敏锐把握生态环境违法事件。同时，应将问责机制与绩效的评价结论有机结合起来，对不作为或者违法作为的单位与个人要严格惩戒。

第八章 洱海保护和治理的长效机制构建

洱海是中国境内非常有名的淡水湖泊，以水质优良、风光秀美而闻名。它是云南省除滇池外最大的高原淡水湖泊，连同苍山形成多层次、多功能、大容量的自然生态系统。它不仅为流域内大理市、洱源县辖区的人民提供着基本的生产生活用水，还对当地四季如春的气候起着重要的调节作用。长期以来，洱海以其地理位置优势、自身蕴含的悠久历史文化，为整个大理州的社会经济可持续发展提供了保障。因此，洱海水质的持续稳定和不断改善与大理人民的生活密切相关，能否从根本上治理和保护好洱海关乎着大理人民的福祉实现与否。近年来，伴随社会经济的发展，环洱海居住生活和旅游经过的人口逐年增加，各类污染物直接排放到洱海里，洱海水质不断恶化，不仅已经逐步失去自身代谢污染的功能，而且呈现出了点源污染增多、面源污染加剧的现象，整个流域面临着前所未有的保护压力。

2015 年，习近平考察云南、考察大理期间对云南的发展提出了三个定位，其中一个就是要求云南成为生态文明建设排头兵。他指出，"良好的生态环境是云南的宝贵财富，也是全国的宝贵财富"，"云南要主动服务和融入国家发展战略，努力成为我国生态文明建设的排头兵"。他强调"一定要把洱海保护好"，并"立此存照，过几年再来，希望水更干净清澈"；要让"苍山不墨千秋画，洱海无弦万古琴"的自然美景永驻人间。这是对大理人民的极大鼓舞和鞭策。大理州党委政府积极响应以习近平同志为核心的党中央的号召，实施了洱海保护治理"七大行动"，成立了指挥部，对洱海进行专项整治，洱海保护治理取得了阶段性成果，水质下滑趋势得到遏制。但是，洱海治理是一项长期、艰巨、复杂的系统工程，要久久为功。因此，构建洱海保护和治理的长效机制迫在眉睫、势在必行。

第一节　洱海基本概况与基本现状

一、洱海基本概况

（一）自然环境概况

1. 地理位置

洱海全流域位于云南省大理白族自治州内，起源于大理州的洱源县，从大理州的大理市流出，洱海流域面积广，流经大理州内大理市、洱源县的 16 个乡镇。洱海与苍山组成了苍山洱海国家级自然保护区，区内包含水域生态系统、内陆湿地生态系统和森林生态系统，其中物种丰富，植被多样。

2. 自然状况

洱海流域地处滇西横断山脉地带，因受洱海大断裂带的影响及河流切割并经多级夷平，形成一个典型的内陆断陷盆地。流域呈南北走向，地势西北高，东南低。西侧为点苍山十九峰，南北绵延，植被种类繁多，是巨大的天然屏障，具有丰富多样的生态系统；东侧山体相对较低；中部为洱海和平坝，土地肥沃，地势平坦开阔。

洱海流域位于澜沧江、金沙江和元江三大水系分水岭地带，属澜沧江－湄公河水系。流域内有洱海、茈碧湖、海西海和西湖等湖泊水库，大小江河溪纵横交错，水资源丰富，水电潜能巨大。其中，洱海是中国第七大淡水湖泊，是云南省除滇池外的第二大高原湖泊，位于流域下游，处在大理市境内。洱海大小河溪共 117 条，其中以北部永安江、弥苴河、罗时江，西部苍山十八溪，南部波罗江为主，占入湖水量的 80% 左右。洱海天然唯一的出湖河流为西洱河，位于洱海南部偏西。

苍山洱海是国家自然保护区和国家级风景名胜区。洱海是大理市主要饮用水源地，具有景观旅游、农业灌溉、提供城市用水和调节气候等多种功能，是大理市乃至整个流域社会经济可持续发展的基础，享有"高原明珠"的美誉。

（二）洱海的价值

1. 生态价值

洱海为高原淡水湖泊水体湿地生态系统，为第四纪冰川遗迹高原淡水湖泊。洱海湖内水生生物资源丰富，具有丰富的物种多样性；同时，洱海也是候鸟等野生动物的重要栖息地，每年冬天大批越冬候鸟飞临洱海，在洱海栖息觅食，繁衍物种，形成丰富的多样性景观。

2. 经济价值

洱海流域具有先天的地理和自然环境优势，白族人民一直世居于此，其一直是大理州经济社会发展的中心。近年来，随着公共基础服务设施的不断完善，地区间的交流也更加频繁，洱海流域成为滇西地区的枢纽地带，地区经济发展飞速。据相关政府工作报告显示，2018 年，洱海主要流经的大理市和洱源县，在面对经济下行及脱贫攻坚、洱海治理等艰巨任务的背景下，大理市实现了地区生产总值 7.5% 的增长，洱源县实现了地区生产总值 9% 的增长。

洱海流域的经济产业主要包括三类。一是农业经济。洱海流域农业人口众多，其一直是大理市、洱源县的主要农业种养殖区域。由于大蒜、烤烟等农作物的种植周期短、种植技术好和产品经济收益高，在当地龙头企业的带领下，洱海流域逐步发展壮大了以大蒜、烤烟种植为主的农作物种植产业，并形成了一定的规模经济。而在养殖方面，依托当地大型的奶产品加工厂，流域内畜牧业发达，也为地方带来了较高的乳制品经济收益。二是工业经济。随着区域房地产经济的蓬勃发展，作为建筑行业主要原料的砂石材料的市场价格迅速飞展，带动了洱海流域内采石、挖砂等非煤矿山经济的发展。截至 2018 年 12 月，洱海流域内涉矿的企业有 110 家左右，大型水泥厂 3 个，为区域发展带来了较大的经济效益。三是旅游产业。依托洱海优越的自然地理条件和良好的交通区位优势，以大理市双廊镇为代表的滨海旅游产业发展迅速，与旅游相关的房地产、滨海客栈和餐饮等行业也随之得以迅猛发展，为当地带来了较大的经济效益。2018 年，大理市接待游客 1 845.28 万人次，实现了旅游产业总收入 795 亿元，洱源县接待 135 万人次，实现了旅游产业总收入 21.88 亿元。

3. 人文价值

洱海，古献称叶榆泽、昆弥川、西洱海。白族先民很早便在洱海流域内生产生活，并创造了灿烂的流域文化，在大理市海东镇的银梭岛等遗址曾经出土了大量的陶器、青铜器等。西汉元封二年（公元前 109 年），洱海地区设置叶榆县；唐宋时期，洱海地区为南诏、大理国的地方政权所管辖；元朝起洱海地区重新纳入中央政府管辖。自古以来，洱海流域是白族的主要聚居地，其世代与汉、彝、回等多民族聚居。洱海流域历史悠久、民俗文化丰富，景色优美，流域内分布着近百处古迹和景观，洱海周边仍保留着大量唐（南诏）、元、明、清时期的石刻石碑，人文资源丰富。

二、洱海基本现状

（一）洱海和水污染情况

从 20 世纪 80 年代起，随着洱海流域内县域城市发展进程的不断加快，洱海流域人口数量急剧增加，当地居民对洱海的开发利用不断加剧，导致入湖污染物负荷大幅增加，洱海的水资源环境承载压力持续加大；同时，受全球气候变暖的影响，洱海入湖净水大幅减少，进湖污水增加，洱海水动力严重不足，水循环呈逆良性。由于水体富营养化，1996 年以来，洱海多次出现了蓝藻大规模爆发和聚集，水生态环境发生了较大变迁，水质也明显呈下降趋势，到了 2003 年，全湖总体水质到达了 IV 类水质。而在 2016 年，湖泊又开始成片式地集中爆发蓝藻，洱海流域出现恶臭现象。从政府（洱海保护局）通报的洱海污染数据来看，2016 年，洱海的水体透明度已经达到近年来的最低品质，与 2004 年对比，洱海污染负荷排放总量已经增加了 50% 以上，随着一系列污染的产生，洱海也随着污染的爆发产生了水资源的供需矛盾问题，水体质量及水域周围环境质量下降，洱海湖滨湿地破坏严重，洱海的生态系统遭到打击，进入洱海的支流水质明显恶化，中心湖泊出现了明显的富营养化，流域内生物的多样性遭到威胁，严重影响了洱海流域内居民的生产生活。

总的来说，洱海流域的污染源主要来自三个方面。

1. 工业污染

洱海流域分布着 3 个大型水泥厂和 110 多家非煤矿山开采企业，开采非煤矿山在带来了较大的经济利益的同时，也带来了较大的环境风险。由于洱海流域内采石、挖砂等非煤矿山过度开发，洱海流域内水土流失严重；加之，部分企业违规盗采偷挖山石，进一步破坏了洱海的水生态环境，尤其是对洱海的地下水资源造成了较大破坏，致使洱海的入湖净水量减少，水生态环境持续恶化。

2. 生活污染

洱海风景优美、人文历史悠久，长期以来吸引了大批的游客，带来了巨大的旅游经济效益，但是随着以大理市双廊镇为代表的滨海客栈式新生旅游产业的蓬勃发展，流域内人口急剧增加，因生活而产生的入湖污染物也在急剧增加，这为洱海保护带来了巨大的压力。截至 2017 年第一季度，洱海流域内的客栈数量达到 4 900 家。客栈主要沿着洱海呈带状分布。而流域内大部分餐饮客栈为了降低运营成本，在没有对生活污水进行环保处理的情况下，直接将大量的生活污水排入洱海，对洱海水生态环境造成了巨大污染。另外，尽管近年来在旅游等产业的支撑下，大理州的地区经济社会发展迅速，但由于大理农村环境保护工作起步较晚，流域内农村公共环保设施落后，加之部分村落人居环境较差，大部分农户的环境保护意识薄弱，因此流域内仍大量存在着为直接饮用、生产而随意钻井汲取地下水的情况。随意、无节制地钻井取水截留了大量本应汇入洱海的净水，对流域内地下水资源造成了较大的破坏。

3. 农业面源污染

在洱海流域内粗放式的种养殖产业十分密集，其对洱海的水资源环境造成了严重的破坏，其中以大蒜为主的"大水大肥"农作物的种植对洱海造成了较大的污染。基于农作物的生长特性，在大蒜等经济作物的种植中需要长期灌溉，使用大量的化肥；同时，为有效减少病虫害，实现大蒜等产业的高增长，在大蒜等经济作物的种植中，有些农户滥用含氮、磷、钾的化肥，加之农村环保设施落后，大部分村落没有建成有效的雨污分流设施，因此种植中所使用的农药、化肥等由雨水直接渗透入地下水，部分污水通过山林湖田直接径流汇入洱海内，致使洱海水体污染严重。另外，未及时在洱海流域内划定畜禽禁养区，畜禽粪便等未经处理便直接排入洱海，也对洱海的水体造成了一定的污染。

（二）洱海抢救性保护和治理的效果

1. 2015年以前的水污染治理概况

从20世纪80年代起，为治理洱海水污染，地方政府从立法和行政监管等方面加强了对洱海水资源的保护和水污染的治理，以促进洱海水资源生态环境的恢复。立法方面，1988年，以水污染治理为重点，大理州制定了《洱海保护管理条例》等民族自治地区单行条例，并于1998年、2004年、2014年三次对该条例进行了修订，不断完善洱海保护的法律依据，实施依法管湖、依法治湖，为地方政府实施洱海保护的行政措施提供了有力的法律保障。行政监管方面，在以《洱海保护管理条例》为法律依据的前提下，以水污染治理为主，地方政府采取了如退耕还湖、流域农业面源污染治理等一系列的行政措施对洱海水污染进行治理，以进一步提升洱海水质，改善洱海流域水生态环境。

2015年以前，洱海流域的水污染治理主要分为三个阶段，一是2004年以前，实施的以洱海流域为主的"三退三还"[①]政策为标志的水污染治理阶段；二是2004年至2012年，实施的以洱海保护治理"六大工程"[②]为标志的洱海保护阶段；三是2012年至2015年，实施的以"2333工程"[③]为标志、以洱海Ⅱ类水质为目标的洱海生态文明建设阶段。

通过三个阶段的洱海流域水污染治理，洱海水污染治理从早期的湖内保护逐渐延伸到了流域保护，流域内水质有了一定的提升，但从以Ⅱ类水质为目标的保护来看，洱海的水质提升及对污染源头全面管控的实际效果并不明显，洱海水环境的承载压力仍在持续加大，规模化的蓝藻水华现象仍时有发生。地方政府仍面临着巨大的洱海水资源环境保护和水污染治理压力。

2. 2015年起洱海开启抢救性保护

2015年1月，习近平在考察大理时，做出了"一定要把洱海保护好"的重要批示；2016年11月，云南省政府也做出了"采取断然措施，开启洱海抢救模式，保护洱海流域水环境"的决策部署。自此，大理州将洱海保护和水污染综合防治与经济社会发展统筹在一起，全面打响了洱海保护攻坚战。

立法方面，2019年，根据《水污染防治法》《环境保护法》的修订情况及在抢救性保护中洱海流域空间管控的新要求，大理州对《洱海保护管理条例》和《云南省大理白族自治州苍山保护管理条例》等民族自治地区单行条例进行了修改，以进一步地发展

---

① "三退三还"，即退耕还林/湖、退塘还渔、退房还湿地。

② "六大工程"，即城镇垃圾收集污水处理系统建设、流域农业农村面源污染治理、流域水土保持、洱海湖滨带生态修复、洱海环境工程和主要入湖河道综合整治。

③ 《大理州实现洱海Ⅱ类水质目标三年行动计划》（2012年）规定："以洱海Ⅱ类水质为目标，用3年时间投入30亿元，着力实施好两百个村落两污处理，三万亩湿地建设，亿万清水入湖工程。"

和完善洱海保护的相关法律法规。随着《洱海保护管理条例》和《苍山保护管理条例》的修订，大理州开启了史上最严的依法治湖、依法管湖模式。

外部行政措施方面，2017年以来，为进一步改善洱海的生态环境，努力防范环境风险，地方政府加强了对洱海流域生态环境保护的行政监管力度，实行了最严格的洱海保护管理制度，洱海全面开启了抢救性保护治理新征程。为控制和减少工业和生产生活污染，地方政府在洱海流域内新建了镇、村环保排污设施，颁布了年度洱海全湖封湖禁渔的公告，并对洱海流域内采石、挖砂等非煤矿山开采企业进行关闭整顿，暂停关闭了流域内开展经营活动的客栈、餐馆等经营场所，以进一步减少和控制来自工业及生产生活的入湖污染源。同时，为进一步有效减少入湖的农业面源污染，大理州政府出台了《全面开展洱海流域农业面源污染综合防治打造"洱海绿色食品品牌"三年行动计划（2018—2020年）》《洱海流域农药经营使用管理办法》等规范性文件，以从源头上对农业面源污染进一步管控，以减少流域内农业农村污染。随着洱海保护行动的深入推进，洱海的水体入湖污染源得到了有效控制，水生态环境有了较大改善。洱海的抢救性保护开启以来，地方政府通过深入推进洱海保护"七大行动""八大攻坚战""应急措施11招"、环湖截污PPP项目建设、生态廊道和湿地建设、河长制网格化治理等一系列对洱海水生态环境和公众影响较大的行政措施，全面加强了洱海流域空间管控及行政执法力度，使洱海保护从单一治污过渡到了综合防治，从湖水治理过渡到了山水林田湖生态系统综合治理，逐步实现了高效的流域管控，洱海水质也有了较大提升，水生态环境也有了较大改善。2016年起，洱海输入污染负荷总量同期相比不断下降，2016年有5个月保持Ⅱ类水质，2017年有6个月达到Ⅱ类水质，2018年有7个月达到Ⅱ类水质，2019年有7个月达到Ⅱ类水质，且未发生规模化的蓝藻水华现象，也基本消除了洱海主要入湖河流Ⅴ类以下劣质水体。近些年来洱海水质多次被评定为Ⅱ～Ⅲ类，水质总体稳定，虽偶尔也存在些波动，但我们可以相信，在大理各族儿女对洱海母亲的热爱之下，通过共同的努力，一定可以解决这些问题，让洱海碧波更胜往昔，让洱海湖畔成为大理各族儿女永恒的家园。

第二节　洱海保护和治理的困境与制约因素

洱海流域的水污染治理是一个非常庞大和系统的工程，地方政府虽然采取了一定的公共治理措施，也在一定时期内取得了阶段性的成效。然而，洱海治理过程是一个复杂的过程，当中充满了各方的利益冲突，治理主体的思维意识、政府管理的前瞻性、公共行政的效率、公民自身的习惯，这一切都会作用于公共治理的过程中，正负效应都会显现，因此现阶段的水污染治理还没有实现大家期待的结果，治理之路仍然布满荆棘。

一、洱海保护和治理的困境

（一）水污染形势依然严峻

对比美国的苏必利尔湖和俄罗斯的贝加尔湖，我们就可以清楚地认识到目前的洱海承载的负荷有多大。根据湖泊承载人口测算，苏必利尔湖每一亿立方米承载 0.6 万人，贝加尔湖每一亿立方米承载 0.05 万人，洱海目前每一亿立方米承载着 1.4 万人，这种负荷已经远远超过其自身水体的承载力了。洱海水体污染物的沉积使氮的含量一直很高，每年雨季都会处于富营养化状态，随时会爆发蓝藻，污染负荷的增加会使富营养化不可逆转，水质也会出现进一步的恶化，加上洱海的保护和治理有时会滞后，给水污染防控带来了难度。同时，经济要发展，城镇化要加速，来洱海旅游的人数每年都在刷新纪录，如果不能妥善处理好发展与洱海水环境的关系，今后在治理周期与成本方面会付出巨大的代价。

（二）旅游开发与洱海环保之间的矛盾依旧突出

旅游依托的是自然资源，大理的旅游业同样依托的是苍山和洱海的优美风光。大理一年四季都在吸引各方宾客的到来。络绎不绝的游客虽然带来了商机，但却给大理留下了污染，这在大理洱海流域已经是不争的事实，游客的频繁旅游活动，客栈、酒店数量的增加无疑对洱海生态环境的产生了不利影响。环海路上的不少客栈都没有污水管网和污水处理设施，各种垃圾、废水及游客的废弃物会直接进入洱海，致使洱海污染负荷大幅增加。在 2021 年大理市最严环保禁令下，很多餐饮、客栈被关闭，一场史无前例的环保行动已在洱海边进行，旅游开发与环境保护的博弈再度展开。

（三）环湖截污 PPP 项目有待考量

洱海流域的环湖截污 PPP 项目正处于施工阶段，建成后是否能够真正实现预期的目标需要事实来验证。水污染治理是一个复杂的过程，它需要大量的资金投入及先进的技术管理人才，PPP 模式也正在该领域被广泛推广，但 PPP 存在着参与方较多、运营较为复杂的特点，在实际应用中可能会出现许多问题，从而导致项目存在失败的风险。首先，PPP 项目作为新兴事物，大理州政府在具体操作上没有经验可循，只能一边建设运营一边完善。项目的建设和运营过程中会出现一些不确定的因素，政府和企业都应该注意和防范。同时，项目的推进和实施需要财政资金的保障，如果出现地方财政预算不足或困难，就有可能影响项目的进度。PPP 进入我国的时间不长，国内环保 PPP 项目的一些案例也反映出了很多问题，即地方政府违约、项目资金被挪用、项目运营缺乏监管等。再者，项目的预期收益和回报机制也会直接影响政府和私营部门的积极性。一方面，从该项目中分配到的收益达不到最低期望报酬率，甚至不足以弥补其原始投资，投资方的积极性会大打折扣，这样就会制约水污染治理的发展。另一方面，项目建成后，政府也会衡量该项目实际运营带来的社会效益，以此作为下一步的决策依据。

（四）农业面源及生活污染严重

虽然政府在处理洱海流域农业面源污染上做了大量工作，并取得了阶段性的成果，但仍旧存在以下问题。农村基础设施依然薄弱，村落的污水管网更是建设滞后。很多村落没有下水道排水系统、公厕、垃圾处理站，一般是简易的臭水沟和露天厕所，易渗漏，极易产生大量生活污水、生活垃圾、粪便。种植业使用大量化肥农药，随着雨水流入洱海的情况严重。传统种植业仍占比较大，特色生态农业推广有待加强。洱海流域大约有9万头奶牛，每户2~3头的小农式散养比例高达90%以上。规模化养殖比例极低，缺乏粪污处理设施，产生的养殖废水和粪便造成了洱海流域农业面源污染。民众环保意识薄弱，生产生活中无意识地将污水垃圾排入河道。大量的资金和人力集中在城镇减污控污设施的建设上，对农业面源污染、农民生活污染的投入与关注不够，造成治污短板突出。缺乏市场化主体参与引导农户进行规模化养殖和种植，欠缺污染规模化处理经验。

二、洱海保护和治理的制约因素

（一）政府专项治理行动的运行成本高

近年来洱海水污染再度升级，爆发水体系统性危机的可能性越来越大，大理州、市（县）级政府开展了声势浩大的"六大工程""七大行动""开启抢救模式"等一系列专项治理行动。专项治理行动的特点是具有短期性，主要是通过采取强制性的手段，包括行政干预、经济及司法等手段应对突发的环境、经济和社会问题，专项治理行动在短期内有一定成效，但是持续性不强，因为缺乏后续的评价机制。从政府治理的层面看，专项治理行动可以在短时间内取得成效；同时，其针对性较强，主要是针对已经形成的污染事实来开展治理，既要推翻还要重建，这样就带来了比较高的运行成本。洱海治理行动虽然由政府主导，但其调用了大量的社会资源，花费了大量的财力、人力和物力。如何减少政府专项治理行动的运行成本，防止因权力滥用带来的损失，对我们下一步治理洱海流域水污染是至关重要的。

（二）地方治理资金缺口大

随着经济的发展，洱海流域的大理白族自治州的经济每年都有所增长，但其人均GDP低于云南省，更远低于全国人均GDP，接近全国人均GDP的半数，经济增长率也是最低的。这说明大理白族自治州的经济比较落后，且需要调整产业结构，生态治理资金"捉襟见肘"，需要市场主体参与，社会资本伸出援手。

政府财政对洱海流域生态治理的投入有限。加之，洱海流域缺乏环保资金运营平台，环保融资能力较弱，融资手段比较单一。虽然截污防污工程引进了PPP模式利用市场的力量进行融资，但据估算洱海每年需要约为300亿元的生态补偿资金。2017年年中，财政部发布了《关于规范政府和社会资本合作（PPP）综合信息平台项目库管理的通知》，超过 2 000 个项目被清理出项目库，PPP 项目的贷款融资难度加大。而且生态治理项目大多薄利，因此吸引市场资金投入的难度大，进而导致资金不足，影响了一些洱海生态治理工程的进度。为了解决资金捉襟见肘的问题，相关部门还需要进一步降低市场门槛，建立一定的激励机制，引导更多的社会资本加入，充分发挥企业主体在生态治理资源配置中的参与功能，提高生态治理投融资效率。

（三）运行机制不畅

第一，政府包办过多、体制不顺。洱海流域的生态治理大部分是政府"唱独角戏"，缺少在政府主导下的社会、企业及第三方机构的积极参与。在政策主体上，政府对水污染治理实行了全部包干制，其既是政策制定主体也是政策执行主体，虽然也有一些社会团体或组织参与到保护和治理的活动中，但是由于缺乏相对的权威性，其会受到主观因素的影响，治理行为有时比较随意，这样也就难以保证生态治理的质量。包办过多的政府就会成为万能政府，也就会造成公民对政府的依赖，无法充分调动其他主体的积极性。同时，体制不顺严重影响了治理主体的执行力，大理州洱海流域保护局属于大理州生态环境局的二级局，没有行政审批权和综合执法权，不利于全面履行洱海保护治理职责。

第二，政府执行力和监管能力不强。政府在洱海保护和治理中贯彻相关规定不细不实，对具体问题的处理有时强调客观困难，主动作为不够。虽然出台了洱海保护的条例和配套实施办法，但各级政府在执行过程中由于种种问题未能及时制止违法违规行为的发生。

第三，公共治理手段单一。公共治理手段主要是指政府在行使治理职能和履行责任过程中的途径和方式。我国在环境管制方面，由政府主导，主要采取行政手段，而对其他的治理方式和手段的应用相对较少。单纯的行政手段对洱海流域水污染治理的组织、指挥、控制、目标都很明确，但行政手段往往具有一定的主观性，有时在具体执行过程中具有随意性，也容易造成行政权力寻租，缺少成本－收益评价，市场调节和制度规制等难以形成合力。

第四，权责和利益分歧削弱执行力。虽然在洱海保护治理方面，从省、州（市）到县区级都制定了相应的规范和制度，目的是加强协作，共同治理好水污染，然而这些综合性的管理体系和监管机制在实践中遇到了很多障碍，由于洱海流域保护和治理工作涉及多个地区、单位和部门，在缺乏统筹的管理机制下，它们不同的权责和利益决定了各自为政的局面，大家的职能和考核内容不一致，难免会出现分歧和矛盾，甚至推诿扯皮的现象，由此还会引发"懒政"，这就使得行政效率大打折扣，严重削弱了监管能力和执行能力。在客栈的管理上，从建设到经营的很多行政许可和审批会涉及多个政府职能部门和单位，这些部门由于责权不明，有时会出现相互推诿和不作为的现象，导致了违规建设缺乏有效的管理。

（四）公众参与效果不明显

洱海流域作为旅游度假的胜地，其自然环境历来都被政府、公众广泛关注。在从污染到治污的复杂历程中，政府也总结了很多经验，出台了相关流域管理的一些制度，形成了自上而下的州、县、乡联合管理体制，并在洱海保护的实践中取得了一定的效果。但是正是由于过于依赖政府，其只在政府层级间形成环境治理模式，没能广泛地发动社会公众参与进来。

参与形式仍依赖政府。首先，洱海环保治理无论参与内容还是形式，在很大程度上取决于相关主管行政部门的态度。其次，很多人认为保护环境主要是由政府来负责，始终缺乏环保的社会责任感和参与意识，参与的自觉性不足。近年来，随着洱海保护宣传教育力度的不断加大，越来越多的人认识到水污染的严峻性，但大部分民众仍只停留在"口头"上，付诸实践、真正参与的并不多。最后，参与主动性不够。无论是城镇人口还是农民，只要是生活居住在洱海流域的民众，都赞同和支持洱海保护，但是这种认同感并没化为热情和动力，导致参与过程缺乏主动性。

（五）治理市场化程度低

生态保护与环境治理属于公共产品领域，因此主要由政府主导建设、治理与运营。治理市场化可以激活社会资金、技术和人才在治理联动方面的活力，洱海流域治理市场化处于初级阶段，还没形成规模效应和带动效应。PPP 模式参与洱海流域治理的门槛较高，很多中小企业无法加入，导致市场模式过于单一，没有激活市场存量，没有多元化市场主体参与。水权交易、排污权交易制度、流域生态补偿机制等有效补充政府治理等市场化的机制，还没有效地搭建运营起来。只有建立以市场化盈利为目标的跨区域生态治理联动机制，打破生态治理薄利状态，才能吸引更多的市场主体参与，破解地方政府资金不足的问题，形成生态治理的长效机制。同时，治理市场化可以消除外部性，对上下游形成一定的制约，加强上下游联动。政府在生态治理中过于主导抑制了市场机制的建立成长，导致了市场化困境。应该设计合理的联动机制，实现政府"有形之手"与市场"无形之手"之间的"握手"，使得行政机制和市场机制有机结合起来，为洱海流域生态治理添砖加瓦。

第三节　洱海保护和治理的长效机制

生态文明是一种超越工业文明的社会进步形态，是一种优于末端治理的环境保护模式。根据党的二十大报告提出的"中国式现代化是人与自然和谐共生的现代化"、党的十九大报告提出的"建设人与自然和谐共生的现代化"、党的十八大报告"五位一体"

的总体布局和党的十八届三中全会保护生态环境的战略要求，我国已进入生态文明建设的新阶段，社会经济发展与生态环境保护协同并进。在此背景下，面对洱海流域严重的生态环境问题和不可持续的发展模式，当地政府应提高政治站位，深化思想认知，学会"算大账""算长远账""算综合账"，坚决以生态环境保护倒逼经济转型，在全民的参与支持下实现洱海流域的可持续发展。对此，本书根据前述研究结果给予构建洱海保护和治理的长效机制的建议。

一、理顺运行机制

生态环境保护是洱海流域当下的重中之重。洱海流域现有的生态环境问题源于城镇化和工业化快速发展的进程中，人类活动对自然界的过度或无序干涉，长期积累的环境污染和生态破坏成了现在难以铲除的历史遗留问题,拉响了洱海流域生态环境抢救警报。对此，洱海保护和治理应首先理顺运行机制，具体要坚持生态先行原则；加速经济转型，控制污染源；构建公众参与的监督制度。

（一）坚持生态先行

1. 优化空间布局，重塑生态系统

洱海流域生态系统服务从以调节服务为主转变成了以供给服务和文化服务为主。不同生态系统提供着不同的生态系统服务，而调节服务的减少预示着生态系统功能和结构的不利转变。土地利用与覆盖作为影响调节服务的重要因素，为生态系统服务的改善提供了突破口。

对此，大理州政府针对洱海保护和治理于 2018 年 5 月 30 日发布了《大理市洱海生态环境保护"三线"管理规定》，将湖区界线划定为蓝线，将湖区界线外延 15 米的洱海湖滨带保护区划定为绿线，将洱海海西、海北蓝线外延 100m，将海东环海路道路外侧路肩外延 30m 的洱海水生态保护核心区划定为红线，对三线进行严格的分级管控。据此，洱海周边出现了空前的生态搬迁和腾退，绿线范围内的 1 806 户客栈和民房在 2018 年年底如期完成生态搬迁安置，环湖 386.67 多 hm² 的生态湿地和缓冲带逐渐成形。可见空间优化布局已受到了当地各级政府的重视，面对诸多现实阻碍仍然强力落实，生态建设初见成效。但是，这对流域整体生态系统的改善而言还远远不够。

应根据各土地类型提供调节服务的类别和大小，合理规划森林、灌木、草地、水田、旱地和城镇的面积与分布，严格控制城镇和农田面积的无序扩张，科学管护已有与新增森林、灌木和草地生态系统的平衡和稳定，让自然生态系统和人类社会系统实现真正的和谐共处。

2. 开展生态补偿，促力生态建设

生态补偿是促进生态系统可持续发展、谋求区域绿富双赢的有效途径。应构建以洱海流域整体生态系统服务改善为目的的流域生态补偿机制，这样既可以充分发挥自然

生态系统强大的环境调节作用，也可与流域正在开展的系列水质拯救行动相辅相成，加速促进洱海流域的可持续发展。此补偿机制框架既符合《大理州生态建设和环境保护"十三五"规划》中强调的要开展重要生态功能区生态服务功能价值评估，健全"成本共担、效益共享、合作共治"的洱海生态补偿机制，也进一步探索了华中师范大学生态文明研究团队在承担的水专项中指出的，关于洱海流域应从普惠性生态补偿机制推行和重点生态补偿机制构建两方面完善"国家—区域—州域—地方"一体化的生态补偿体系。但是道阻且长，坚持探索、灵活创新、机动调整、严格管控，将有助于构建具有高原淡水湖泊流域地方特色的洱海流域生态补偿机制，同时旨在改善和稳定生态系统质量的生态补偿机制，在其他生态系统较为丰富且重要的地区也有一定的普适性。

3. 严控治污攻坚，坚持生态保护

洱海作为当地主要的饮用水源地，近年来因水环境污染问题频繁爆发蓝藻，水质局部波动较大，增加了当地取水供水的压力。目前，大理市的自来水厂和污水处理厂大多面临着设备升级更新以解决出水水质的问题。对此，在改进水处理技术和设备的同时，要持续整治水环境污染问题，遏制污染源，提升洱海整体水质，降低水处理过程中的压力。现阶段，洱海流域开展的"七大行动"收效显著，水质拯救系列工程逐渐落地，但仍不可放松警惕。当地各级政府应坚持落实治污行动，防止出现环境问题的反复和以政绩为导向的"面子工程"，为生态保护"搭桥铺路"。

（二）加速经济转型，控制污染源

1. 发展生态农业，遏制面源污染

洱海流域农业子系统中化肥的大量施用和水资源的大量低效使用是影响洱海流域可持续发展的重要原因之一；同时，当地未对农畜产品生产过程带来的污染问题进行有效治理，导致畜禽粪便和污水等直接排放，引发面源污染问题。对此，大理州在近几年出台了多项规章制度予以应对。例如，《"十三五"洱海流域高效生态农业建设与面源污染防治规划（2016—2020年）》《"十三五"畜禽养殖污染防治规划》《大理白族自治州洱海流域农药经营使用管理办法》《关于开展洱海流域农业面源污染综合防治打造"洱海绿色食品牌"三年行动计划（2018—2020年）》，以及近期推出的"三禁四推"工作。现在看来，诸多举措已在农田面源和畜禽养殖污染整治、禁渔和退塘行动以及生态循环农业方面取得了一定成效。

整个过程缺少不了当地农户的支持和参与，但要转变他们根深蒂固的农业生产理念和方式并非易事，当地政府在科学规划农业绿色生态转型的过程中要注重对农户的合理引导。同时，建议在推进农业绿色发展的过程中，积极探索农业升级转型之路，发展休闲农业、观光农业，打造"种养＋加工＋销售"全产业链，以科技促产量创收入，提升农户收入水平，让其主动参与到农业绿色转型的过程中，以短期阵痛换取长远利益。

2. 调整产业结构，倒逼经济转型

工业是洱海流域的主要产业，也是洱海流域可持续发展的关键抑制因素。水泥行业对当地不可更新资源的大量消耗导致了严重的生态破坏；机械制造行业因从流域外大量购入原材料和普遍的粗加工组装流程给流域带来了极大的环境负担。此外，流域发展过程中产业布局的不合理，以及对现有产业园监管把控的不到位，让环境污染和破坏逐渐累积至爆发。目前，当地政府本着生态保护的目的已着手调整产业结构，有意识地关停或迁移污染型产业，规范工业园的环境友好行为。例如，2018年年底，祥云县政府出台了《祥云县承接洱海流域保护治理产业转移行动计划》，其中就包括了对水泥产能和装备制造业的承接项目；洱源县在2018年政府工作报告中总结了对邓川工业园区的优化改进工作，推行清洁生产和生态工业园创建。但以环境为导向的产业结构调整是一项长期且艰巨的任务，需要政府的统筹规划、严格监管，更需要企业自觉自愿的高度配合。

产业结构调整不仅是对现有企业的整改，也需要融入循环经济和产业共生等创新理念。一方面，依托现有的绿色、特色、高端、优势产业，将产品朝精深加工方向发展，延长产业链，借助"新平台"努力打造"生产—加工—销售—出口"一体的全产业链发展；另一方面，通过物质、能量，乃至对"废弃物"的循环利用，提高资源效率，减少污染排放和环境破坏，从而真正实现产业的绿色转型。

3. 推进生态旅游

洱海流域旅游服务的资源消耗和能值货币价值占比虽然相对较低，但它的发展速度和对洱海的直接污染却不容小觑。洱海流域因天然的地域优势和文化积淀，旅游景点众多，游客络绎不绝。伴随旅游业发展的旅游餐饮客栈在2013—2016年出现了"井喷"式无序增长，污水的直接排放让流域生态不堪重负，2017年洱海更是亮起了"水质红灯"。对此，大理市政府迅速启动了洱海抢救模式。2017年4月，洱海流域核心区的餐饮客栈全部暂停营业；2018年5月，随着《大理市洱海生态环境保护"三线"划定方案》的公布，大批餐饮客栈被腾退或搬迁，保障洱海生态缓冲带建设顺到进行。当地政府这一系列牺牲经济的行动坚决表明了其生态环境治理和保护的决心。但这仅仅是跨出了第一步，后续如何有序发展高端特色生态旅游，打造自然山水和民族风情两大旅游产品，兼顾旅游业发展和景点生态保护，是真正实现生态旅游转型必须解决的难题。

（三）构建公众参与的监督制度

1. 以绩效管理严控内部监督

之前，部分地方政府的考核机制还停留在"唯GDP论"式的片面评价考核层面，这主要是过度追求经济发展而忽视环境保护的历史遗留问题。在社会发展日新月异，人民提倡对美好生活的追求，"绿色经济""绿色健康生活"成为主流的今天，对地方的考核更应该增加公民满意度指标和环境指标，以督促地方政府重视自然环境的保护和治理、公众参与和满意度。可以引入绩效管理的模式，建立公众参与水环境治理的绩效考核指标强化内部监督。用绩效管理的方式，在相关公共管理部门年初执行和落实各项公众参与水环境治理的政策指标时，加入对公众参与程度和满意度的考核，年末通过第三方机构在当地公民中发起公众参与满意度的调查，以调查结果作为重要参考值，进行统一标准的考核，并设置相应的分值进行打分。对没有按照年初的工作目标完成的工作任务，按照绩效考核量化结果的运用制度进行追究，对于按期甚至超预期完成工作任务的给予加分或奖励，完善对制度管理和绩效结果的运用，提高政府内部的监督力度。

同时，可以建立公众参与水环境治理的责任追究机制，对地方制定、执行公众参与水环境治理的相关政策建立硬指标，督促主管部门落实工作。

2. 完善社会监督机制

赋予公众监督权，强化社会监督。社会监督包括媒体监督、利益相关人监督和公众监督。社会监督可以促进社会公平正义。媒体包含纸媒体和流媒体，在现实生活中媒体的覆盖面和受众面较广，具有很强的威慑作用。一是要以法律的形式明确公民的监督权。例如，2020年出台的《中华人民共和国长江保护法》就用法律的形式明确了公民有获取长江流域生态环境保护相关信息的权利，同时有举报控告破坏长江流域自然资源、污染长江流域环境、损害长江流域生态系统违法行为的权利。二是要完善对公众意见的处理反馈机制。公众监督实际上能够提高政府部门处理公共事务的效率，公众通过相关渠道反映自己的意见或建议，就是希望能通过自身的参与对洱海治理有所推动，所以政府部门应重视民意的收集，及时处理公众提出的问题，并给公众一个真实有效的反馈，形成完整的良性沟通闭环。三是要助推专业环境治理的社会团体的成长。在一些专业的环境问题方面，大部分民众并不具备明确描述和处理问题的能力，这就需要专业团队进行反馈和提建议。例如，江苏省开展的"环境守护者"行动，该行动公开招募年龄在15岁至69岁的600多名民间"环境守护者"，对其开展专业辅导培训，让分散在省内各地区的"环境守护者"成为江苏各级生态环境部门的监督者和"参谋官"。之后通过开展不定期专业培训和座谈交流，提升团队的专业性，提高环境监督管理的能力和水平。事实上，在社会监督这个环节，通过专业团队的组织和指导，能够集中力量让社会监督更具有针对性和专业性，有的放矢地解决水环境治理问题，最大限度地发挥出社会监督的正向效应，保障公众监督的权利。洱海保护和治理的社会监督方面可借鉴江苏省的成功经验。

二、加强府际协同机制的建设

洱海流域生态治理的制约因素之一就是生态治理联动不够，相邻区域地方政府因为政治经济、社会发展程度、区位的不同，导致了环境治理目标的差异，形成合作博弈关系。跨区域水污染具有污染物跨域流动转移性，生态治理需要上下游相邻区域政府之间的治理联动，形成一个完整的全流域生态治理系统闭环，避免重复建设和治理冲突。而行政区划撕裂了整个流域的完整性，不同的行政区划地位平等，没有传统的科层制的上级对下级的隶属调度关系，使得跨区域环境治理的联动困难。因此，加强府际协同机制的建设，构建一个和谐、健康、稳定的联动机制是促进洱海流域生态有效治理的关键。

（一）跨区域生态治理联动机制设计

1. 创新流域协调机制

构建跨区域生态保护和环境治理联动新机制。应设立一个跨区域生态治理政府机构，管理跨区域生态治理事项，明确职能权责。应科学统筹全域治理规划，加强跨区域政府间的治理联动，降低信息费用和联动成本；成立一个跨区域生态治理公司，进行全域的资源市场化配置和开发运作，明确生态资源的产权，将部分公共产品私有化，降低交易费用；成立一个跨区域生态治理投融资平台，降低市场主体参与生态治理的门槛，吸纳更多的资金参与生态治理，让治理主体多元化。应实现专业公司从事专业治理，更具效率。应以大理大学为中心，建立基于洱海流域的跨区域生态治理的科研基地，研发升级生态治理技术，为洱海治理储备后备技术力量。

2. 科学规划完善制度

应在洱海流域建立生态治理负面清单，划定市场主体不能参与的范畴。应对全流域进行统筹安排，制定科学合理的规划，制定明确的针对企业、民众和其他主体的奖惩制度。规范洱海流域旅馆饭店排污设备安装和排污标准、生态农庄施肥喷农药及排污标准、畜禽养殖场粪便处理及排污标准。洱海流域大量在农户土地上搭建的民宿旅馆，无法获得合法的双证，游离于法律监管之外。应加强对其的监管，进行财税改革，征收环境资源使用税。

3. 争取上下游行政区域合并

洱海流域面积 2 565km²，而下游大理市辖区流域仅 1 815km²，在大理市辖区外洱源县的流域污染不能得到跨区域有效治理。洱海流域在行政区划上一分为二，但洱海流域是一个不可分割的整体，应将上下游行政区域合并，将跨区域生态治理的外部性内部化，从而降低交易费用。2004 年，洱源县的双廊镇和上关镇行政划归大理市，并入了大理市的洱海流域治理范畴，对洱海的生态治理起到了积极的作用。为了跨区域生态治理联动的效果更好，应该突破行政壁垒，可提出将洱源县并入大理市行政区划的可行性方案，争取国家政策支持。可预见，行政区域合并更符合洱海流域生态治理的利益，可以站在全流域角度更加系统全面地规划治理，可以降低区域间联动的交易成本，更早达成"洱源净、洱海清、大理兴"的目标。

4. 调度机制分流游客

应科学地计算洱海流域镇村各区域能承载的人流量，并把旅馆、民宿、客栈能承载的居住人数控制在这个数字区间。云南省旅游发展委员会同互联网公司腾讯联合打造的云南全域旅游智慧平台"一部手机游云南"，推出"游云南"App。鼓励前来洱海流域的旅客通过"游云南"App 提前预订住宿和景点门票，基于大数据形成价格梯度。预定比较早的价格为正常价格或者略低，通过腾讯支付或者阿里支付还予以一定概率红包的奖励。当预定比较晚或旅游人数超过承载量的时候，价格高于正常价格，使边际价格大于等于边际生态治理成本。超过承载量的游客支付价格较高的价格梯度，通过调峰促使旅客分流至其他地方，减轻局部区域的环境压力。

（二）推进公共治理主体多元化

政府在治理洱海流域水污染过程中承担了重要的角色，但政府的力量是有限的，单纯靠政府在环境治理的过程中发挥作用已经趋于"失灵"，任何单一的行政管理措施都很难彻底解决水污染的问题，环湖截污 PPP 项目、财政资金投入这些仅仅是手段而已，需要更多的主体参与到治理过程中来。洱海流域水污染治理的过程和特性，决定了政府、社会组织、市场（企业）和公民个人都必须共同参与到水环境保护中来，公共治理主体要充分发挥作用。主体的多元化并不是否定政府的作用，政府在治理过程中仍然要起到主导作用，负责组织和领导，同时还要整合其他的社会力量。各个主体要尽量发挥特长和优势，做到相互支持、配合，实现协同治理。

首先，在整个多元治理体系中，政府是很重要的主体，要通过政府的主导来开展各项治理活动，同时要让其他的治理主体主动参与进来，在参与的过程中要充分发挥聪明才智，共同推动水污染的多元治理。第一，要收集、整理各种基础信息进行科学决策，制定相关政策法规，在制度上将有效的激励和约束机制贯穿始终。第二，要积极引导各方共同承担环境保护责任，为各方参与水污染治理提供所需的法律法规、资源、平台和依据。第三，对于流域水污染防治行政体制不顺畅的问题，我们必须加快建立水污染治理协同协作机制，通过谈判、商议、承诺的形式达成共识，消除分歧。第四，为了加强各个主体在水污染治理中的执行力，必须建立与职权相配套的责任追究制度并需要其他主体实施监督。

其次，企业要积极发挥在环境治理中的主体作用，自身要建立起自觉治污的理念并付诸行动。民间环保组织具有非营利性、自治性和志愿性的特点，在水污染治理过程中可以发挥它们的特长和优势，能起到专业辅助的作用，通过与政府保持互动，影响社会舆论、监督排污企业。第三方科研机构在水污染治理中具有专业优势，政府要充分调动这些专业科研机构的积极性，从政策上鼓励并支持科研机构在技术领域的创新，还可以通过财政资金帮助它们发展壮大。对于公民个人来说，要加强自身主动参与的意识，同时要做好监督评价。总而言之，通过这样的多元化治理，既可以降低公共治理的成本，又可以提升效益。

（三）加强公众环境教育

很多施政纲领都把教育摆在了公共事务的首位，环境教育也是培养和提高公民环保意识的最有效途径。通过教育的方式，可以增强公民个人的环保责任感，鼓励公众积极参与水环境保护。在洱海保护问题上，要想使公民的环保知识尽快得到增长，环境意识尽快得到提高，就必须对其加强环境宣传教育。要特别加强对政府官员的环境意识培养，可以通过定期、不定期的专项培训或者在其任职培训中将环保作为必修内容，让政府官员在环保决策方面更加理性。通过对政府官员的环保教育，促使其树立绿色发展的政绩观，重新审视公共政策的合理性。对在校学生来说，要从小就将环保知识作为教学课程来学习，有条件的话可以为学生提供相应的环保实践活动，鼓励学生主动参与实际环保行动。对农民来说，要让他们学习如何在农业生产作业过程中合理使用化肥和农药，鼓励他们发展绿色农业，培养自身自觉减少污染的意识。

（四）注重公共治理决策的科学性

环境问题有高度的科学性、不确定性和关联性，光靠政府进行决策是不科学的，应当通过第三方、专家、公众及民间环保组织来提供更多环境决策需要的信息及意见建议，提升政府环境决策的理性，减少根据错误的事实或者片面分析而采取的单项行动，避免政府决策可能出现的短视性和盲目性。首先，要通过缜密的科学方法和先进的技术手段开展大量的前期研究，保证水污染的治理符合自然规律，还要进行全面系统的科学论证，科学论证过程中也要强调公众参与，才能增强透明度和民主性。应通过收集洱海流域长期以来的数据信息，从自然科学入手建立大数据，进行综合性的系统研究。其次，政府要在科学论证的基础上充分征求各方意见，然后制定出合理的规划和措施。政府要以科学论证为基础，必须以实事求是的态度，遵循自然和社会规律来进行科学决策。以洱海保护为例，在治理过程中就应该统筹规划水源、开发、排污、生态，要用数字化和精准化的模式来治理污染。同时，流域的综合治理不仅是自然资源开发保护的问题，还要充分考虑人和社会的复杂因素，决策过程中要有前瞻性，要走出一条"科学规划—合法建设—绿色开发"的道路，避免再次出现类似双廊客栈无序开发带来的问题。

（五）完善公众参与和监督的配套机制

在公众参与环保的过程中，政府有信息公开、说明理由、举行听证会的义务。公众参与虽然已经被写进我国《环境保护法》中，但实际运行的效果不尽如人意，也没能较好地发挥功效。首先，要从立法的层面上来保障公众参与的权利和义务。大理作为白族自治州，可以充分利用民族自治权制定出相关的公众参与办法，并对形式和内容加以明确，便于操作和执行。其次，要拓宽参与的渠道，现有制度的种种限制，导致了公众在参与过程中渠道单一、形式简单。应继续加大信息公开的力度，保障公民的知情权和参与权。最后，要支持科研机构和民间环保组织的发展，科研机构的参与必须确保专业性和中立性，民间环保组织更能体现其非营利性和自愿性。与此同时，在我国的国家制度层面下，只有人大代表和政协委员才能更多地参与公共事务的决议和监督，为了构建多元主体共同治理的体系，必须建立公众参与的监督机制和平台，让政策的执行和治理的效果接受监督，防止权力滥用和违法违规现象的发生，将权力关进制度的笼子里。赋予每个治理主体同样的监督权，使政府、企业和其他社会力量和公众形成相互监督、良性互动的格局，推动洱海保护长效机制的形成。

1. 流域内各级党委政府全员参与洱海保护治理

打好洱海保护治理攻坚战，地方各级党委政府的参与程度十分重要。多年来的洱海保护治理实践表明，只要省委、省政府在政策的制定上确立正确的方向，精准发力，基层党委政府深入基层，融入群众中，充分了解洱海保护治理工作中的现状，同时做到各级党委政府与上级党委政府签署责任状，对政策精准把握和落实，我们才能看到洱海的保护治理工作如期有效推进。各级党委政府应在保护治理洱海的战略策略制定上结合洱海地区实际的生态特点、地理环境、区域发展情况，让大理地区的环境、资源、社会模式等在战略实施上产生最佳效果。地方各级党委政府及各部门、各单位的广大干部职工，都应进一步增强参与洱海保护治理的意识，以不同的方式关心、支持、参与洱海的保护治理。应进一步推动居民环境保护意识的增强。多年来，大理州、市党委政府提出并大力推动了"禁白"活动，及时禁止了白色塑料袋、含磷洗涤剂等污染型生活物品的使用，带领洱海流域居民在日常生活中树立环境保护的意识，降低了对洱海的污染，提升了洱海流域居民的环保意识。在战略制定的过程中，地方各级党委政府应站在统筹全局的高度，制订长远计划，落实洱海的保护治理政策，还洱海碧水蓝天。政府作为生态文明建设监管者的同时，更是其重要的执行者、参与者，应在全员参与洱海保护治理工作的过程中做到职能细化、责任分级，最终实现流域内各级党委政府全员参与，引领全社会参与洱海保护治理工作。

2. 流域内广大群众全员参与洱海保护治理

洱海保护治理的最直接参与者和影响者是洱海流域内的广大群众。他们生于此，长于此，洱海环境与他们的生活息息相关。因此，调动洱海流域内的所有居民参与洱海保护治理工作是最重要也是最容易引起共鸣的。首先，必须破除洱海流域内群众对洱海"取之不尽用之不竭"的印象和观念，必须让他们深刻认识到，保护洱海是一件迫在眉睫的事情，若放任对洱海的过度索取，洱海终有一日会资源枯竭、环境遭到破坏，届时首当其冲的将是与洱海休戚与共的流域内渔民、农民乃至所有居民。我们必须改变洱海流域居民几千年来已经形成的传统农业模式，转而采取符合生态文明要求的现代化农业生产模式，减少对洱海流域生态环境的破坏、资源的浪费和人工劳动力的使用。其次，洱海周边渔民必须改变对洱海渔业的认知，长久以来其未能意识到洱海渔业资源是有限的，形成了洱海资源取之不尽的错觉，然而在现代科技的加持下，洱海渔业的发展已经超出了洱海所能承受的上限。再次，对洱海的开发要适度，我们需要让洱海保护治理的思想深入每个与洱海环境息息相关的人心中，只有认识到保护洱海的重要性，在内心形成对洱海的保护治理意识，把洱海保护治理工作融入日常生活才能打赢洱海保护治理攻坚战。最后，洱海流域的居民必须彻底改变传统的生产方式和生活方式。放弃传统的化肥农药依赖型种植业和污染严重的养殖业，发展现代科技、生态、有机的种养殖业。改变传统的生活垃圾随意丢弃、生活污水随意排放、化学洗涤无度使用等生活方式，强化生活垃圾分类投放、集中清运，生活污水及时处理，化学洗涤限量使用等生活方式。

3. 大理市民和学生全员参与洱海保护治理

洱海的保护治理工作不仅需要地方各级党委政府对大局的掌控、流域内人民群众的实时参与保护，更需要广大市民群众及以学生为主的年轻一代参与进来。洱海是大理市一道亮丽的风景线，更是大理生态平衡极为重要的组成部分。大理市能有现如今优美的风景、宜人的环境，离不开洱海的滋养。为此，大理市内所有居民都应该存有对洱海的敬畏之心，为洱海治理保护工作尽心尽力。我们应通过多种渠道宣传保护治理洱海的必要性、重要性和知识、政策、法规，以切实增强广大市民的环保意识，增强其参与洱海保护治理的积极性、主动性。要强化家庭教育对下一代生态文明意识的培养与启蒙工作，在学校里进一步加强对青少年学生进行洱海保护治理意识的教育，在社会上大力宣传洱海保护治理工作的重要性及相关知识、政策、法规。通过这样的全方面教育工作，将保护治理洱海的意识转化为市民和学生生态自律的意识，让这种意识在每一个市民和学生的心中生根发芽。

青年学生是未来社会的中坚力量，是国家和社会的希望，他们终将接过上一代手中的旗帜，成为社会的中流砥柱。因此，必须对青年学生进行必要的生态文明教育，让他们形成保护治理洱海的强烈意识，自觉参与洱海保护治理工作。然而，学校对于洱海保护治理的教育意识还存在很大的不足，师资力量薄弱、专业性差、重视程度低，很少有学校开设专门的针对洱海保护治理的校本课程，专题宣讲中也少有专业、权威的相关从业人士的参与。这对学生增强洱海保护治理意识和参与洱海保护治理工作的积极性十分不利。为此，学校不仅应解决上述课程缺失、师资力量较弱等问题，还应该在校内营造环境保护的氛围，在校园生活中提升学生参与保护治理洱海的积极性。学校可以在课程以外开展保护治理洱海的相关活动，如粘贴生态文明建设标语、设立校内环境保护专栏等。青年一代有理想、有希望，只要进行合理的引导与教育，他们就会认识到生态文明建设的重要性，认识到保护治理洱海的重要性与迫切性。所以要积极引导青少年学生在当下学会力所能及地自觉参与洱海的保护治理活动。

4. 流域内各类媒体大力参与洱海保护治理

当今时代，随着信息社会和网络化时代的到来，科学技术发展日新月异，新闻媒体参与社会热点传播的效率越来越高，手段也越来越丰富、先进，影响力日益深远，每个人都有机会成为自媒体。新闻媒体得到了前所未有的巨大发展，因此新闻媒体参与洱海保护治理的重要性也日益凸显了出来，新闻媒体有多种途径可以参与洱海保护治理工作。首先，官方媒体的宣传仍然是最主要的途径，相对于各式各样的新兴媒体，群众还是更相信官方媒体。随着大理人民对洱海保护治理的认识高度逐渐提升，越来越多的人希望可以在官方媒体这一正规渠道了解洱海保护治理的政策与发展情况，大理州、市传统的报纸、电视台、广播电台等应当大力加强对洱海保护治理方面内容的宣传报道力度，对保护治理洱海进行详细的宣传讲解，让市民在了解相关内容时获得应有的信息。其次，当地媒体可以在社会上利用自己广泛的宣传渠道，通过举办现场活动、节目转播、有奖征稿等各种方式进一步加强对洱海保护治理的宣传，调动当地居民的积极性，吸引市民参与洱海保护工作。

同时，应高度重视和切实加强新媒体对洱海保护治理的宣传报道。与传统媒体正式、官方的印象不同，自媒体给人带来的更多的是一种亲切、平实、及时、贴近生活的感觉，在观看自媒体消息时，观看者会有"如果是我应该也可以……"的观感，这种代入感是传统媒体无法比拟的。更可贵的是，自媒体由于门槛低、操作简单，从业人士数量远远高于传统媒体。同时，自媒体的宣传途径也不局限于某种形式，从已有多年发展经历、用户群较大的微博、博客，到近些年新兴的深受各年龄段欢迎的直播软件、短视频软件，都是自媒体参与洱海保护治理工作的优质平台。作为政策把控者的各级党委政府可以通过多种途径，如有奖征集、奖励优质媒体等方式，鼓励每个新闻媒体工作者都参与洱海保护治理的宣传。自媒体工作者发自内心的宣传，精心制作的宣传视频、文章经常会带来出人意料的好效果。曾经的大理自媒体工作者通过各种形式秀出自己多姿多彩的生活，对大理起到了十分良好的宣传效果，让苍洱毓秀的大理美名响彻全国，这是十分宝贵的成功经验。我们有理由相信，如果每个新闻媒体都能够积极参与洱海保护治理工作，以更胜以往的热情去宣传洱海保护治理工作，我们一定能够取得远胜往昔的成绩。

三、加大支持保障机制的建设力度

（一）规划运营好 PPP 项目，做好资金保障

洱海流域环湖截污 PPP 模式的效果应该是长期的，为保证项目在未来几年建成后取得成效，政府和私营资本必须共同规划好才能实现共赢的目标。政府对 PPP 项目资金的使用要制订合理的计划，将资金纳入当年度的财政预算，防止资金被任意挪用或滥用，规范资金的使用渠道，切实加强契约精神，杜绝资金给付违约事件。从企业的角度出发，企业可以通过第三方机构对项目资金进行委托管理，与政府、第三方分别签订协议，通过第三方按约定协议完成相关的费用支付，确保资金的安全和按期支付。合同的签订意味着政府和企业都应该按条款履约，政府要尽量避免因行政决策的变更带来的违约责任，企业也要做好管理。进入运营阶段后企业可能更关注的是收益分配的问题，而政府关注更多的是预期社会效益的问题，项目取得收益以后，如何公平合理地参与分配是双方合作共赢的基础。项目相关主体的利益最大化是项目发展的最终目标，而实现这个目标需要的是政府和企业在合作过程中恪守契约，企业要科学、合理地运营项目，政府要更加重视购买服务后的过程监管，做到实时监管，跟踪问效，确保项目的顺利推进。

（二）重视技术革新，做好人才技术水平支撑

1. 重视技术革新

洱海流域的生态环境问题，不可否认有生产力落后的原因。长期较粗放的种植、加工、生活方式，既低效又容易累积环境问题。洱海流域的生态恢复和经济转型都离不开科学技术的保驾护航。农业上，规模化种植替代大水大肥作物的生态高效农作物，做到产业兴村、增收富民；发展节水农业，提高水资源利用率；资源化畜禽粪便，变废为宝，都需要科技的支撑。工业上，对现有企业的整改和重新布局、企业清洁生产和工业园区产业的共生、产业精加工和产业链上下游企业项目的落地，都需要科学的指导和技术的应用。同样，旅游业的现代化和绿色化转型也极大地依赖于现代化媒体技术和管理技术。此外，生态系统的恢复和管理，以及市政配套设施的规划建设也离不开科学技术的帮助。在技术革新的背后，优秀人才的引进和挽留尤为关键。2015 年，云南省政府、大理州政府和上海交通大学合作共建了上海交通大学云南（大理）研究院，致力于洱海保护治理，协助建设流域水环境大数据平台，为洱海污染控制提供技术支撑。研究院的成立助推了沪滇科技合作，是大理州人才战略的成功实践。建议当地政府继续拓展本地的人才领域，兼顾治污、环保、绿色和低碳等。在申请上级政府技术和人才帮扶的同时，要有意识地培育和扩充本地的专业人才团队，提供优厚的待遇和充分的发展空间，吸引外地人才落户和本地人才回归。以人才带技术，以技术带发展，以发展保环境，以环境促发展，走洱海流域的可持续发展道路。

2. 重视环保人才队伍建设

应打造一支素质过硬的流域管理与环境保护人才队伍。政策的执行过程、执行效果受政策执行主体素质的影响，应加强人才队伍的培训教育，推进洱海流域科学化、法制化管理，严防出现管理过程中时松时紧、各地因人而异的违法现象。

（三）健全和完善洱海保护治理的法律法规，做好法律保障

1. 进一步健全和完善洱海保护治理的法律法规

依法治理是洱海保护治理的关键保障。大理的干部群众牢记习近平总书记对洱海保护治理的殷殷嘱托，探索出了依法治湖、科学治湖、工程治湖、全民治湖和网格化管理的"四治一网"治理之路。2018 年，云南省坚持以习近平新时代中国特色社会主义思想为指导，深入贯彻党的十九大精神，在党中央、国务院和云南省委的正确领导下，全面落实《法治政府建设实施纲要（2015—2020 年）》，法治政府建设取得新成效。[①]2019 年 12 月 1 日，《云南省大理白族自治州洱海保护管理条例》正式施行。洱海保护治理需要持久地延续，对于洱海资源的综合开发利用，一方面要坚决贯彻执行《洱海管理条例》，用法制来规范洱海保护治理及开发行为；另一方面要对不适应洱海保护治理现状

---

① 云南省人民政府. 云南省人民政府关于 2018 年度法治政府建设情况的报告 [R]. 云政报〔2019〕14 号，2019-04-11.

或决策产生错误的内容及时进行修订，形成完备的洱海保护法律法规系统，保持法律法规与洱海保护治理实际的协调一致。同时，要加强法制宣传教育，强化行政执法，提高依法治湖意识，创造洱海保护的法制大环境，最终，实现洱海保护治理法律法规的进一步完善。

2. 进一步强化"四治一网"中的依法治湖

"四治一网"指"坚持依法治湖，强化工程治湖，推进科学治湖，突出全民治湖，构建州、市、乡镇、村、组五级网格化管理格局"。在四治一网"组合拳"的综合治理下，洱海环境得到了有效的改善。其中，依法治湖是四治一网工作中重要的组成部分，若不能坚持依法治湖，后续的其他工作也无从谈起。环境污染对人类社会的影响十分恶劣，不仅当代人会因为赖以生存的环境被破坏而失去发展的资源和健康的体魄，更会因为大自然的自我调节过程缓慢，几年内的破坏需要上百年进行恢复，而影响子孙后代，甚至造成无法挽回的后果。洱海是大理境内的重要水域，一旦洱海生态环境被污染，生态平衡被打破，整个大理甚至云南省都会被严重影响，造成不可估量的损失，因此依法治湖十分重要。

3. 加强洱海流域行政执法和刑事执法衔接

洱海保护治理不是单一对这一片湖水的保护，而是系统、全面地对洱海生态圈的保护。如果眼光局限于湖水治理，忽视洱海周边流域的环境保护，就必然无法完成洱海生态保护治理的工作。因此，对洱海流域的治理开展专项整治行动，环保部门必须做到有法可依、有法必依、执法必严、违法必究。洱海流域的环境保护意义十分重大，一定不能以罚代刑。而公安机关也必须对违反相关法律法规的行为进行高效执法，对相关案件进行立案侦查，让环保部门的工作高效进行。应严格执行《大理州洱海管理条例》《大理州洱海流域村镇、入湖河道垃圾污染物处置管理办法》《大理州洱海滩地管理实施办法》等法律法规。进一步加强洱海保护中的环境监察执法力度，保障生态补偿制度和责任追究制度的落实。不断加强法制建设，依法保护和治理，将洱海保护工作做细、做透，让苍山长秀、洱海长青。

（四）开展洱海流域保护治理专项执法检查

近几年，由于地方各级党委政府的高度重视，洱海流域保护治理工作已取得了初步成效，法律建设、政策推行、经济转型都已经卓有成效，走上了良性的循环轨道。但越是在这种时刻，政府越不能降低保护意识。其一是因为随着洱海治理的效果逐渐明显，洱海流域的环境已经明显改善，湖水更清澈、山川更秀美，部分群众及干部可能会认为保护工作已经接近尾声，产生懈怠情绪，忘记洱海保护的持久性。其二是可能会存在少部分急功近利的分子，为个人一时的利益而想要继续通过透支洱海资源、破坏洱海环境来换取个人利益。在洱海保护治理工作如火如荼之时他们暂避风头，保护工作取得一定成绩后他们便时刻想着重操旧业，继续实施违法违规行为。因此，需要加大洱海保护治理的执法力度，提高洱海保护治理的执法频率，让洱海流域保护治理工作、专项执法检查工作形成制度，成为常态。近几年，洱海流域保护治理工作开展了多次专项检查，取缔了部分违法违规煤矿，还洱海周边矿山绿色；在洱海周边河流专项检查中，对洱海河流的截污治污、河道整治等工作进行了突出检查，并在检查完成后针对污染治理工作进行了探讨，提出了调整流域周边农业结构、改变生活方式等措施，为降低农业面源污染提出了解决之道，为洱海流域保护治理执法工作走上新的台阶贡献了力量。因此，洱海流域保护治理专项检查工作绝不可放松，它可以有效地加强管理部门对洱海流域实时情况的了解，方便政府及时对症下药，高效地解决当前所存在的问题。

四、强化绩效评价机制和责任追究机制的建设

（一）强化评价考核

1. 强化责任落实和监督考核

应进一步完善"河长制"，明确洱海流域政府各部门的职能职责，严格控制污染物排放总量，严格按照洱海核心保护区"三线"划定的范围对水资源的开发利用进行管理、对城乡建设进行合理规划，继续加强农村地区综合治理。健全各级政府部门、"河长制"关于洱海治理的考核评价体系，强化政府对水资源的环境保护责任，督促履行截污治污工程设施日常运行维护管理、水资源生态修复责任。

2. 严格控制污染排放总量

应对洱海水环境承载能力进行科学、系统的评估，提出纳污总量，根据评价结果严格控制水资源的开发与利用，在可持续发展的前提下进行开发和利用，制定各行业排放标准并对污染物排放总量进行严格控制。

3. 制定科学、可行的评价标准，对环境保护政策效果进行客观评价

应分别对农村和城镇生活污染治理、农业面源污染治理、畜禽养殖污染整治的效果进行有效评价，观察水污染问题的改善程度，为决策及时调整、改进提供依据。

（二）建立环保信用评价制度

应将企业落实达标排污目标作为环保信用制度的重要评价标准，通过有资质的征信机构，对企业开展信用评定，对企业的环保信息开展强制性披露，对环保失信企业要严惩重罚。

目前，全国多地对企业环保信用评价制度进行了探索和实践，但大理州尚未建立企业环保信用评价制度。在今后的环境保护工作中，大理州应当积极探索，建立多部门的联合惩戒机制、企业环境保护信用评价机制，做到奖惩分明，激励企业为降低成本积极自觉探索绿色、环保、低能耗的生产经营模式，形成环境保护多元共治的良好格局。

第九章　滇池保护和治理的长效机制构建

　　滇池一度是我国污染最严重的湖泊之一，它的环保治理，也一定程度上是我国流域治理工作的缩影。作为我国生态环境保护和水污染治理的标志性工程，滇池治理工作备受党中央、国务院和云南省委、省政府高度重视。"九五"以来，我国一直把滇池作为国家重点治理的"三河三湖"之一。通过五个五年规划，20多年的探索和治理，在党中央、国务院的关心指导下，在各个部门的倾力配合下，在云南省和昆明市的大力治污下，滇池治理取得了明显的成效。2020年1月20日，习近平考察滇池保护治理情况时肯定了滇池治理的成效。

　　依据"量水发展、以水定域"的原则，按照"科学治滇、系统治滇、集约治滇、依法治滇"的治理思路，昆明市全面实施了以环湖截污、外流域引水、入湖河道整治、农村面源污染治理、生态修复与建设、生态清淤"六大工程"为主线的综合治理体系，在"遏制增量污染"的同时"削减存量污染"。昆明还在滇池流域全面深化河长制，探索建立生态补偿机制，实施"一河一策"水质提升方案。从2017年起，滇池开始探索建立并全面推行滇池流域河道生态补偿制。按照"谁达标、谁受益；谁超标、谁补偿"的原则，经过20多年的治理，滇池水质企稳向好。

　　"治污如治病，病去如抽丝"。从滇池流域治理走过的20年历程，也可以看出流域治理任务的复杂和艰巨。一条河、一个湖、一个流域的治理，不能仅仅靠工程措施、技术措施，要真正解决河湖及流域的综合治理问题，关键在管理体系的建立。滇池治理是一项长期复杂的系统工程，涉及流域范围内的方方面面，滇池水质突破性地达到地表水IV类的标准，后期"十四五"期间的治理难度将远远超过"十二五""十三五"。这也预示着"十四五"期间，我国流域治理要面临艰巨的挑战。基于此，本书提出构建滇池保护和治理的长效机制，对滇池生态治理，甚至对我国流域治理工作来讲，都是十分必要的。

第一节 滇池基本概况与基本现状

一、滇池基本概况

滇池也称昆明湖、昆明池，古称滇南泽，位于中国云南省省会昆明市西南部，为云南省面积最大的高原淡水湖，中国第六大淡水湖。滇池处于长江、红河、珠江三大水系分水领地带，同时位于云南省昆明市下游、盆地最低凹地带，被一道天然海埂上的人工闸分为外海和草海两部分。

注入滇池的河流较多，主要有盘龙江、宝象河、马料河、洛龙河、捞鱼河、梁王河、大河、柴河、东大河、新河、运粮河等29条河流，其中流入草海的河流共有7条，分别为王家堆渠、新河、运粮河、乌龙河、大观河、西坝河、船房河；流入外海的河流共计22条，分别为采莲河、金家河、盘龙江、大清河、海河、六甲宝象河、小清河、五甲宝象河、虾坝河、老宝象河、新宝象河、马料河、洛龙河、捞渔河、南冲河、淤泥河、柴河、白鱼河、茨巷河、东大河、中河与古城河。其中，流域面积大于100km^{2}的有8条，盘龙江是流域内最大的河流。这些河流穿过人口密集的城镇、乡村，并接纳沿途工农业生产废水及居民生活污水，呈向心状流入滇池，其共同特征是源近流短。河流主要分布于盆地北、东、南三面，西部紧邻西山，仅有细小溪流流入滇池。

滇池是长江上游生态安全格局的重要组成部分。古往今来，滇池孕育了昆明璀璨的文明，被昆明人称为"母亲湖"，素有"高原明珠"之称。滇池流域是云南省政治、经济、文化中心和交通枢纽，是昆明市人口最密集、人为活动最频繁、经济最发达的地区，流域内人口主要集中在昆明市主城五区，人口最多的是五华区，其次是官渡区、盘龙区、西山区和呈贡区，滇池流域人均占有水资源量不足300m^3，是全国严重缺水地区之一。

为了保护滇池主体外海水质，1996年相关部门在滇池北部草海及草海与外海连接处分别兴建了西园隧洞和海埂节制闸，将滇池水体人为分隔成相对独立的两大水体。在枯水期和平水期，节制闸基本上处于关闭状态，草海和外海水体互不交换，外海水体由海口河出水。只有在汛期，为了防洪才将海埂处节制闸开启。滇池实际上是一个半封闭型的湖泊，换水周期长，动力交换特性比较差。

二、滇池基本现状

（一）滇池湖泊水环境现状

1. 环境现状

2017 年，滇池全湖水质继续保持 V 类，滇池外海水域发生中度和重度蓝藻水华的天数比 2016 年减少 5 天，首次出现中度水华的时间推迟 13 天，蓝藻水华程度持续由重度逐步向中度和轻度转变。但年内滇池水质出现波动，滇池外海水质有 7 个月为劣 V 类，滇池草海水质有 3 个月为劣 V 类。

35 条入湖河道中，水质达到或优于Ⅲ类的有 6 条：冷水河、牧羊河、盘龙江、西坝河、大观河、洛龙河。水质为Ⅳ类的有 15 条：船房河、马料河、东大河、大河、白鱼河、大清河、老宝象河、新宝象河、老运粮河、南冲河、捞鱼河、乌龙河、虾坝河、柴河、金家河。水质为 V 类的有 4 条：金汁河、枧槽河、新河（新运粮河）、中河。水质为劣 V 类的有 8 条：采莲河、茨巷河、古城河、海河、小清河、姚安河、王家堆渠、广普大沟。五甲宝象河、六甲宝象河断流。

2. 污染源现状

滇池流域水污染源主要包括陆域城镇生活源、第三产业、工业源、农业农村面源、城市面源和湖泊内源。入湖污染负荷是指污染负荷产生量扣减源头消纳及污水处理厂等设施削减后的污染负荷排放量，再经过程衰减后的负荷量。滇池流域化学需氧量主要来自城市面源和未收集点源，分别占污染负荷总量的 41% 和 30%；总氮主要来自湖泊内源、未收集点源和尾水负荷，分别占污染负荷总量的 26%、22% 和 21%；总磷主要来自未收集点源和农业农村面源，分别占污染负荷总量的 48% 和 28%。

（二）滇池水环境治理主要措施

近年来，昆明市坚持滇池治理，通过调查，滇池流域治理措施按照"系统科学推进滇池治理和保护，努力实现两个转变"的要求，主要分为"六大工程"。

1. 环湖截污工程

入湖河流治理是滇池治污的重点，截断入湖河流的污水排放和河道污染，才能从源头上减少滇池的污染。按照入湖河道、支流、沟渠需达到"河床湿地化""河堤生态化""河岸景观化"的要求，相关部门对入湖河道开展了堵口查污、截污导流、两岸拆迁、开辟空间、架桥修路、道路通达、河床清淤、修复生态、绿化美化、恢复湿地、两岸禁养、净化环境等一系列整治举措。该工程将截污系统分为四段：滇池北岸截污系统、滇池东岸截污系统、滇池南岸截污系统和滇池西岸截污系统。工程量包括建设截污干渠（管）101.5km，污水处理厂 13 座。该系统具有服务面积大、截污对象复杂、处理标准高、与其他综合治理项目协同实施的特点。

2. 农业农村面源污染控制工程

农业生产面源治理工程作为源头治污工程，一方面，地方政府在农村划定集中养殖区、禁养区和限养区域，将畜禽迁出滇池流域；另一方面，市政府实施农改林工程，让"花菜粮"（花卉、蔬菜和粮食产业）渐次退出滇池流域，并且全面推进滇池流域2 920km²的产业调整，将沿湖坝区调整为园林、园艺、苗木种植和农业休闲观光等区域；山区、半山区则调整为以经济林果、中药材、蚕桑为主的生产区。此外，以招商引资为突破口，加快滇池流域土地流转进程，引进综合实力较强的苗木生产、销售企业，把滇池流域建成云南省乃至西南地区最大的苗木生产园区，对推进节约型农业、循环农业、生态农业发展起到了积极作用。

3. 生态修复与建设工程

滇池生态修复与建设工程是削减入湖污染物的最后一道防线；是恢复湖泊生态系统、提高湖泊自净功能的基础。该工程包括以下内容：环湖公路以内的"四退三还"——退人、退房、退田、退塘和还湖、还林、还湿地；环湖公路以外的面山绿化、滇池流域的水土保持和水源地保护，主要是通过大面积的天然湿地恢复和生态廊道建设，重建湖滨良性生态系统，恢复生态功能，改善湖滨景观。

4. 入湖河道整治工程

昆明市出台了《昆明市全面推行滇池流域"河道三包"责任制的实施意见》，对滇池36条主要出（入）湖河道及84条支流沟渠实施网格化管理。建立"河长巡查日"制度，明确每月最后一周各河长带队巡查，采取通报督办、河道水质排名和新闻曝光等方式，督促责任县（区）实施整改，巩固河道整治成果。

5. 生态清淤工程

由于多年积累，滇池草海和外海沉积大量底泥，形成滇池内源污染，严重影响水质和景观。因此，通过生态清淤工程，实行底泥的减量化、无害化和资源化处理，是实现滇池治理从外源治理转为内源削减为主的关键措施；通过合理养水生植物、调节鱼类资源，提高蓝藻处理效率，减少滇池内源的污染物。

6. 调水工程

滇池流域水资源匮乏，通过从外流域引水促进滇池水生态环境恢复，是治理滇池的重要步骤。调水工程是从云南省滇东北地区金沙江右岸较大的一级支流牛栏江引水，工程完工后每年可为滇池提供约6亿立方米的生态用水，可连续20年向滇池补水，将极大提高滇池流域水资源条件，改善滇池生态环境。此外，昆明市相关部门加大再生水利用设施建设，不断强化和落实各项节水措施，积极引导和鼓励再生水利用。牛栏江—滇池补水工程情况：2008年，云南省委、省政府主要领导率省级各部门，昆明市、曲靖市及相关县区政府负责人深入牛栏江—滇池补水工程现场实地考察，在多次考察调研和反复论证的基础上，做出了建设牛栏江—滇池补水工程的决策。牛栏江—滇池补水工程位于云南省曲靖市和昆明市境内，主要由德泽水库枢纽、干河泵站和输水线路工程组成，德泽水库蓄水经提水泵站引至输水线路后自流至盘龙江进入滇池。截至2020年11月，牛栏江已累计向滇池补水近20亿立方米，通过向滇池补充稳定优质水源，配合昆明市已经实施的环湖截污等综合治理措施，滇池水体污染指数明显下降，滇池水环境得到显著改善，生态补水效益明显。同时，牛栏江水通过盘龙江河道汇入滇池，清澈的上游来水极大程度上净化了盘龙江，对昆明市的市容建设与生态环境改善都产生了积极作用，社会反映良好。

第二节　滇池保护和治理的困境与制约因素

一、滇池保护和治理的困境

（一）雨季面源等重大污染源未得到有效管控

滇池流域降雨历时短、强度大，已建污水收集处理设施纳污能力还不能有效满足及控制雨季合流污水溢流污染；雨污调蓄系统未与河道、污水处理厂有效联动，造成初期雨水收集处理排放未达到规划设计要求；东、南岸农业以蔬菜、花卉种植为主，化肥用量大，精细、绿色、生态的农业生产方式尚未形成，农业面源污染治理尚未开展，环湖截污系统运行不畅，未发挥应有作用；雨季面源污染是滇池流域主要污染源之一。

（二）总磷、总氮等关键性因子未得到有效控制

以氮磷富集为特征的富营养化问题不仅是当今世界水环境的主要问题之一，也是湖泊生态环境面临的主要威胁。目前，滇池水环境质量虽明显改善，但水体氮磷浓度仍然较高，显著高于国际认可的湖泊富营养化的临界值，蓝藻水华风险依然存在。总磷、总氮仍然是滇池水质达标和总量控制的主要限制性因子，有效控制总氮、总磷是解决滇池富营养问题的关键之一，也是流域非点源污染控制的重点目标。

（三）已有工程治理设施未充分发挥效能

环湖截污系统没有充分发挥作用，配套的污水处理厂运行效率低。水质净化厂雨季运行模式效能发挥不足，雨污调蓄池与水质净化厂及河道未建立有效的联合调控机制。集镇及村庄污水处理设施管护不到位，配套收集系统不健全，运行效率低。湖滨湿地目前主要发挥了景观功能，其拦洪、滞留、沉淀、净化等生态功能没有得到充分发挥。

二、滇池保护和治理的制约因素

（一）法律法规政策不完善

1. 立法滞后

全国、省、市人大应以滇池流域为对象，根据滇池流域的自然地理、经济发展和人

文特点制定滇池流域法。滇池流域管理应在法律上给予明确的规定，应在《环境保护法》和《水污染防治法》中明确列入流域管理的概念，流域管理要有明确而具体的法律依据。

云南省乃至全国都没有一部真正意义上针对滇池流域的专门的水环境保护法。诸多涉及水环境保护的相关法律法规，更多的是在保护环境等方面做出的规定。而在滇池流域水环境管理中，能够真正使用的法律法规却少之又少，甚至没有，大多数适合用于全国范围的原则性的或者是一般的水环境保护规定。原则性的法律法规可操作性不强，在其操作的过程中常出现分歧和误解，所以效果有限，因此指导意义并不大。

此外，缺乏程序性的立法，使实体性立法的目标也难以实现。当然，不仅是滇池流域，其他国家和地区也存在类似的问题。

2. 法律法规政策之间不协调

在滇池综合治理过程中，省、市政府和相关的局委办都制定了一些具体的政策，但这些政策法规缺乏协调。为推进滇池治理，昆明市政府出台了《昆明市人民政府关于加强"一湖两江"流域水环境保护工作的若干规定》《昆明市"一湖两江"流域绿化建设管理技术规范》《关于进一步加强集中式饮用水源保护的实施意见》《昆明市治污减排问责工作规定》《昆明市"一湖两江"流域水环境治理与集中式饮用水源地保护问责工作规定》《昆明市领导干部环境保护工作实绩考核办法》和《昆明市"一湖两江"流域水环境治理"四全"工作行动计划》等文件，不管是在技术上，还是在落实上、问责上都做了详尽的规定。借此契机，为了推进滇池流域经济发展，调整经济结构，昆明市政府出台了一些政策，如《昆明市人民政府关于批转滇池流域污水全面截流收集处理设施建设工作方案的通知》《关于鼓励支持主城区企业节能减排降低成本搬迁入园异地发展的实施意见》《关于印发昆明市再生资源回收体系建设实施》等，政策制定者出台这些政策的初衷都是好的，但政策之间的协调性不够。滇池综合治理未取得预期的成效，其中最重要的一个原因就是政策之间缺乏协调。在制定相关政策法规的过程中，政策法规制定者为了平衡相关部门和系统的利益，各自又从自身的角度出发，来制定这些政策法规，政策法规之间自然就缺乏协调，也最终导致不能形成一个综合、协调、统一的法律规范体系。

（二）水环境管理权分割

1. 水环境管理区域分割

实际上，我国的水环境管理模式是以行政区划为基础的，在本行政区域内设置相应的行政主管部门对水环境进行监管，流域管理机构的设置虽然在相应的法律法规中予以明确，但在实际的管理运行中，行政区域管理的色彩依旧浓厚。地方各级众多的水环境行政主管部门都具有监管的职能和权力，不管是《水污染防治法》《水土保持法》《水法》，还是《防洪法》，都有明确的规定，也就为主管部门对水环境的管理提供了充分的依据。但对流域管理机构来说，相关的法律法规并没有对其职能权限进行明确的规定，有时流域环境管理机构在水环境保护和水污染防治中并不能发挥主导作用。

2. 水环境管理部门分割

因水资源具有多功能性的特点，在同一区域范围内市政、航运、林业、农业、环保、水利等部门都有管理权。但是，在实际管理过程中，由于各部门的出发点和利益点不同，有时会产生利益冲突。水环境管理部门的分割不仅增加了管理的成本，还造成了责任不清、没有人对水质污染负责、没有人对水生态环境恶化负责等问题，这些问题都将严重影响水环境的有效管理，也更加谈不上对水环境进行系统性协调管理，不能适应新形势下滇池保护和治理的精细化管理要求。

3. 水环境管欠缺理协调机制

第一，从机构设置的协调性来看，在云南省和昆明市两级政府中都缺乏协调机构，导致各部门各自为政，尽管环保部门作为统一的监督管理部门，但从组织设立和变更来看，环保部门的综合协调能力受到了很大的限制。在实践中，滇池流域管理机构行政执法权的缺失会导致缺乏高规格的专门法定协调机构。正因为滇池流域缺乏这一机构，各部门、各县市区在制定有关规划、决策及开展流域环境保护活动时，大多是从本部门或本地区的利益出发，鲜见有效的协调与合作。

第二，各级政府之间未形成有效联动和压力传导机制。昆明市委市政府一直把滇池保护治理工作作为"头等大事"和"一把手"工程来抓，但部分辖区党委政府没有足够重视，压力传导不够，辖区内滇池保护和治理工作滞后，存在片区不开发、城中村不改造就不实施管网建设和河道整治，也不采取临时技术措施的问题。同时，流域各区和沿湖街道滇池管理机构撤并后，管理力量普遍减弱，部分辖区没有执法机构，造成监督管理和执法工作缺位。

第三，流域水环境管理关系不清。众多部门参与滇池流域的水环境管理，存在分工不明确、职责不清晰、信息不共享、资源浪费等问题。

（三）水环境治理能力偏差

1. 对滇池治理的复杂性、艰巨性和长期性认识不足

经过持续不断的综合治理，滇池流域水环境、水生态和水资源状况得到明显改善，水质企稳向好。但由于环境约束条件复杂，水污染防治难度较大、治理周期长，滇池保护和治理的形势依然十分严峻，有的县区和部门对滇池治理的长期性、艰巨性和复杂性没有足够的认识。

2. 治理理念需要进一步转变

之前滇池的治理理念主要为单纯地治河治水，治理理念单一，需要进一步转变治理理念。应以滇池水质持续改善和提升为核心，将滇池治理工作的内涵由单纯地治河治水向整体优化生产生活方式转变，将治理工作理念由管理向治理升华，将工作范围由河道单线作战向区域联合作战拓展，将治理工作方式由事后末端处理向事前源头控制延伸，

将治理工作监督由单一监督向多重监督改进，将滇池的保护和治理由以政府主导向社会共治转化。

3. 治理思路需要进一步深化与创新

滇池保护和治理系统性不强。地方政府重视末端截污、工程治理、点位治理，但忽视了源头治理、系统治理、生物治理和生态恢复；滇池保护和治理未全面融入经济社会发展、城市规划建设及管理体系，流域水质、水量、水生态一体化综合管理效能不高，环境管理及滇池保护管理信息化水平不能适应新要求，不能为定量和精准治污提供服务，不能为滇池保护和治理提供有针对性的决策依据，管理模式尚需进一步创新。

4. 治理与管理粗放，未实现量化和精细化管理

在滇池流域水环境管理技术体系中，河道水质目标与湖体水质目标不配，湖体水质目标与污染物排放总量控制目标不挂钩。在滇池水污染治理技术体系中，传统工程治理措施不能满足流域精准治理的需求，滇池流域现有的水资源调度体系不能支撑水资源的优化调度。滇池治理急需从传统管理方式逐步迈向以水环境质量改善为核心的流域精细化管理。

（四）支持保障措施不健全

1. 科研与治理需求存在脱节现象，科技成果未有效应用于滇池治理

20 世纪 90 年代以来国家、省、市与国际合作开展了大量的科研工作，产生了数百项技术和专利，部分成果在全国处于领先水平。但由于政用产学研相互脱节，部分科研项目重理论研究，轻实际应用，立题不能满足滇池治理的实际需求；部分科研成果缺乏有效的集成和标准化，熟化度不够，不能直接应用于治理工程；部分科研成果缺乏延续性，原有科研成果不能满足新的要求。

2. 保障措施配套不全、力度不够

滇池治理是一个复杂的系统工程，需要从系统的角度配置资金、政策、运营维护、考核、宣传教育等完整的保障措施。但多年来，滇池治理资金筹措压力大、配套政策不全、考核机制不够完善、宣传教育力度不够，各项保障措施尚不足以支撑滇池治理。

（五）水环境社会监督机制不健全

1. 公众环保意识淡薄

滇池污染的主要来源是点源污染和面源污染。昆明市政府虽然在《关于充分调动发挥社会力量加快推进滇池治理工作的实施意见（讨论稿）》中提议，与新闻媒体合作，共同寻觅"滇池治理好人好事"，举办"污水处理厂开放日""滇池治理市民一日游"等活动，评选滇池治理"好新闻"，加大对各种乱排乱放违法行为的曝光力度，及时通报违法行为的查处情况；为了强化滇池水体及河道的巡查和监督力度，及时举报、反映和发现问题，各乡（镇、街道办）专门招募了滇池和河道义务监督员，可实际效果并不是很好。昆明市政府提出实行"市民河长制"，每条河道由一名副厅级干部任"河长"，

同时配备"河长助理",定期不定期巡查河道,期望融合政府与民众的力量,但由于参与机制与条件限制,滇池流域民众的热情并不是很高。

晋宁区全面推行滇池流域"河道三包"责任制,提出以"属地为主、部门协作、层层建立责任制"为原则,树立"河道沟渠治理人人有责"的理念,形成全民参与河道沟渠治理的新局面。"河道三包"责任制的具体做法是:由乡(镇、街道)与村(社区居)委会、村(社区居)委会与村(居)民小组逐级签订《河道日常管理目标责任书》,村(居)民小组与沿河住户签订《河道两岸门前"三包"责任书》,并登记造册。河道流经企业、商户、单位、高校、住宅小区的,由村(社区居)委会与企业、商户、单位、高校及小区物业公司签订《河道日常管理目标责任书》及《河道两岸门前"三包"责任书》。"河道三包"责任制的主要内容是"包治脏、包治乱、包绿化",要实现河道沟渠每一段都有责任人,河道沟渠两侧的每一个单位、个人都有具体责任的目标,确保河道沟渠综合整治工作不留空白;同时,还匹配了大量的资金。但该政策实施的效果并不理想,沿河群众参与的积极性并不高,浪费了大量的人力、物力、财力,却未达到预期的目标。

2. 社会监督机制不完整

法制不健全,地方政府执法不严、监管不力等原因,致使排污企业偷排、乱排现象严重。在《环境保护法》中,对水污染管理责任的划分有严格的规定。然而,在现实生活中,一些地方政府不管长远利益,一味追求经济的增长速度。地方政府如果不转变经济发展方式,不调整经济发展思路,不优化经济发展结构,水环境污染的现象就不能得到根本性的扭转。

第三节 滇池保护和治理的长效机制

针对滇池治理结构所面临的困境与制约因素,借鉴国内外湖泊保护和治理的经验,本书从运行机制、府际协同机制、支持保障机制、绩效评价机制和责任追究机制等方面给出可行性建议。

一、运行机制

(一)继续明确"遏制增量污染"的同时"削减存量污染"的治理目标

当我们面对滇池污染与治理出现的困境时,不由地会思考,滇池的污染是自然问题还是社会问题?如何走出这个困境,需要依赖科技手段,还是社会转型,或者两者兼而有之? 20世纪90年代,滇池从清水态变为浊水态后,富营养化给湖泊带来的巨大影响,让政府和人民都意识到滇池的环境破坏已经危及到周边及昆明人民的生存和发展，于是治理计划接连出台，治理经费投入越来越多，期望把滇池治理回当初的状态。在每一个五年计划开始时，人们总是认为按照规划的具体方案执行，滇池治理在短期之内一定会有效果，但是滇池治理的艰巨性超出了人们的预期。1989 年《滇池综合整治大纲》的颁布标志着滇池大规模治理的开始，然而在 10 年的努力之后，滇池却出现了历史上最大的蓝藻水华大爆发，爆发期跨越年度，覆盖面积达 20km²，这样的污染深度和广度，使滇池一跃成为全国关注的焦点。当我们再次回顾滇池"八五""九五""十五"等所确立的治理纲要时，很少能够圆满完成当初设定的治理目标。

滇池的治理为何始终都未能遂人们的意愿进行呢？其中重要的原因是人们忽视了滇池的污染是社会系统与自然系统共同作用的结果，低估了滇池生态系统及其污染成因的复杂性，未能真正认识到"态势转换"给社会－生态系统带来的不可逆转的改变。从这个角度来说，滇池的治理不仅要解决自然问题，也需要解决社会问题，更应该关注社会系统与生态系统耦合产生的各种问题。因此，我们要全面推进以环湖截污、外流域引水、入湖河道整治、农村面源污染治理、生态修复与建设、生态清淤"六大工程"为主线的综合治理体系，继续明确"遏制增量污染"的同时"削减存量污染"的治理目标。

1. 控制工业企业污染

滇池流域规模以上的工业企业的污水都能得到有效治理与监管，但众多的小企业、小作坊及规模化养殖场仍是治理和监管的盲区。滇池流域的工业企业污染治理主要包括以下几个方面：一是开展达标排放考核，目前纳入考核的重点工业企业基本实现了达标排放；二是开展排污口规范化整治，对企业废水处理设施进行在线运行监控；三是建立和实施排污许可证制度。

（1）产业结构调整

应通过宏观调控及微观培育，逐步调整第一、第二、第三产业的比重，着重培育第三产业。加快产业结构的战略性重组，发展一批竞争力强、无污染、少污染的优势特色产业，努力扶持和培育一批具有技术创新能力的核心企业。重点发展电子信息、生物工程、新型医药等产业，形成一批具有区域特色的新型企业。大力发展第三产业包括商贸、金融、旅游等服务行业。综合利用经济、法律和必要的行政手段，控制传统产业的盲目扩张，淘汰技术落后、资源浪费、污染严重而治理无望达标的生产企业，建立清洁、舒适、优美的城市环境，实现城市社会、经济、生态效益的最大化，从而实现城市真正的可持续发展。

（2）发展循环经济与清洁生产

应转变经济增长方式，大力发展循环经济。应以科学发展观为统领，以循环经济理论为指导，以"减量化、再利用、资源化"为原则，从不同层面促进经济增长方式和消费观念的转变。鼓励企业循环式生产，推动产业循环式组合，形成低投入、低消耗、低排放和高效率的节约型增长方式；构筑循环型工业、生态农业和生态旅游三大产业；完善环保基础设施，科技、政策、法律法规支持体系，切实加快区域循环经济的发展，走可持续发展之路。要大力推行清洁生产，全面实现清洁生产审核，以技术改造、综合利用、改善工艺和管理等措施，强化源头削减和过程控制，实现企业单元的"节能、降耗、减污、增效"。

2. 控制农业面源污染

农业面源污染主要指农田的水土流失、灌溉余水所挟带的污染物。要治理滇池流域的农业面源污染，必须了解这种污染释放的特点，低浓度大流量的地表径流，发生时间集中（大、暴雨期间），发生频率较高（降雨频繁），分布范围很广，难于引导和收集。传统的污水处理方式很难有用武之地，只有从生态的角度出发，退耕还湖，在滇池周边形成一定距离的环湖湿地带，在地表径流进入滇池以前，首先经过湿地带的缓冲和净化，利用湿地带中丰富的动植物和微生物资源，对径流中的营养物进行同化和异化作用，才能将其从水中去除。另外，要提高全民的环境意识，要让全民认识到滇池流域农业生产污染对滇池的严重影响，从各个角度减少污染源的产生和释放。应开展滇池流域生态农业建设，推广平衡施肥及控释肥技术、秸秆还田与资源化技术，减少和控制化肥及化学农药用量。滇池沿湖周边2km范围内禁止或限制化肥及化学农药的使用，流域其他范围限制使用。

3. 防治城市面源污染

城市面源污染主要是以降雨引起的雨水径流的形式产生，径流中的污染物主要来自雨水对城市道路、建筑物表面的沉积物、无植被覆盖裸露的地面、垃圾等的冲刷，污染物的含量取决于城市的地形、地貌、植被的覆盖程度和污染物的分布情况。因此，对城市面源污染的控制也可以理解成对城市降雨径流污染的控制。

城市面源污染的突出特征是污染源时空分布的分散性和不均匀性、污染途径的随机性和多样性、污染成分的复杂性和多变性。

城市面源污染主要存在于初期雨水中，目前昆明市除二环内采用雨污合流排水体制，有一部分初期雨水能够进入污水处理厂进行处理外，其余地区均采用雨污分流排水体制，雨水直接排入河道或滇池，目前尚未采取相应的处理措施。

针对这两种不同的雨污处理方式，需要采取不同的措施进行处理。由于主城区二环内采取雨污合流排水体制，宜在合流污水进入污水处理厂之前增加溢洪设施，当水量超出污水处理厂的处理能力时，部分合流污水直接溢流而不进入污水处理厂。为了解决溢流部分合流污水的污染问题，应补充建设雨水池，以暂时储存经过溢洪道的合流污水，在暴雨过后，再泵入污水处理厂进厂沟渠进行处理。

对于新建城区及二环外的地区，由于采取雨污分流排水体制，雨水单独收集，目前均采取的是直接排入临近河道的排放措施。由于初期雨水中污染物浓度较高，这样也会对河道及滇池造成污染，针对这种情况，宜建立小型分散式人工湿地处理系统，来处理初期雨水的污染，这种雨水处理系统在国内外的实践已经证明是非常有效的。

（二）继续完善落实河长制、湖长制等责任制度

自 2017 年以来，全国各地积极推行河长制、湖长制等，取得了明显成效，但也暴露出一些问题，如责任难以落实、考核难以量化、不同河段治理难以衔接等。而昆明市在滇池治理中将"双目标责任制"与河长制紧密衔接起来，落实区县一级河长的具体责任，量化考核指标，不同河段的治理衔接起来了，取得了很好的效果。因此，建议认真总结滇池治理经验，继续完善落实河长制、湖长制等，使这些制度更好地发挥其应有的作用。

（三）探索生态补偿制度的具体实现形式

近年来，虽然有关部委颁布了《关于健全生态保护补偿机制的意见》《关于加快建立流域上下游横向生态保护补偿机制的指导意见》《建立市场化、多元化生态保护补偿机制行动计划》《关于建立健全长江经济带生态补偿与保护长效机制的指导意见》《生态综合补偿试点方案》等一系列政策文件，但由于生态补偿操作的复杂性，生态补偿在河湖流域落实得并不理想。昆明市结合其创新推出的"双目标责任制"，对滇池各河道不同行政区所在河段的污染负荷削减总量目标进行了精准测算，使得上下游之间的补偿更加公平准确，解决了落实生态补偿制度的一大难题。2017 年 7 月，昆明市在 34 条入滇河道推行生态补偿机制，按照生态补偿办法，各县（市）区、开发（度假）园区作为河道环境保护治理的责任主体，未达到河道断面水质考核标准或未完成年度污水治理任务，应缴纳生态补偿金。例如，考核断面出现非自然断流的，按照每个断面 30 万元 / 月缴纳补偿金。这种探索值得鼓励，其经验值得推广。在未来的滇池治理中，要构建一个科学与适宜的生态补偿机制。

对于生态保护者，他们为生态做出了巨大贡献，理应获得补偿。对于退耕还林的农民应综合考虑退耕面积、退耕还林所带来的生态贡献以及原耕地所带来的经济效益给予一定的补偿，让更多的农民参与到生态保护中来，也让生态补偿建设的核心"让生态受益者付费、让生态保护者获偿"深入人心。对于使用新能源的群体，他们积极响应政府号召，减少污染，也为生态做出了一定贡献，应给予一定的补偿。补偿标准应根据各地政策综合确定，并在此基础上不断完善。生态补偿机制的构建是一个长期不断探索的过程，滇池流域生态补偿机制的构建需要明确补偿基准、科学选择补偿机制、合理确定补偿标准、建立联防共建机制。[1]需要当地政府及相关部门通力合作，为生态补偿机制的建立贡献力量；当地企业、居民也应积极响应政府及相关部门的号召，从而使滇池流域建立完善且适宜的生态补偿机制，使滇池水质、水量逐渐得到改善。

---

① 如何加快建立生态补偿机制？ [J]. 中国生态文明，2016（06）：86.

（四）完善监督机制

要加强环境立法工作，加大环境执法力度。深入开展环保专项执法行动，严厉查处污染事件，加强对污染治理设施运行的监督检查和管理。要建立和完善环境执法责任制，开展环境执法监督。

公众的广泛参与是滇池治理的关键。要加强新闻媒体对环境保护的宣传和舆论监督，努力提高全民环保意识。在各级党校、干校开设环境保护专题讲座，提高决策者的环保观念和法律意识，在大、中、小学校开设环境保护课程，普及环境保护科学知识。要建立城市环境保护教育培训基地，提供公众环境教育场所。要定期向社会公布环境质量和环境污染信息，为公众和民间团体提供参与监督的信息渠道及反馈机制。通过各级部门的共同努力树立群众观念，坚持走群众路线，整合各方资源，形成全社会关心滇池、爱护滇池、参与滇池治理的良好氛围。要加强宣传、教育工作，制止污染滇池的不文明行为，让保护滇池成为每一位市民、每一个行政事业单位和企业的自觉行动，加大公众对滇池保护和治理的舆论监督。

二、府际协同机制

（一）设置一个统一的流域管理机构

从国内外流域综合管理经验可知，进行流域综合管理首先要设置一个统一的流域管理机构。这方面，可以借鉴流域管理局的经验。根据流域管理局的经验，政府的扶持和法律的支撑是流域管理局的工作得以开展的重要原因，同时引入市场机制可以使流域管理工作更具灵活性和活力，解决流域环境问题，经济手段远比行政手段更加有效。流域管理委员会要有一个很好的协调机制，各个行政区或上下游之间应以流域的可持续发展为最终目标，各方要坐在一起好好协调流域的开发和管理工作，如水权的分配，生态需水的协调、调配，水质保护和生态环境保护等。

同时，流域管理机构的人员配置也要借鉴国内外流域综合管理模式。在国外，流域治理的主要管理机构具有很大的权威性。我国的流域管理机构，由于权威性较低，缺少协调功能，流域内各地区和各部门之间的矛盾也就很难协调，尤其是上中下游之间，布局安排不合理，在建设上各部门之间也就难以做到时序统筹和规模配合。

（二）完善公众参与的流域开放体系

对于水环境管理问题，不同的群体有不同的看法和评价，也有不同的利益，因而冲突不可避免。为了避免冲突，整合资源，发挥优势，各方利益群体必须共同参与流域管理，齐心协力共同做好流域水环境综合管理工作。

1. 在滇池保护和治理中提升公众参与实践的意识——以志愿服务为例

2018年，昆明市在全市范围内开展了为期三年的"春城志愿行·滇池明珠清"昆明"滇池卫士"志愿服务工作。

2019 年 1 月，"春城志愿行·滇池明珠清"昆明"滇池卫士"志愿服务活动启动，暨"市民河长"聘任仪式启动，百名昆明市"市民河长"正式受聘上岗。之后，昆明市陆续招募组建千支"爱湖志愿服务队"、万名"滇池卫士"及一批"滇池驴友"志愿服务队伍。这些志愿服务队伍的志愿者分别结合自身特色优势和资源，共同开展滇池保护志愿服务工作，推动全民参与生态文明建设，为保护滇池"母亲湖"贡献智慧和力量。而这也标志着昆明迈入滇池全民治理时代。

活动范围涵盖滇池全流域，涉及全市各县（市）区，主要围绕滇池流域广泛开展巡河爱湖护山等志愿服务活动，发动群众争当滇池保护和治理的监督者、支持者、参与者和护卫者。昆明市志愿服务发展促进会则致力于滇池治理、扶贫济困、社区建设等党政关注、群众关心的领域，开展志愿服务活动并承担"滇池卫士"志愿服务总队的职能，探索依托专业社会组织开展规范化、精细化的志愿服务工作，不断助力将昆明打造成为"志愿之城"。

几年来，志愿者开展了传播绿色生态理念、巡河爱湖护山、植树造林美化绿化、违法监督举报、为保护滇池建言献策五项特色活动。在日常性的巡河爱湖护山活动中，志愿者利用上下学、上下班和出门游玩等时间，开展"随手拍、随手捡、随手护"等行动，并广泛宣传普及环保绿化知识，践行公民生态环境行为规范，引导市民节约能源资源、践行绿色消费、选择低碳出行、分类投放垃圾，积极参加爱绿护绿、植绿增绿志愿服务。同时，志愿者纷纷围绕违法排污、侵占河道、滇池面山山体违法取土、挖砂及盗伐、滥伐林木等行为，通过"网格滇池志愿者"微信平台或拨打 12345、12319 热线疏通监督举报渠道。昆明市也不断规范举报程序，提高执法效率，进一步巩固滇池和河道整治成果，并鼓励有条件的环保社会组织提起环境公益诉讼。

昆明"滇池卫士"志愿服务工作还实施了"伙伴计划"，依托专业社会组织开展规范化、精细化的滇池保护志愿服务工作，发动社会力量参与滇池治理生态环保工作。建立合作机制，通过政府购买服务的形式，培育孵化一批社会组织，打造一批滇池保护志愿服务项目。邀请通晓河道保护、水质监测、污水排放、志愿服务活动策划等内容的高校学者、专家、滇池治理热心人士，建立"智库"，打造专业化滇池保护团队。

2. 完善公众参与机制

滇池全湖水质保持Ⅳ类，这是怎么做到的？或许从以上的志愿服务队伍保护和治理滇池的细节上可以管窥一斑。在今后的滇池治理中，还应完善公众参与机制，具体如下。

（1）构建多元主体共同参与的治理格局

我国政府一元化的环境治理模式，表明政府在环境治理中发挥主导作用。同时，因为制定过程中参与主体的片面性，政府制定的很多政策都得不到企业、公众和民间组织的理解。

所以，努力构建多元主体共同参与的治理格局，有利于调动全社会的力量和资源来实现水环境的保护，能够更好地制定更接地气、易于落地的政策方针规范公众、企业和民间组织的行为，实现全民参与，共同治理。

水环境保护是一个系统的工程，不是仅靠政府的行政命令就能解决的社会问题，而需要全社会联动起来，共同协作，在各自的能力范围内发挥最大的作用，才能真正实现公众的充分参与。建立政府、公众和民间环保组织之间的多元协作治理机制最重要的是使政府、公众、企业和民间环保组织实现多元利益最大化，从而化解多方矛盾。

（2）扩大公众参与的范围

应细化法律法规规章中的指导性原则，明确规定环境保护中公众可以参与的范围、内容、具体环节等。在公众参与的相关法律法规或制度规范上，政府应该细化和明确公众参与的阶段、参与的范围、参与的人员等。应完善行政程序法，对信息的公开形式、范围、监督的程序与反馈、参与听证会的申请与发言等具体程序性问题做出详细规定。

（3）开拓公众参与途径

现在看来，公众在水环境保护中参与度低的主要原因是公众不知道通过何种渠道和方式参与。即使能够参与其中，但是由于参与范围的限定或不确定，公众参与也显得局促，不能完全放开去表达自己的意愿和想法。因此，政府应该想方设法地拓宽公众参与的途径与范围，以文件的形式使之明确化和规范化，开拓切实可行的公众参与渠道，从而提高公众参与的积极与主动性，发挥公众的主人翁精神，真正实现公众参与，有法可循。

（4）规范公众参与程序

公众参与程序是保证公众参与实施和执行的重要环节。应完善我国现行的环境基本法和行政程序法，对完整的公众参与程序做一个系统的规定和安排，使得公众参与有序化、规范化、全面化和实质化。例如，在举办水环境治理项目听证会时，应遵循一套完整的公众参与程序，从听证内容的确定、人员的选定、会议的流程，到会议后的小结和反馈，都要在一定的规范中运行，使得公众参与都有章可循、有据可依。

（三）流域管理走市场化之路

在国外，流域管理市场化程度较高。如今我国在市场经济体制下，流域管理也可以走市场化之路，可以加强竞争，减少政府的财政风险。流域管理应逐渐从依靠政府扶持走向引入市场手段来维持自身的发展。

比如，昆明滇投公司自2004年10月成立以来，始终将滇池保护治理作为公司的主责主业。多年来，昆明滇投公司把"滇池保护治理就是滇投的'生命线'"这一理念，贯穿到公司经营、发展和项目推进的各个环节和领域当中，公司构建了水务环保、市政排水、项目建设、土地开发、资产运行管理五大板块；同时确定了"打造全省污水处理行业龙头企业、建设市场化科技型环保企业"的目标，形成了"在业务发展中促进滇池保护治理，在滇池保护治理中发展业务"的良性发展格局。

为保障滇池治理项目的实施和公司的可持续发展，昆明滇投公司确定了继续探索融、投、建、管、营一体化的发展模式，在全力推动水污染防治、水环境保护、水生态建设，持续深入挖掘水经济、维护水安全、打造水文化的基础上，以滇池保护治理工作为核心，发挥项目建设、污水处理、市政排水等方面的优势，优化产业布局，夯实5+X板块，向全流域环境治理、滇池航运、固废处置、新型建筑材料等环保领域延伸，拓展环保产业链，着力推动公司向科技型环保企业迈出坚实步伐。

近年来，昆明滇投公司作为滇池治理投融资平台，完成了牛栏江—草海通道工程、草海西岸尾水及面源污染控制等工程，完成了官渡王官、呈贡斗南、晋宁东大河3块湿地建设及昆明瀑布公园、滇池大坝提升、第一和第九水质净化厂超极限除磷示范等工程，启动了十三厂、十四厂、西片调蓄池、滇池航运、王家堆湿地等项目。利用监测预警、物理除藻、化学除藻、生物控藻等技术，加强滇池全湖蓝藻水华监控，共处置富藻水6.46亿 m³。

同时，昆明滇投公司实施主城公共排水设施"一城一头一网"管理运营模式，公司管理的排水管（渠）由原来的852km增加到4 456.7km，防汛排涝服务范围达312km²，累计处理公共排水服务案件5.4万件。

2016—2017年，昆明出现了雨季单点暴雨多发的情况，昆明滇投公司做到道路巡查、设施降水、初期雨水收储、河道厂网联合调控、抢险设备部署到位"五个提前"；尝试利用生物技术手段开展河口末端治理，充分发挥前置库自然沉淀、生物净化功能，构建草海健康水循环系统；全力开展内源治理，滇池底泥疏浚三期工程对滇池北部、宝象河河口、宝丰湾河口湖区进行底泥疏挖，累计疏挖503.83万 m³，大幅削减湖内总氮5 330.23t和总磷3 887.57t；加强已建截污治污体系运营管理，让截污管网、调蓄池与水质净化厂形成联合调度，全面提升雨季水质净化厂运行效率。如今，昆明市控源截污体系基本形成，有效发挥了污染物减排功能。2018年年初，昆明市启动滇池保护治理"三年攻坚"行动，按照要求，昆明滇投公司共承担45个项目，需完成总投资61.73亿元，占实施方案中市级重点项目个数、投资的70.3%和81.23%。

为确保目标任务按期完成，昆明滇投公司制定了《昆明滇池投资有限责任公司滇池保护治理"三年攻坚"行动实施方案》，每个项目都确定责任人、完成时限，做到一个项目一个方案，并加强督查督办力度，全力以赴完成滇池保护治理攻坚任务，努力实现滇池水质目标与总量削减目标。

如今，昆明市市民享受到了滇池水域生态环境改善的福利。昆明市在滇池治理过程中充分发挥了湿地水体净化功能和生态景观功能，构建起了结构完整、功能完善的湖滨生态绿色屏障。

三、支持保障机制

（一）完善法律法规建设

昆明在治理滇池的过程中，形成了《滇池保护条例》《城镇污水处理厂主要水污染物排放限值》等地方法规标准，"双目标责任制"、流域生态补偿制度、联席会议制度等众多创新制度，昆明高度重视制度的驱动作用。在依法治理方面，形成了以《滇池保护条例》为统领、以《昆明市河道管理条例（2016 年）》等为配套的"1+N"法律标准体系，建立了"一条河道、一名督查专员、五名执法人员"的综合执法联动机制。未来在滇池治理道路上，更要完善法律法规建设，做好法律保障工作。

（二）做好科技支撑与资金保障工作

大型湖泊的保护和治理是一个世界性难题，也是一项极为复杂的系统工程，离不开科技的支撑。在推进滇池保护和治理的过程中，要充分重视科技的支撑作用，要应用生态环境大数据、全自动环境监测技术、极限除磷技术、水生态修复技术、蓝藻去除技术等先进治理技术。

流域治理仅仅依靠政策和技术的支持是不够的，资金从何而来也是关键的要素。资金的问题单靠政府是不能完全解决的，在推进河湖流域保护治理时，要高度重视融资的保障作用。积极吸收地方财政之外的各种资金，健全投资回报机制，吸引社会资本投入滇池流域保护和治理中。

四、绩效评价机制和责任追究机制

（一）建立公众参与水环境保护的责任追究机制，增加官员政绩考核的环境指标

政府在官员政绩考核中，应明确其环境责任，建立多元化硬性的环境考核指标，促进官员担起环保的大任。除此之外，要充分调动公众的环保监督意识，建立激励机制，对有效实施监督的公众酌情进行物质和精神上的奖励，充分调动公众参与环保监督的积极主动性。

完善公众意见的及时处理机制。建立健全各级政府对公众意见的处理机制，给公众一个真实有效的反馈，是保障公众监督权最关键的环节。

（二）建立评价、考核、奖励和问责机制

昆明市建立了一整套滇池治理的评价、考核、激励和问责机制，使各类主体有持续治理滇池的动力和压力。通过建立覆盖全流域河道及支渠的生态补偿制度，开展双目标责任的考核、奖励和问责工作。建立了各行政区交界断面的在线自动化实时监测体系，及时开展水质和污染负荷削减的月度考核。未达到考核目标的行政区需向下游行政区或市政府缴纳生态补偿金，其主要领导干部将按比例扣减年度目标责任考核奖金；优于考核目标的行政区将获得市级补偿金奖励。建立了督查和约谈机制，对总是落后甚至下达

限期整改通知依然完成不了目标任务的行政区责任人进行约谈。这是值得向其他流域治理推广的经验，在未来的滇池保护和治理中，昆明应不断完善绩效评价机制和责任追究机制，持续解决滇池流域河道水质达标而湖体水质不达标的难题，切实提高滇池治理效率。滇池流域治理不能仅仅停留在滇池本身，"十四五"期间，山水林田湖草沙一体化保护和系统治理的基本框架应该建立起来。

第十章 展望：构建完整、稳定、健康的长江经济带湖泊生态系统

　　长江经济带发展是国家区域重大战略，长江经济带将成为中国经济发展新的支撑带和示范带。良好、健康的生态环境是长江经济带经济社会可持续发展的必要载体、基础前提和重要保障。2018年4月，习近平主持召开深入推动长江经济带发展座谈会并强调："必须从中华民族长远利益考虑，把修复长江生态环境摆在压倒性位置，共抓大保护，不搞大开发。"① 同年11月，中共中央、国务院在《关于建立更加有效的区域协调发展新机制的意见》中明确要求要以共抓大保护、不搞大开发为导向，以生态优先、绿色发展为引领，依托长江黄金水道，推动长江上中下游地区协调发展和沿江地区高质量发展。这是党和国家对新时代长江经济带发展的总体要求，这种高质量的发展必然是以生态优先、绿色发展为前提的高质量发展。

　　湖泊生态系统中具有重要的价值，是环境保护和生态治理的重要内容。长江经济带湖泊一直是国家水环境治理的重点，此前已着重开展了太湖、巢湖、滇池和洱海水体污染和富营养化防治工作。尽管投入力度很大，但治理成效较慢。为加强对长江经济带重要湖泊的保护和治理，构建健康、稳定、完整的湖泊生态系统，让长江经济带成为"生态带"，2021年11月24日，国家发展和改革委员会发布了《关于加强长江经济带重要湖泊保护和治理的指导意见》，提出总体发展目标：到2025年，太湖、巢湖不发生大面积蓝藻水华导致水体黑臭现象，确保供水水源安全。洞庭湖、鄱阳湖、洱海、滇池生态环境质量得到巩固提升，生态环境突出问题得到有效治理，水质稳中向好。洞庭湖、鄱阳湖等湖泊调蓄能力持续提升，全面构建健康、稳定、完整的湖泊及周边生态系统。到2035年，长江经济带重要湖泊保护治理成效与人民群众对优美湖泊生态环境的需要相适应，基本达成与美丽中国目标相适应的湖泊保护治理水平，有效保障长江经济带高质量发展。

　　基于此，本书以构建长江经济带重要湖泊保护和治理的长效机制为研究主题，针对如何构建太湖、巢湖、洞庭湖、鄱阳湖、洱海、滇池保护和治理的长效机制，提出可行性的策略，以构建完整、稳定、健康的长江经济带湖泊生态系统，从而促进长江经济带

---

① 习近平. 深入推动长江经济带发展座谈会上的讲话 [N]. 人民日报，2018-06-14.

经济社会与水资源环境的协调发展。

一、构建完整的长江经济带湖泊生态系统

要知道什么是完整的长江经济带湖泊生态系统，我们首先要知道什么是湖泊生态系统。湖泊生态系统是流域与水体生物群落、各种有机和无机物之间相互作用与不断演化的产物。与河流生态系统相比，其流动性较差，含氧量相对较低，更容易被污染。湖泊生态系统由水陆交错带与敞水区生物群落组成，具有多种多样的功能——调蓄、改善水质、为动物提供栖息地、调节局部气候、为人类提供饮水与食物等。由此可见，湖泊生态系统的完整性是指其功能的完整性。湖泊生态退化，导致湖泊功能不完整，不仅不能够为人类提供服务，还会造成灾害，严重影响人们的生活，威胁人们的生命财产安全。通过湖泊生态治理，可以恢复湖泊生态系统功能，实现湖泊功能的完整性。构建一个完善、持久、有效的治理机制是实现湖泊生态系统完整性的重要手段，而构建长江经济带重要湖泊保护和治理的长效机制正是为了解决湖泊治理面临的困境与制约因素。

长江经济带重要湖泊保护和治理长效机制的构建应以生态文明建设为指导，并着力从实施运行机制（目标生成机制、责任履行机制）、府际协同机制（沟通协调机制、利益整合机制、信息共享机制、法律约束机制）、支持保障机制（政策法规体系、财政支持保障、人才技术水平、社会参与机制）、绩效评价机制和责任追究机制等方面构建一个完整的长江经济带重要湖泊保护和治理机制，实现长江经济带湖泊生态系统科学有效治理。

本书以长江经济带重要湖泊太湖、巢湖、洞庭湖、鄱阳湖、洱海、滇池保护和治理长效机制的构建为例，梳理其治理历史，针对在治理过程中存在的问题，从目标生成机制和责任履行机制两个方面来构建、理顺、优化运行机制。以优化洞庭湖保护和治理的运行机制为例，首先，明确洞庭湖保护和治理的责任主体，明确政府的核心主体地位，构建以政府为主体，企业、社会组织和个人共同参与的治理体系，提高洞庭湖保护和治理决策的科学性和实现生态治理实践的有效性。其次，规范洞庭湖保护和治理的任务要求，要完善洞庭湖保护和治理的制度建设与制度安排，明确洞庭湖保护和治理的财政责任与经费支持。再次，强化洞庭湖保护和治理的职能履行，要加强洞庭湖保护和治理的宣传教育职能，要构建洞庭湖保护和治理的生态补偿机制。最后，严格洞庭湖保护和治理的执行监督，包括加强党内监督、人大监督、民主监督、行政监督和司法监督。这样，就构成了一个完整的运行机制。

府际协同机制的构建与完善，可以实现有效治理、协同治理，既有利于本区域湖泊治理，也有利于跨区域治理。长江经济带覆盖11个省市，行政区域广泛、复杂，长江经济带上中下游又有着不同的发展基础，各行政区域内对湖泊生态治理有着不同的生态观念和政策措施，这会使相互之间的发展未能形成合力，也就导致了湖泊生态治理的整

体进程缓慢。可以通过沟通协调机制、利益整合机制、信息共享机制、法律约束机制的完善，实现科学治湖、系统治湖、集约治湖、依法治湖。例如，在探索生态治理市场机制方面，本书探讨了滇池保护和治理的市场化之路。

如何保证政府在履行生态责任时能够"不诿""不偏""不拖"，并且确保生态治理工作的高效、有序是一个重要问题，这就需要一套科学、完整的保障机制为生态治理提供支持保障。例如，在技术支持保障方面，本书提出了构建巢湖治理和修复技术体系；在污染源系统治理方面，实施源头减排的产业结构优化与调整技术、清洁生产技术、农田种植结构调整与控碳减排技术；在内源污染防治方面，开展巢湖污染底泥原位处理技术的研究、有毒有害与高氮磷污染底泥环保疏浚技术的研究和疏浚关键设备的研制、湖泊底泥资源开发利用的研究等。在财政支持保障方面，本书认为应健全经费投入机制，湖区地方政府应积极争取中央和省级预算内资金，对湖区社会公益事业、高新技术产业、农田水利事业的发展继续给予支持，资金支持生态综合治理的重大项目建设，在生态文明建设和发展循环经济思想的指导下，重点优选资源节约、环境保护、污染治理等项目，譬如洞庭湖湿地保护项目、城陵矶水利综合枢纽工程等；本书还提出了多元经费筹资模式，争取社会团体、公益组织或个人的经费支持或捐助，包括国际性的组织、国家级的社会团体或组织、民间组织等对环保的支持，譬如岳阳市与国务院三峡办、世界自然基金会等机构和国际组织，加强对接，扩大合作，建设生态保护资金平台。

绩效评价是对湖泊流域政府生态治理的目标生成、责任履行和资源保障等效果的全面总结和反思，对于治理效果良好的进行奖励，而对于治理活动中失职、渎职行为进行责任追究等，因此绩效评价机制包括生态治理评价目标与标准、生态治理指标与方法，以及生态治理责任追究等。本书在滇池保护和治理的长效机制构建这一章，重点强调"双目标责任制"，可以说滇池治理是一个世界级难题，但2015－2019年取得了水质由劣Ⅴ类连升两级至Ⅳ类的显著成效，"双目标责任制"在其中发挥了关键性作用。"双目标责任制"是一种将水质提升目标与污染负荷削减目标有机结合起来的制度安排，将流域各主体的治理责任与滇池水质提升目标紧密关联起来，解决了滇池流域河道水质达标而湖体水质不达标的难题，并科学地将目标分解至基层责任主体，建立了完整高效的评价、考核、奖励、问责机制。昆明市还将此制度与河长制、生态补偿制度等很好地结合起来，形成了一个精准的、系统的、共治的制度体系，充分调动了各方治滇的积极性。

二、构建稳定的长江经济带湖泊生态系统

什么是稳定的长江经济带湖泊生态系统？我们可以从生态系统的稳定性来探知一二。生态系统的稳定性，即生态系统所具有的保持或恢复自身结构和功能相对稳定的能力。其主要通过反馈调节来完成，不同生态系统的自我调节能力不同。反馈又分为正反馈和负反馈，正负反馈对生态系统达到和保持平衡是必不可少的。正负反馈的相互作

用和转化，保证了生态系统可以达到一定的稳态。在生态系统中关于正反馈的例子不多。例如，有一个湖泊受到了污染，鱼类的数量就会因为死亡而减少，鱼类死亡的尸体腐烂，又会进一步加重污染，引起更多的鱼类死亡。

湖泊生态系统受富营养化影响逐渐退化，服务功能严重受损。通过生态修复，可将湖泊从浊水状态重新恢复到清水状态。也就是说，通过构建长江经济带重要湖泊保护和治理长效机制，对长江经济带重要湖泊——太湖、巢湖、洞庭湖、鄱阳湖、洱海、滇池的生态治理和修复，可以提高水环境质量，并持续保持稳定的状态，提高抗干扰能力和自我修复能力。

自全面推行河湖长制以来，长江经济带重要湖泊治理管护初见成效。以湖北省为例，在《关于在湖泊实施湖长制的指导意见》的实施过程中，本着先行先试的原则，在全国碧水保卫战主题行动中"打响第一枪"，其"迎春行动""清流行动"的实施规模、声势、成效超出预期，河湖生态得到显著改善。

长江经济带沿江11省市也先后推动实施水环境生态补偿的相关工作，建立规章制度，开展不同形式的实践活动，取得了阶段性进展。例如，2017年7月，昆明市在34条入滇河道推行生态补偿机制，按照生态补偿办法，各县（市）区、开发（度假）园区作为河道环境保护治理的责任主体，未达到河道断面水质考核标准或未完成年度污水治理任务，应缴纳生态补偿金。

在长江经济带重要湖泊生态治理中，设立自然保护区是一个重要举措。例如，1983年成立的江西鄱阳湖国家级自然保护区四季分明、景色宜人，是著名的旅游胜地；苍山洱海自然保护区1993年升级为国家级自然保护区，是一个多层次、多功能、大容量的综合型自然保护区；2005年，被国家建设部命名的"西洞庭湖国家城市湿地公园"，由沅、澧水汇聚而成，有"水浸皆湖，水落为洲"的沼泽地貌特征，衔远山，吞长江，碧波万顷，浩无涯际，气象万千，素以美丽富饶闻名天下。再如，太湖流域实行分级保护，划分为三级保护区。2015年10月，昆明市政府向社会公布施行《滇池分级保护范围划定方案》，划红线规划保护区范围。合肥借鉴太湖、滇池的治理办法，划定巢湖流域水环境一、二、三级保护区。

通过大力整治，保护与修复同步，长江经济带湖泊生态逐渐恢复，并企稳向好。以巢湖保护和治理阶段性成效为例，2021年，安徽省地表水水质优良比例达到77.4%，好于2019年度目标5.7个百分点，好于2020年度目标2.9个百分点；劣Ⅴ类水体断面比例为0.9%，好于2019年目标0.9个百分点，达到2020年目标要求；地级及以上城市建成区黑臭水体消除比例达到90%以上；地级城市集中式饮用水水源水质达到或优于Ⅲ类比例为94.9%，达到2020年目标要求；地下水质量考核点位水质极差比例控制为

13.16%，好于 2020 年度目标 5.26 个百分点。[①]

三、构建健康的长江经济带湖泊生态系统

何为健康的长江经济带湖泊生态系统？笔者认为，首先要形态合理，湖泊具备合理的岸线形态，可使水体流动畅通，保持良好的连通性和完整性；其次是生态系统稳定，湖泊生态系统具有完整的生态服务功能，有足够的水量和良好的水质，在一定范围内能满足人们的基本需要，不会对人类健康和经济社会发展构成威胁或损害；再次是抗干扰能力强，湖泊具有可持续的生态系统，能保持自身结构和功能相对稳定，具备较强的自我修复能力；最后是景观优美，这主要指城市湖泊，作为城市中特有的水体景观空间，城市湖泊水清岸绿。健康的湖泊生态系统是完整的湖泊生态系统，是稳定的湖泊生态系统。

推动长江经济带发展是党中央做出的重大决策，是关系国家发展全局的重大战略。长江经济带覆盖沿江 11 省市，贯穿我国东、中、西三大板块，横亘我国的空间腹地；人口规模和经济总量占据全国的"半壁江山"，生态地位突出，发展潜力巨大；长三角地区及长江中上游的重点城市都有着很强的产业基础，国际竞争力强，影响力大。长江经济带以全国 1/5 的土地面积，贡献了全国 2/5 以上的经济总量。在构建新发展格局的过程中，长江经济带担负着责无旁贷的使命。长江流域重点水域于 2021 年 1 月 1 日 0 时起正式进入"十年禁渔期"，这是长江经济带发展的必然要求，是人与自然和谐共生、物质文明和精神文明协调发展的表征。

---

① 安徽省生态环境厅发布 2019 年度《安徽省水污染防治工作方案》实施情况 [EB/OL].（2020-07-23）[2021-07-05]. https://hddc.mee.gov.cn/hdyq/ahs/202007/t20200723_790822.shtml

参 考 文 献

[1] 加强珠江—西江经济带生态建设与环境保护[N]. 广西日报，2014-09-02.

[2] 冯蕾. 生态问责：如何落细落实——五部门解析《关于加快推进生态文明建设的意见》[N]. 光明报，2015-05-08.

[3] 戴春晨. 明晰"河长制"权责 广东人大引入第三方监督跨界河治理[N]. 21世纪经济报道，2015-09-22.

[4] 1185万亩湿地生态红线3年内划定[N]. 南方日报，2015-10-08

[5] 习近平. 深入推动长江经济带发展座谈会上的讲话[N]. 人民日报，2018-06-14.

[6] 湖北省环境保护志编纂委员会编. 湖北省环境保护志[M]. 北京：中国环境科学出版社，1989.

[7] 刘忠清. 减少莱茵河污染投资800多亿法郎[J]. 人民长江，1990（11）.

[8] 郭治之，刘瑞兰. 江西鱼类的研究[J]. 南昌大学学报（理科版），1995（03）.

[9] [美]奥斯特罗姆. 公共事物的治理之道[M]. 余逊达，陈旭东，译. 上海：上海三联书店，2000.

[10] 江苏省地方志编纂委员会编. 江苏省志·环境保护志[M]. 南京：江苏古籍出版社，2001.

[11] 周运清，熊瑛. 流域问题的本质与长江流域的适度开发[J]. 长江流域资源与环境，2001（02）.

[12] 夏征农. 辞海[M]. 上海：上海辞书出版社，2002.

[13] 吴英豪. 江西鄱阳湖国家级自然保护区研究[M]. 北京：中国林业出版社，2002.

[14] 陈湘满. 论流域开发管理中的区域利益协调[J]. 经济地理，2002（05）.

[15] 黎沛虹，李可可. 长江治水[M]. 武汉：湖北教育出版社，2004.

[16] 王玉德. 生态环境与区域文化史研究[M]. 武汉：崇文书局，2005.

[17] 余晓新等. 景观生态学[M]. 北京：高等教育出版社，2006.

[18] 张堂林，李钟杰. 鄱阳湖鱼类资源及渔业利用[J]. 湖泊科学，2007（04）.

[19] 长江水利委员会. 长江治理开发保护60年[M]. 武汉：长江出版社，2009.

[20] 李春艳，邓玉林. 我国流域生态系统退化研究进展[J]. 生态学杂志，2009，28（03）.

[21] 李宗新，闫彦. 中华水文化文集[M]. 北京：水利水电出版社，2012.

[22] 谭飞帆，王海云，肖伟华，等. 浅议我国湖泊现状和存在的问题及其对策思考[J]. 水利科技与经济，2012，18（04）.

[23] 余辉. 日本琵琶湖的治理历程、效果与经验[J]. 环境科学研究，2013，26（09）.

[24] 杨邦杰，高吉喜，邹长新. 划定生态保护红线的战略意义[J]. 中国发展，2014，14（01）.

[25] 毕军. 环境治理模式：生态文明建设的核心[J]. 江苏社会科学，2014（04）.

[26] 王树华. 长江经济带跨省域生态补偿机制的构建[J]. 改革，2014（06）.

[27] 中国科学院可持续发展战略研究组. 2015中国可持续发展报告——重塑生态环境治理体系[M]. 北京：科学出版社，2015.

[28] 胡其图. 生态文明建设中的政府治理问题[J]. 西南民族大学学报（人文社科版），2015，36（03）.

[29] 李显锋. 水污染防治的立法实践、经验与启示——以日本琵琶湖保护为例[J]. 农林经济管理学报，2015，14（02）.

[30] 如何加快建立生态补偿机制？[J]. 中国生态文明，2016（06）.

[31] 吴传清，黄磊. 长江经济带绿色发展的难点与推进路径研究[J]. 南开学报（哲学社会科学版），2017（03）.

[32] 杨涛，曾少龙. 洞庭湖湖区的水资源开发状况分析. 南方农机，2017，48（23）.

[33] 云南省人民政府. 云南省人民政府关于2018年度法治政府建设情况的报告[R]. 云政报〔2019〕14号，2019-04-11.

[34] 巨文慧，孙宏亮，赵越等. 我国流域生态补偿发展实践与政策建议[J]. 环境与发展，2019，31（11）.

[35] 罗恒. 长江经济带生态安全测度及保护研究[D]. 西安：西安理工大学，2020.